# 黄河流域水生态文化研究

陈 超 著

中国农业出版社

北 京

图书在版编目（CIP）数据

黄河流域水生态文化研究 / 陈超著 . —北京：中国农业出版社，2022.8

ISBN 978-7-109-30173-3

Ⅰ.①黄… Ⅱ.①陈… Ⅲ.①黄河流域－水环境－生态环境－研究 Ⅳ.①X143

中国版本图书馆 CIP 数据核字（2022）第 194496 号

中国农业出版社出版

地址：北京市朝阳区麦子店街 18 号楼

邮编：100125

责任编辑：姚 佳 文字编辑：王佳欣

版式设计：杜 然 责任校对：刘丽香

印刷：北京中兴印刷有限公司

版次：2022 年 8 月第 1 版

印次：2022 年 8 月北京第 1 次印刷

发行：新华书店北京发行所

开本：720mm×960mm 1/16

印张：17

字数：320 千字

定价：88.00 元

## 本书资助项目

1. 河南省高等学校青年骨干教师培养计划"基于区块链的黄河生态文化遗产保护利用与产业发展研究"（2020GGJS102）

2. 国家社科基金重点项目"环境史视野下的黄河中下游地区传统农业精耕细作体系研究"（20AZS015）

3. 2022 年河南兴文化工程文化研究专项项目"河南生产工具史研究"（2022XWH033）阶段性成果

4. 河南省教育厅人文社会科学研究项目"基于区块链的河南省黄河生态文化数字资源保护与开发研究"（2021-ZZJH-206）

5. 河南农业大学农林经济管理博士后科研流动站新项目

# 前　言
## —— FOREWORD

　　生态兴则文明兴。黄河作为中华民族母亲河，为早期中华文明的孕育提供了良好的生态环境条件。新时代，黄河流域又成为我国重要的生态屏障和重要的经济地带，在我国社会经济发展和生态安全中占据十分重要的地位。

　　在 2019 年 9 月 18 日召开的黄河流域生态保护和高质量发展座谈会上，习近平总书记指出，"保护黄河是事关中华民族伟大复兴和永续发展的千秋大计"。将"黄河流域生态保护和高质量发展"上升为重大国家战略。在座谈会上，习近平总书记强调，"要坚持绿水青山就是金山银山的理念，坚持生态优先、绿色发展，以水而定、量水而行，因地制宜、分类施策，上下游、干支流、左右岸统筹谋划，共同抓好大保护，协同推进大治理，着力加强生态保护治理、保障黄河长治久安、促进全流域高质量发展、改善人民群众生活、保护传承弘扬黄河文化，让黄河成为造福人民的幸福河"。彰显了保护黄河生态环境在黄河流域生态保护和高质量发展重大国家战略中占有极其重要的地位。同时，习近平总书记也强调，"黄河文化是中华文明的重要组成部分，是中华民族的根和魂"，要"保护、传承、弘扬黄河文化""深入挖掘黄河文化蕴含的时代价值"。既凸显了黄河文化的重要性，又将保护、传承、弘扬黄河文化作为重大国家战略中的一项重要内容。

　　在黄河文化中，水生态文化可以说是流域内与生态环境保护最为直接、最为密切的文化类型。黄河流域先民在悠远文明历程中逐渐凝练出的天人合一、人水和谐的大生态观、大生命观，参天地赞化育的生生意识和"民胞物与"的生命关怀，是黄河流域水生态文化历史积淀中最为核心且精微的部分。这些历史积淀，既包括先哲关于天人关系的哲理思辨，也包括百姓的生态观念和自然知识；既包括农业生产中对于自然资源的合理利用理念，又包括城市开发中对于人居环境的殷殷关切；既包括关于山林川泽管理、自然灾害防御、水土环境整治的法令制度和政策措施，也包括基层社会有关田土、山林、溪泉、渠堰利用与保护的族规、祖训、乡约等。它们承载着关于人与自然关系的丰富历史信息，充溢着好山乐水、热爱乡土田园的自然情感、生命情趣和家国情怀。可以说，这些历史积淀已经深深融入中华民族的文化血脉。在中国特色社会主义进入新时代，怎样保护、传承、弘扬好黄河流域的水生态文化，充分发挥其时代价值，值得我们深入思考。

为此，本书运用文化学、历史学、社会学、哲学、管理学、经济学、政治学、心理学、艺术学、传播学、教育学等哲学社会科学，以及生态学、生物学、地理学、气候学、水利工程、农学、城市规划学、建筑学、系统科学等自然科学的理论及研究方法，分别研究并探讨了黄河流域独特的自然地理环境、黄河流域外在环境与水生态文化间内在联系、黄河流域水生态文化的理论框架等问题，全面阐述了农业生产中的水生态文化、治黄事业中的水生态文化、城市发展与人居环境中的水生态文化、生态环境保护中的水生态文化、管理制度中的水生态文化、河神祭祀崇拜中的水生态文化等黄河流域水生态文化所包含的基本内容。在此基础上，基于哲学思考对黄河流域人水关系及黄河水生态文化进行了重新审视，通过剖析黄河流域水生态文化的价值与现状，给出了切实和可行的黄河流域水生态文化的保护传承弘扬路径。通过全面梳理与系统研究，真实展现了黄河流域水生态文化的前世今生。

希望通过这一系列尝试能够更好地保护、传承、弘扬黄河文化，让黄河流域水生态文化"软实力"得以充分发挥力量，为保障黄河长治久安、促进全流域高质量发展、改善人民群众生活贡献力量，并最终促成"让黄河成为造福人民的幸福河"梦想的实现。

著　者

2022 年 5 月

# 目　录
CONTENTS

# 绪　　论

## 第一节　研究背景

黄河是中华民族的母亲河、华夏文明之源。黄河哺育了伟大的中华民族，中华民族创造了以黄河文化为源头和核心的中华文明。文化是一个国家软实力的重要构成，经济发展、社会和谐的背后，都有文化在无声地发挥着内在引领、凝聚和推动作用。作为上层建筑，文化是由经济基础决定的，但文化又对经济发展发挥着强大的支撑作用。黄河文化是中华民族文化的重要组成部分，中华文明生生不息、绵延五千多年没有中断，黄河文化在其中发挥了重要的骨干、灵魂作用。

2019年9月18日，习近平总书记在郑州主持召开了黄河流域生态保护和高质量发展座谈会并发表了重要讲话。习近平总书记在会上提出，黄河流域生态保护和高质量发展，同京津冀协同发展、长江经济带发展、粤港澳大湾区建设、长三角一体化发展一样，是重大国家战略。在"保护黄河是事关中华民族伟大复兴的千秋大计"的开篇中，习近平总书记专门讲到了黄河哺育了中华民族、孕育了中华文明，讲到了历史时期治理黄河的巨大成就，也讲到了中华民族治理黄河的历史也是一部治国史。在论述"黄河流域生态保护和高质量发展的主要目标任务"重点部分时，提出了"黄河文化是中华文明的重要组成部分，是中华民族的根和魂"的重要论断。认真学习领会习近平总书记的重要讲话精神，深入推进黄河流域生态保护和高质量发展重大国家战略的全面实施，尤其是加大黄河文化的保护传承弘扬力度,既是实现中华民族伟大复兴中国梦这一千秋伟业的重大战略举措,也是文化强国建设的重要使命。

在黄河文化中,作为关键内容的黄河生态文化由于兼具生态和文化的双重特性,可以说是与黄河流域内生态保护最为直接、最为密切的文化类型。保护好、传承好、弘扬好黄河生态文化既是实现黄河流域高质量发展的重要目标,又是实现黄河流域生态保护的文化支撑,意义重大。

# 第二节 研究现状

## 一、黄河变迁与黄河文化的研究

有关黄河变迁与黄河文化的研究,在学术界并不是一个热门的研究方向。岑仲勉的《黄河变迁史》(1957)是黄河历史变迁的奠基性著作,其关于黄河、济水关系的相关观点,至今还对历史地理界有较大的影响。谭其骧主编的《黄河史论丛》(1986)将多年来关注的黄河变迁编辑成册。史念海对黄土高原的历史变迁进行了大量的研究,并对黄河、济水及相关水系变迁进行了较多的研究,取得了丰硕的成果。由水利部黄河水利委员会编写的《黄河水利史述要》(1982)也是研究黄河变迁的主要参考书。

另外,邹逸麟的《黄淮海平原历史地理》(1993),侯仁之的《黄河文化》(1994),纽仲勋等的《历史时期黄河下游河道变迁图》及《历史时期黄河下游河道变迁图说》(1994),由沿黄八省人民出版社出版的"黄河文化丛书",鲁枢元、陈先德主编的《黄河史》(2001),以及《黄河文化史》(2003)、《黄河水利史研究》(2003)、《黄河传》(2009)等,都是黄河史研究的代表性成果。

## 二、黄河生态文化理论研究

在黄河生态文化理论研究领域,左登华等的《黄河三角洲旅游文化》(2008)和张金路等的《黄河三角洲文化概要》(2007)阐述了黄河三角洲的生态文化资源。王建革的《传统社会末期华北的生态与社会》(2009)研究了传统社会末期黄河下游的生态环境及文化情况。张纯成《生态环境与黄河文明》(2010)阐述了不同时期黄河的生态变迁以及由此所产生的

生态文化。冯红英《从"八景"考察明清时期黄河上游区域生态文化》
(2011)分析了"八景"与区域生态文化的关系以及积极作用。闫永利等
的《黄河三角洲生态文化建设》(2012)剖析了黄河三角洲生态文化的主
要内涵,分析了构建黄河三角洲生态文化的重要性和必要性,重点论述了
建设黄河三角洲生态文化的主要路径。韩宝平等的《徐淮地区黄河变迁的
环境效应及其经济社会响应》(2015)研究了徐淮地区针对黄河变迁所形
成的具有时代价值的生态文化。王星光等的《生态环境变迁与社会嬗变互
动——以夏代至北宋时期黄河中下游地区为中心》(2016)和《气候变化
与秦汉至宋元时期黄河中下游地区农业技术发展》(2019)均从史学角度
分析了夏代至北宋黄河中下游地区的生态文化状况。许学工的《构建黄河
流域生态文化经济融合发展带》(2019)、《黄河流域高质量发展的途径探
讨——生态—文化—经济融合发展、分区与统筹》(2021)探索了构建黄
河流域生态文化经济融合发展带的思路。

　　此外,许顺湛的《黄河文明的曙光》(1993)、《黄河文化百科全书》
(2000)、程有为的《黄河中下游地区水利史》(2007)、张新斌等的《济水
与河济文明》(2007)和《黄河流域的史前聚落与城址研究》(2010)、陈
维达等的《黄河——过去、现在和未来》(2001)、史辅成等的《黄河历史
洪水调查考证和研究》(2002)、赵炜等的《长河惊鸿——黄河历史文化》
(2007)、王建平的《黄河概说》(2008)、葛剑雄等的《黄河与河流文明的
历史考察》(2007),以及水利部黄河水利委员会黄河志总编辑室编写的
《历代治黄文选》(1988)、《黄河大事记》(1991)、《黄河志》(1991)、
《1901—2000 世纪黄河》(2001)、《黄河:1946—2006——纪念人民治理
黄河 60 年专稿》(2006)、《人民治理黄河 60 年》(2006)等都是研究黄河
生态文化的重要参考。

　　从现有成果来看,尽管研究黄河生态文化的成果不少,但系统研究黄
河流域水生态文化的不多,且不成体系,对于黄河流域水生态文化的界
定、内涵、特征、当代价值、存在问题等都没有论及。因此,本书以这些
问题作为研究对象,对黄河流域水生态文化进行较为系统全面的研究,突
破了原有研究的束缚,使水生态文化研究更加深入化、具体化,丰富了学
术内容;在研究方法上,运用多学科交叉的方法,注重实证调研与理论分

析和研究方法的综合应用，在研究方法上是一次大胆尝试。说明黄河流域水生态文化研究具有较高的学术价值和理论创新意义。

# 第三节　研究意义

## 一、学术意义

从现有相关研究成果来看，鉴于目前研究工作存在的不足，本书系统开展黄河流域水生态文化并尝试探索黄河流域水生态文化的当代价值与保护传承弘扬路径，突破了原有研究的束缚，一方面有助于黄河文化研究更加深入化、具体化；另一方面也有助于优秀传统文化的创造性转化和创新性发展相关问题认识的加深，丰富了学术内容。在研究方法上，本书采用多学科交叉的方法，注重实证调研与理论分析和多种研究方法的综合应用，在研究方法上是一次大胆尝试，有助于相关学科研究的推进。

## 二、现实意义

文化是一个国家、一个民族的灵魂。文化兴国运兴，文化强民族强。习近平总书记强调，"没有高度的文化自信，没有文化的繁荣兴盛，就没有中华民族伟大复兴"。黄河流域水生态文化是中华民族文化的重要组成部分，是中华文明的根源和核心。保护、传承、弘扬黄河流域水生态文化对增强国家文化软实力，建设社会主义文化强国，实现中华民族伟大复兴的中国梦，都具有重要现实意义。

从功效上讲，黄河流域水生态文化可以为黄河流域生态保护和高质量发展提供思想理论依据，发挥引导作用，提升发展动力，形成制度规范，创造新发展空间。保护、传承和弘扬黄河流域水生态文化有助于推动其创造性转化和创新性发展，有助于公众树立文化认同感，有助于为社会主义生态文明建设提供文化支撑、历史借鉴和坚强的精神支柱。

在国外，以色列的水制度可以说是管理与技术的产物，但这样的制度得以制定，并能有效实施，离不开以色列人的资源、环保、法制观念，也离不开他们的哲学观念和文化素质。由此看出，弘扬黄河流域水生态文化，有助于利用其以文化育人、以史育人的功能将黄河流域千百年来形成的生态行为习惯传递给受众群体，树立爱护黄河、珍惜黄河的生态意识，让绿色环保生态的生产生活方式成为人们自觉的行为和全社会的共同行动，并达成共识，自发投身黄河流域生态环境保护事业中。

# 第四节　研究创新点

从现有研究动态上看，关于生态文化的研究鲜有针对黄河流域水生态文化的界定、内涵、特征等体系内容研究，还没有系统说明黄河流域水生态文化建设的积极意义，更没有从不同地域角度来深入分析黄河流域水生态文化—黄河流域生态保护和高质量发展重大国家战略二者的互动机制、融合路径等问题。

针对目前国内黄河流域水生态文化研究的缺憾，本书首次尝试对包括黄河流域水生态文化的界定、内涵、外延、特征等在内的理论体系进行研究，分析黄河流域水生态文化的当代价值尤其是对其创造性转化、创新性发展的价值以及存在的问题；尝试提出黄河流域水生态文化保护传承弘扬路径。这些是本书在研究内容和选题上的创新。采用多学科交叉的方法来研究相关问题，并利用系统科学方法分析黄河流域的水生态文化、社会经济、生态环境三个系统之间的相互联系，这是在相关研究方法上的创新。突破原有的文化研究传统写作模式，尝试通过对各个典型问题分析来论证主题，是本书在体例上的创新。从区域生态和价值链两重视角来探讨黄河流域水生态文化作用机制，这是本书在研究视角的创新。

# 第一章　黄河流域的独特自然地理环境

作为中华民族的摇篮，黄河对我国的经济发展和社会进步做出过巨大的贡献。黄河流域严峻、复杂的自然条件又制约了这条大河功能的充分发挥。尤其是在历史时期，黄河流域水旱灾害交相侵袭，阻滞着经济和社会的发展。

## 第一节　黄河流域地域范围

由于黄河水系尤其是下游河道的频繁变迁，造成了古今黄河流域地域范围存在巨大差异。这也造成了黄河流域地域范围带有鲜明历史阶段性特点，为精确界定黄河流域范围带来困难。

### 一、现在的流域范围及面积

黄河发源于青藏高原巴颜喀拉山北麓的约古宗列盆地，流经青海、四川、甘肃、宁夏、内蒙古、山西、陕西、河南、山东九省区，在山东省东营市垦利区注入渤海，干流全长 5 464 千米，落差 4 480 米。黄河流域位于东经 96°—119°、北纬 32°—42°，东西长约 1 900 千米，南北宽约 1 100千米。流域面积 79.5 万千米$^2$（包括内流区面积 4.2 万千米$^2$）。河口村以上为黄河上游，河道长 3 472 千米，流域面积 42.8 万千米$^2$；河口村至桃花峪为中游，河道长 1 206 千米，流域面积 34.4 万千米$^2$；桃花峪以下为下游，河道长 786 千米，流域面积只有 2.3 万千米$^2$。

现黄河流经青海、四川、甘肃、宁夏、内蒙古、山西、陕西、河南、山东9省区，从山东省境注入渤海。其中，青海省的黄河流域面积最大，达15.3万千米²，占黄河流域总面积的19.1%；山东省最少，仅1.3万千米²，占流域总面积的1.6%。宁夏回族自治区有75.2%的面积在黄河流域内；陕西、山西两省分别有67.7%和64.9%的面积在黄河流域内。

青海、甘肃、宁夏、内蒙古、山西、陕西6省区的省会或自治区首府均在黄河流域内。河南、山东两省省会虽然不在流域内，但都位于黄河之滨，与黄河的关系十分密切。

## 二、历史时期流域范围界定

在历史上，黄河是频繁改道迁徙的。史籍中记述最早的黄河下游河道称禹河，即大禹治水以后的河道。战国时有人作《禹贡》，勾绘出禹河经行的大略，当时太行山各山谷河川均汇入黄河，包括今海河流域的范围。周定王五年黄河主流从北流改向东北流。所形成的河道经历西汉时期，故后人称西汉故道，前期还有漳水等支流汇入，后期下游堤防高悬，与太行山各水系分流。黄河下游除干流河道外，还有若干条泛道。宋代黄河北流期间，又汇入漳河、滹沱河、桑干河等。到金元明清时期（1128—1855年）黄河南泛，黄淮合流，黄河的流域范围又与淮河不可分割。

由此考证，黄河下游由于频繁改道迁徙，历史上黄河下游变迁的范围北到海河、京津冀地区；南达江淮、苏皖地区，不仅流经现在的沿黄九省区，还曾流经今河北、天津、河南、山东、安徽、江苏6省市。所以，历史上黄河流域的地理范围远比今天的79.5万千米²更为广大。

因此，本书所述黄河流域采用的大黄河流域的概念，流域范围不仅涵盖了沿黄九省区，还包括了历史上曾经流经的部分区域。

# 第二节 黄河流域的地貌特征

现今黄河流域地理上是西界巴颜喀拉山，北抵阴山，南至秦岭，东注渤海。流域内地势西高东低，高差悬殊，形成自西而东、由高及低三级阶梯。最高一级阶梯是黄河河源区所在的青海高原，位于著名的"世界屋脊"——青藏高原东北部，平均海拔 4 000 米以上，耸立着一系列北西——南东向山脉，如北部的祁连山，南部的阿尼玛卿山和巴颜喀拉山。黄河迂回于山原之间，呈"S"形大弯道。河谷两岸的山脉海拔 5 500～6 000 米，相对高差达 1 500～2 000 米。雄踞黄河左岸的阿尼玛卿山主峰玛卿岗日海拔 6 282 米，是黄河流域最高点，山顶终年积雪。

巴颜喀拉山北麓的约古宗列盆地，是黄河源头，玛多以上黄河河源区河谷宽阔，湖泊众多。黄河出鄂陵湖，蜿蜒东流，从阿尼玛卿山和巴颜喀拉山之间穿过，至青川交界处，形成第一道大河湾；祁连山脉横亘高原北缘，构成青藏高原与内蒙古高原的分界。

第二级阶梯地势较平缓，黄土高原构成其主体，地形破碎。这一阶梯大致以太行山为东界，海拔 1 000～2 000 米。白于山以北属内蒙古高原的一部分，包括黄河河套平原和鄂尔多斯高原两个自然地理区域。白于山以南为黄土高原，南部有崤山、熊耳山等山地。

河套平原西起宁夏中卫、中宁，东至内蒙古托克托，长达 750 千米，宽 50 千米，海拔 1 200～900 米。河套平原北部阴山山脉高 1 500 余米，西部贺兰山、狼山主峰海拔分别为 3 554 米、2 364 米。这些山脉犹如一道道屏障，阻挡着阿拉善高原上腾格里、乌兰布和等沙漠向黄河流域腹地的侵袭。

鄂尔多斯高原的西、北、东三面均为黄河所环绕，南界长城，面积13 万千米$^2$。除西缘桌子山海拔超过 2 000 米以外，其余绝大部分海拔为1 000～1 400 米，是一块近似方形的台状干燥剥蚀高原，风沙地貌发育。库布齐沙漠逶迤于高原北缘，毛乌素沙漠绵延于高原南部，沙丘多呈固定或半固定状态。

黄土高原北起长城，南界秦岭，西抵青海高原，东至太行山脉，海拔1 000～2 000 米，总面积约 40 万千米$^2$，是世界上面积最大、覆盖最厚的黄土高原。黄土塬、梁、峁、沟是黄土高原的地貌主体。塬是边缘陡峻的桌状平坦地形，地面广阔，适于耕作，是重要的农业区。塬面和周围的沟壑统称为黄土高原沟壑区。梁呈长条状垄岗，峁呈圆形小丘。梁和峁是为沟壑分割的黄土丘陵地形，称黄土丘陵沟壑区。塬面或峁顶与沟底相对高差变化很大，由数十米至二三百米。这也说明黄土的厚度最厚的达到了

200～300 米，这样的覆盖厚度在世界上是绝无仅有的[①]。黄土土质疏松，垂直节理发育，植被稀疏，在长期暴雨径流的水力侵蚀和重力作用下，滑坡、崩塌、泻溜极为频繁，成为黄河泥沙的主要来源地。黄土高原的黄土堆积至迟早在更新世起就已经开始了，距今已有 240 万年。以后黄土高原沉积肥的面积逐渐扩大，终于将在今天黄土高原范围内在第四纪形成的基岩大部分掩盖了，仅少数高耸的岩石山地得以显露在外。由于黄河的水量和泥沙最多，因而在营造华北平原的过程中，它的"功劳"也就最大。

汾渭盆地，包括晋中太原盆地、晋南运城—临汾盆地和陕西关中盆地。太原盆地、运城—临汾盆地最宽处达 40 千米，由北部海拔 1 000 米逐渐降至南部 500 米，比周围山地低 500～1 000 米。关中盆地又名关中平原或渭河平原，南界秦岭，北迄渭北高原南缘，东西长约 360 千米，南北宽 30～80 千米，土地面积约 3 万千米$^2$，海拔 360～700 米。

横亘于黄土高原南部的秦岭山脉，是我国自然地理上亚热带和暖温带的南北分界线，是黄河与长江的分水岭，也是黄土高原飞沙不能南扬的挡风墙。

崤山、熊耳山、太行山山地（包括豫西山地），处在此阶梯的东南和东部边缘。豫西山地由秦岭东延的崤山、熊耳山、外方山和伏牛山组成，大部分海拔在 1 000 米以上。崤山余脉沿黄河南岸延伸，通称邙山（或南邙山）。熊耳山、外方山向东分散为海拔 600～1 000 米的丘陵。伏牛山、嵩山分别是黄河流域同长江、淮河流域的分水岭。太行山耸立在黄土高原与华北平原之间，最高岭脊海拔 1 500～2 000 米，是黄河流域与海河流域的分水岭，也是华北地区一条重要的自然地理界线。

第三级阶梯地势低平，绝大部分为海拔低于 100 米的华北大平原。包括下游冲积平原、鲁中丘陵和河口三角洲。鲁中低山丘陵海拔 500～1 000 米。

下游冲积平原系由黄河、海河和淮河冲积而成，是中国第二大平原。它位于豫东、豫北、鲁西、冀南、冀北、皖北、苏北一带，面积达 25 万千米$^2$。本阶梯除鲁中丘陵外，地势平缓，微向沿海倾斜。黄河冲积扇的

---

① 葛剑雄，胡云生著：《黄河与河流文明的历史观察》，黄河水利出版社，2007 年，第 3 页。

顶端在沁河河口附近，海拔约 100 米，向东延展海拔逐渐降低。

黄河流入冲积平原后，河道宽阔平坦，泥沙沿途沉降淤积。尤其是随着人类社会的形成和发展，河水四处漫流不利于农业生产和定居，人们便筑堤束水，挖渠导流，使黄河在固定的河槽内流动。这样，泥沙只好淤积在河槽之内，使河床不断抬高，河堤也相应不断加高加厚。年复一年，河底高出堤外平地，成为地上"悬河"，河床高出两岸地面 3～5 米，甚至 10 米。平原地势大体上以黄河大堤为分水岭，以北属海河流域，以南属淮河流域，这在世界上恐怕也是独一无二的。

鲁中丘陵由泰山、鲁山和沂山组成，海拔 400～1 000 米，是黄河下游右岸的天然屏障。主峰泰山山势雄伟，海拔 1 524 米，古称"岱宗"，为中国五岳之首。山间分布有莱芜、新泰等大小不等的盆地平原。

黄河河口三角洲为近代泥沙淤积而成。地面平坦，海拔在 10 米以下，濒临渤海湾。以利津县的宁海为顶点，大体包括北起徒骇河口，南至支脉沟口的扇形地带，黄河尾闾在三角洲上来回摆动，海岸线随河口的摆动而延伸。近百年，黄河填海造陆，形成大片新的陆地。

# 第三节　黄河流域水系

黄河流域的水系包含了黄河干流河道以及相继汇入主河道的各个支流和星星点缀的湖泊。受自然环境影响，各水系状况存在较大差异。

## 一、黄河干流概况及水体特征

黄河干流河道在上、中、下游的情况各不相同，水体特征带有含沙量巨大、水量少等鲜明特征。

### （一）黄河干流概况

黄河干流自河源至入海口，主要有六大河湾。第一大湾位于青海、四川、甘肃三省交界，由原唐克湖水系基础上发育而成，名唐克湾，黄河在此绕阿尼玛卿山，先向东南流后转西北流成 180 度弯曲。此后，黄河沿阿尼玛卿山和西倾山间的谷地向西北流，因受共和湖及其周围山地的影响，逐渐转向东南，又构成一个 180 度的大弯，名唐乃亥湾，是黄河第二大湾。龙羊峡以下川峡相间，在兰州上下连续出现 4 个小弯，总的流向是先东后北，在兰州构成 90 度转弯，称为兰州湾，是黄河第三大湾。位于流域北部，原为银川湖和河套湖，受周围贺兰山、阴山、吕梁山和鄂尔多斯台地构造的制约，黄河先北流穿过银川盆地，再东流横过河套盆地，至托克托折向南下入晋陕峡谷，形成黄河最大的河套河湾，弯曲环抱鄂尔多斯台地，是黄河第四大湾。黄河出禹门口后，直流南下进入汾渭盆地（原为三门湖），至陕西潼关受阻于华山，急转 90 度东流，沿秦岭北麓直趋三门峡，称潼关湾，是黄河第五大湾。第六个湾是兰考湾，位于河南省兰考东坝头，系 1855 年黄河在铜瓦厢决口改道后形成的。决口前黄河东南流入黄海，改道后向东北流入渤海，形成 45 度的弯曲。该湾处于华北平原，黄河冲积扇中部，两岸无山岳控制，唯凭堤防和控导工程约束。

河源至内蒙古自治区托克托县的河口村为上游，河道长 3 471.6 千米，流域面积 42.8 万千米$^2$，占全河流域面积的 53.8%。黄河流经星宿海，先后接纳西北方向流来的扎曲和西南方向流来的卡日曲，水量大增，继续东行约 20 千米，穿过一段低矮的谷地和沼泽草甸，进入扎陵湖和鄂陵湖。出鄂陵湖东行 65 千米流经黄河上游第一座县城玛多。黄河沿以上流域面积 2 万多千米$^2$，年水量 5 亿米$^3$，平时河面宽 30～40 米，俨然已是一条大河了。

下河沿至托克托河口村河段：河道长 990 千米，区间流域面积 17.4 万千米$^2$（含内流区），水面落差 246 米，河道比降 2.5%，是宽浅的平原型冲积河流。本河段开始由南向北，至三盛公逐渐折向东流，到河口村则又转向南流，构成为著名的"黄河河套"。

黄河自河口村至河南省郑州市的桃花峪为中游。中游河段长 1 206.4 千米，流域面积 34.4 万千米$^2$，占全流域面积的 43.3%，落差 890 米，平均比降 7.4‰。

黄河自河口村急转南下，直至禹门口，飞流直下 725 千米，水面跌落 607 米，比降为 8.4‰。滚滚黄流将黄土高原分割两半，构成峡谷型河道。以河为界，左岸是山西省，右岸是陕西省，因之称晋陕峡谷。晋陕峡谷位于鄂尔多斯地台向斜与山西地台背斜交界，构造较简单。本河段河道比较顺直，河谷谷底宽，绝大部分都在 400～600 米。宽谷但无大的川盆地。

峡谷两岸是广阔的黄土高原，土质疏松，水土流失严重。支流水系特别发育，大于 100 千米$^2$ 的支流有 56 条。本峡谷段流域面积 11 万千米$^2$，占全河集流面积的 15%。区间支流平均每年向干流输送泥沙 9 亿吨，占全河年输沙量的 56%，是黄河流域泥沙来源最多的地区。

黄河出晋陕峡谷，河面豁然开阔，水流平缓。从禹门口至潼关，河道长 125 千米，落差 52 米，比降 4‰。河谷宽 3～15 千米，平均宽 8.5 千米。河道滩槽明显，滩面宽阔，滩地面积达 600 千米$^2$。滩面高出水面 0.5～2.0 米。本段河道冲淤变化剧烈，主流摆动频繁，有"三十年河东，三十年河西"之说，属游荡性河道。禹门口至潼关区间流域面积 18.5 万千米$^2$，汇入的大支流有渭河和汾河。

黄河过潼关折向东流 356 千米至河南郑州市桃花峪，落差 231 米，平均比降 6‰。其中，三门峡以上 113 千米的黄土峡谷，较为开阔。三门峡以下至孟津 151 千米，河道穿行于中条山与崤山之间，是黄河最后的一个峡谷段，介于河南与山西之间，故称晋豫峡谷。三门峡至桃花峪区间大支流有洛河及沁河，区间流域面积 4.2 万千米$^2$，是黄河流域常见的暴雨中心。暴雨强度大，汇流迅速集中，产生的洪水来势猛，洪峰高，是黄河下游洪水的主要来源之一。孟津以下，是黄河由山区进入平原的过渡河段。

桃花峪至入海口为黄河下游。流域面积 2.3 万千米$^2$，仅占全流域面积的 3%，河道长 785.6 千米，落差 94 米，比降上陡下缓，平均 1.11‰。下游河道横贯华北平原，绝大部分河段靠堤防约束。河道总面积 4 240 千米$^2$。由于大量泥沙淤积，河道逐年抬高，目前河床高出背河地面 3～5 米，部分河段如河南封丘曹岗附近高出 10 米，是世界上著名的"地上悬河"，成为淮河、海河水系的分水岭。

京杭大运河在阳谷县境内穿过黄河。该段黄河河槽宽浅，主流位置不定，水流散乱，泥沙淤积严重，水势变化大，是黄河下游河床变化最为频繁的游荡性河段。由于大运河水直接与黄河水连通，相互影响，在清末大运河废弃前，经常为保证漕运畅通而置黄河水灾于不顾。

艾山至利津黄河段俗称黄河山东河道。艾山卡口位于东阿县城东 12 千米处，是黄河下游河床最窄处。艾山与对面的外山形成天然的卡口，使黄河河床在这里陡然变窄，急速的黄河水到此被挤在狭窄的河床内。此段河道属窄深河槽段，河道比降为1‰。淤积以沿程淤积为主，溯源淤积的影响有限，河口延伸影响的范围不超过艾山段。

黄河最终流至东营市垦利区，流入渤海。由于历史上黄河尾闾段左右摆动，多次决堤、满溢、泛滥等的冲积、淤垫，形成了典型三角洲地貌，如海滩地、微斜平地和河滩高地，地势自西南向东北呈扇形微倾斜。古代三角洲与现代三角洲叠合，同时出现废弃河床、牛轭湖、自然堤、决口扇和泛滥平原，以及现代三角洲平原、沙坝、边滩等地貌。

黄河三角洲面积约6 000千米²，海岸线长约350千米，大致于1855年黄河铜瓦厢决口改道袭夺大清河入海后形成，属陆相弱潮强烈堆积性河口，是我国最大的三角洲平原，也是最后形成的三角洲，并且一直在不断形成新的陆地。

### （二）黄河干流水体特征

#### 1. 黄河含沙量巨大

含沙量高是黄河的一大特点。黄河和黄土高原结下了不解之缘，它的含沙量之多、含沙量之大，居于世界大江大河的首位。

由于黄土的特性是颗粒细、孔隙多，含有钙质成分，垂直节理发育，因而干燥时坚如岩石，遇水则变成流泥，耐冲性很差。这些特性是黄土高原本身利于水土流失的内在因素，也为黄河泥沙提供了物质条件。特别是黄河的中游河段左右逢源，接纳了众多的支流，这些支流都来自黄土高原腹地。夏秋季节暴雨频繁。暴雨形成的洪流，把黄土高原切割得支离破碎，千沟万壑，大量泥沙输入黄河。就拿较小的支流窟野河为例，水量仅8亿米³，但平均每年输入黄河的泥沙达1.3亿吨之多，比兰州以上河道的全部沙量还多一半；平均每年从1千米²的流域面积上刮走15 700吨泥沙，等于每年剥去1.5厘米厚的地皮。无定河、泾河等支流多年平均含沙量也高达138千克/米³和171千克/米³，"一石水，六斗泥"之说亦并非虚传。

千沟万壑输入黄河的多年平均含沙量为37.7千克/米³，平均年输沙量16亿吨，是长江的77倍多。与世界上的多沙河流相比，黄河也遥遥领先。含沙量居第二位的美国科罗拉多河是每立方米327.5千克，但年输沙量仅有1.36亿吨。在世界其他大河之中，只有流经印度和孟加拉国的恒河的年输沙量达到 14.5 亿吨，与黄河接近，但恒河的水量是黄河的 10 倍，因而平均每立方米水的含沙量只有 3.95 千克。在国内的河流中，只有同样发源于黄土高原的海河的含沙量与黄河相仿，其他河流就要低得多，如淮河是每立方米 0.397 千克，珠江是每立方米 30.32 千克。就是北方多泥沙的河流辽河和滦河每立方米也分别只有 3.6 千克和 3.96 千克。如果把黄河每年输送到下游的泥沙平铺在黄土高原水土流失最为严重的 43 万千米$^2$上，厚度为 1.5～2.0 毫米。因此，如果按 10 万年计算的话，黄土高原已经被剥蚀掉的上层即达 150 多米了。若把这些泥沙堆成一条高宽各 1 米的土堤，其长度约为地球至月球距离的 3 倍。如此巨大的泥沙，以黄河每年区区 466.4 亿米$^3$的水量，是不可能将它们全部带入大海的，因此其中的 1/4 堆积在山东利津以上的河道内，1/2 堆积在利津以下的河口三角洲和滨海地带，只有 1/4 能输入深海。

在中国古代早期的文献中，黄河被称为"大河"或"河"。从自然地理条件分析，由于黄河中下游流经黄土高原和黄土冲积平原，所以河水的含沙量从来都很大，黄河水也一直是浊的。《左传·哀公八年》（前 487 年）引用的两句佚诗写道，"俟河之清，人寿几何"。证明至迟在公元前 5 世纪，黄河已经不清了很长时间，因此人们才会根据长期积累的经验肯定，在可以预见的未来，黄河是不可能变清的，以至发出如此毫无信心的感叹。

公元前 4 世纪的战国时，人们已经用"浊河"来称黄河。"黄河"一词的第一次出现，是在公元前 3 世纪末汉高祖刘邦封功臣的誓文中。至于"黄河"成为这条大河的正式名称，那是从 7 世纪初的唐朝开始的。

如果说一开始人们还只是凭直觉体会黄河水的浊和黄，那么到公元 1 世纪对黄河水的含沙量已经有了定量分析。西汉末年便有人指出，"河水重浊，号为一石水而六斗泥"。这是目前所知世界上最早对河流泥沙量的测定数据。宋朝人认为"河流混浊，泥沙相半"。明朝人进一步注意到不同阶段河水含沙量的变化，河水在平时"沙居其六"，伏汛时"沙居其八"。当然由于这些分析过于粗略，还没有证据表明是建立在常年科学观测的基础上，很难用具体的数量分析。不过如果仔细研究一下，还是能够发现，尽管黄河自古以来就以多泥沙著称于世，但它的含沙量不是一成不变的。

**2. 黄河水量少**

水量少是黄河的又一大突出特征。黄河虽然是中国第二大河，但水量却仅为长江的 1/20，珠江的 1/6，比闽江还少。只和钱塘江差不多。黄河流域位于干旱和半干旱地区，年平均降水量仅 400 毫米；同时，从兰州至河口村以及从郑州至入海口的 2 000 多千米河段内，黄河不仅得不到水量补给，反而损失了近 90 亿米$^3$。黄河水量沿程变化曲线呈马鞍型，这在世界河流中是少见的，造成这种现象的原因是和黄河各段的自然地理条件的差异性以及支流分布的特征有关。

兰州以上的黄河干流，奔驰在青藏高原上，流域降水虽然只有二三百毫米，但地势高寒，蒸发量很少，30%～50% 的降水转变为径流。丰富的流域径流，孕育了众多的支流，仅在兰州附近 100 多千米的河段内，就有大夏河、洮河、湟水（包括大通河）3 条大支流汇入黄河，所以，从河源到兰州干流长 1 600 多千米，控制流域面积 22 万千米$^2$，仅占全流域的 29.6%，但得到的水量达 340 多亿米$^3$，占黄河入海水量的 70% 以上。兰州以下，黄河进入了宁夏、内蒙古。这一带属于荒漠和半荒漠地区，年降水量只有 200 毫米左右，气候干燥，蒸发量很大，因此几乎没有支流汇入，黄河得不到水量补给。同时，大量引黄河水灌溉，使黄河在兰州至内蒙古呼和浩特市托克托县河口村之间，水量损失近 93 亿米$^3$。河口村至桃花峪的黄河中游河段，降水量在 400～800 毫米，并有吕梁山、秦岭、太行山等多雨中心，因此支流众多，水量丰沛，使黄河干流水量从河口村的 247.8 亿米$^3$，到郑州的花园口时增加至 496.9 亿米$^3$，增加了 1 倍多。显而易见，虽然黄河干流长 5 400 多千米，而真正得到水量补给的河段仅 3 500 千米，其余 2 000 千米不仅得不到补给，反而损失水量近 100 亿米$^3$，这是黄河水量少的主要原因。

## 二、黄河主要支流

### （一）黄河上游主要支流

黄河上游主要支流包括白河、黑河、洮河、湟水、大黑河等河流。

**1. 白河和黑河**

白河、黑河是黄河上游四川省境内的两条大支流，位于黄河流域最南部，流经川北若尔盖高原，两河分水岭低矮，无明显流域界，存在同谷异水的景观，加之流域特性基本相同，堪称"姊妹河"。

黑河（又称墨曲），因两岸沼泽泥炭发育，河水呈灰色而得名。白河（又称嘎曲），地势较高，泥炭出露不明显，河水较清。

白河发源于红原县查勒肯，自南而北，流经红原县，至若尔盖县的唐克镇北约 7 千米处汇入黄河，河道长 279 千米，流域面积 5 488 千米$^2$，干流均为土质河床。

黑河发源于红原与松潘两县交界岷山西麓的洞亚恰，由东南流向西北，经若尔盖县，于甘肃省玛曲县曲果果芒汇入黄河，河道长 456 千米，流域面积 7 608 千米$^2$。

白河、黑河等支流流入时的水流量占黄河总流量的 20%，流出时的水流量增加到 65%，黄河在玛曲段的补充水量占总流水量的 45%。

**2. 洮河和湟水**

洮河是黄河上游右岸的一条大支流，发源于青海省河南蒙古族自治县西倾山东麓，上游主河道向南流经甘肃省碌曲、临潭、卓尼，至岷县急折向北，经临洮、康乐、东乡、永靖，于甘肃省永靖县茅龙峡汇入黄河刘家峡水库区。全长 673 千米，流域面积 25 527 千米$^2$。在黄河各支流中，洮河年水量仅次于渭河，居第二位。径流模数每平方千米为 20.8 万米$^3$，仅次于白河、黑河，是黄河上游地区来水量最多的支流。

在洮河主要支流周科河源头的尕海湿地，有一个尕海湖，是永久性的淡水湖，也是黄河流域少有的天然湖泊之一。虽然面积不大，但在涵养水源、蓄洪减灾和维持生物多样性方面发挥着重要作用。

湟水是黄河上游左岸一条大支流，发源于大坂山南麓青海省海晏县境，流经西宁市，于甘肃省永靖县付子村汇入黄河，全长 374 千米，流域面积 32 863 千米$^2$，其中约有 88% 的面积属青海省，12% 的面积属甘肃省。湟水支流大通河位于流域北部，由祁连山及其紧傍的大坂山组成一狭长的谷地，大通河流经其间，上游多沼泽，中下游为高山峡谷，河道长 561 千米。以两河交汇点计，它比湟水干流还长 256 千米。大通河流域面积 15 130 千米$^2$，占湟水流域面积的 46%，流域平均宽仅 30～50 千米。

湟水干流位于流域南部，由大坂山和拉鸡山两条平行山脉组成一条较宽的谷地，湟水流经其间，流域平均宽 60～100 千米。两岸支流众多，呈平行对称排列，较大支流有药水河、西纳川、北川河、沙塘川、引胜沟等。

**3. 大黑河**

大黑河，位于内蒙古河套地区东北隅，蒙古语名为伊克图尔根河，后因流域内土质黝黑而称大黑河，是黄河上游末端一条大支流，也是内蒙古境内最大支流。发源于内蒙古自治区卓资县境的坝顶村，流经呼和浩特市近郊，于托克托县城附近注入黄河，干流长 236 千米，流域面积 17 673 千米$^2$。

大黑河水系由东部的大黑河支流、西部诸支流以及哈素海退水渠三部分组成。大黑河干流由河源至美岱，河长 120 千米，穿行于石山峡谷间；美岱以下至河口，河长 116 千米，流经土默特川平原，系土质河床，其中美岱至三两河长 63 千米，三两至河口河长 53 千米。在美岱以下左岸有什拉乌素河、宝贝河等较大支流汇入。西部各支流，都发源于大青山，较大的有哈拉沁沟、乌素图沟、枪盘河（水磨沟）、万家沟、美岱沟、水涧沟等，集水面积数百平方千米至千余平方千米，沟道长数十至百千米，比降陡，沟口附近有洪积扇，出峪口后无明显河床，山洪漫流于平川之上然后入大黑河。哈素海退水渠，由北向南流经平原低洼处，将平原分为两半，东部称大黑河冲积平原，西部称黄河冲积平原，汇集各渠系之退水流入大黑河的尾闾处。大黑河水系的特点是干流和支流在山区均有固定流路，进入平原后则无固定流路，并多与灌溉渠道交织在一起，水系紊乱，排泄不畅。历史上大水之年，托克托附近常常是三面高水压境，南面又受黄河顶托，素有"万水归托"之称。

由于黄河流向由西向东，大黑河干流由北东方向流来，形成对流格局，故称逆向支流。

**（二）黄河中游主要支流**

黄河中游主要支流较多，包括了窟野河、无定河、渭河、洛河、沁河等河流。

**1. 窟野河**

窟野河是黄河中游右岸的多沙粗沙支流，发源于内蒙古自治区鄂尔多斯市东胜区的巴定沟，流向东南，于陕西省榆林神木市贺家川镇沙峁头村注入黄河，干流长 242 千米，流域面积 8 706 千米$^2$。窟野河流域是黄河粗泥沙的主要来源区之一，对黄河下游河道淤积有严重影响。

窟野河流域地势西北高东南低，海拔高程从 1 500 米降至 740 米，流域平均比降较大。水系分布为乔木树枝状，在神木房子塔以上分为两大支，西支为正流称乌兰木伦河；东支称悖牛川，是最大的支流，河长 109 千米，集水面积 2 274 千米$^2$，占流域面积的 26%。两河合流后称窟野河，两岸为黄土丘陵沟壑区，支沟甚多，水土流失特别严重。流域西北部地区属风沙和干燥草原区，植被稀少，风蚀严重。

窟野河流域是黄河中游常见暴雨中心地区之一，短历时暴雨强度可达每分钟 2 毫米以上，往往形成涨落迅猛的大洪水，含沙量极高。

### 2. 无定河

无定河，古称生水、朔水、奢延水。唐五代以来，因流域内植被破坏严重，流量不定，深浅不定，清浊无常，故有恍惚（忽）都河、黄糊涂河和无定河之名。唐代诗人陈陶曾有名句，"可怜无定河边骨，犹是春闺梦里人"。是黄河中游右岸的一条多沙支流，发源于陕西省北部白于山北麓定边县境，上游称红柳河，流经靖边县新桥后称为无定河，流经内蒙古自治区鄂尔多斯市乌审旗境，流向东北，后转向东流，至鱼河堡，再转向东南，于陕西清涧县河口村注入黄河，全长 491 千米，流域面积 30 261 千米$^2$。输沙总量仅次于渭河，居各支流第二位。

### 3. 汾河

汾河发源于山西省宁武县管涔山，纵贯山西省境中部，流经太原和临汾两大盆地，于万荣县汇入黄河，干流长 710 千米，流域面积 39 471 千米$^2$，是黄河第二大支流，也是山西省的最大河流。汾河流域面积占山西省面积的 25%。因受黄河东侵夺汾之势的影响，汾河入黄河口常出现南北向移动变迁，北至河津市中湖潮、东湖潮一带，南至万荣县荣河镇庙前村故道。

### 4. 渭河

渭河位于黄河腹地大"几"字形基底部位，西起乌鼠山，东至潼关，北起白于山，南抵秦岭，流域面积 13.48 万千米$^2$，为黄河最大支流。按华县及淋头水文站测验资料合计，渭河年径流量 100.5 亿米$^3$，年输沙量 5.34 亿吨，分别占黄河年水量、年沙量的 19.7％和 33.4％，是向黄河输送水、沙最多的支流。

渭河水系发育，受秦岭纬向构造体系和祁、吕、贺山字型构造体系的影响，地质构造比较复杂，两岸支流呈不对称分布。渭河干流偏于流域南部，沿秦岭北麓东流，河道长 818 千米，其中河源至宝鸡峡流经山区，河谷川峡相间；宝鸡峡以下，流经地堑断陷盆地，称关中平原，河谷宽阔，比降平缓，水流弯曲。南岸水系源于秦岭，流经石山区，多系流程短、比降大、水多沙少的支流。北岸水系发育于黄土高原，源远流长，集水面积大，水土流失严重，是流域内主要产沙地区。较大支流多集中在北岸，其中流域面积大于 10 000 千米$^2$ 的大支流有三条，即葫芦河、泾河、北洛河。

其中，葫芦河发源于宁夏西吉县月亮山，流经甘肃省静宁县、庄浪县、秦安县、至天水三阳川注入渭河，河长 300 千米，流域面积 10 730 千米$^2$，年径流量 5 亿米$^3$。

泾河，发源于宁夏泾源县六盘山东麓，于陕西省西安市高陵区注入渭河，河长 455 千米，流域面积 45 421 千米$^2$。据张家山站资料统计，年径流量 20 亿米$^3$，年输沙量 2.82 亿吨，是渭河的主要来沙区。泾河干流河源至崆峒峡和下游的早饭头至泾阳张家山为峡谷河段，其余河段河谷较宽，平凉至泾川间，河谷宽 2～3 千米，是泾河的最大川地区。泾河水系分布略呈手掌状，支流众多，大于 1 000 千米$^2$ 的支流 7 条，多在政平至亭口一带汇集，常形成较大洪水。流域内由于地理和气候的影响，水沙分布很不均匀，水量多来自上游六盘山区及干流南岸的支流，泥沙多来自北岸支流。马莲河、蒲河分别是泾河的第一、第二大支流，这两条支流，流经黄土丘陵沟壑区和黄土高原沟壑区，水土流失严重，是泾河泥沙的主要来源区。

北洛河发源于陕西定边县白于山南麓，于大荔县境汇入黄河，河长 680 千米，自西北流向东南，北洛河水系分布为乔木树枝状，支流众多，流域面积 26 905 千米$^2$。

泾河、北洛河虽属黄河二级支流，但因流域面积大，水沙来量多。其汇入地点离渭河口接近，多把它们作为独立水系研究，常与渭河干流并列，称为"泾、洛、渭"。

### 5. 洛河

洛河，发源于陕西省华山南麓蓝田县境，至河南省巩义市境汇入黄河，河道长 447 千米，流域面积 18 881 千米$^2$，流域平均宽 42 千米，流域形状狭长。据黑石关水文站资料统计，年平均径流量 34.3 亿米$^3$，年输沙量 0.18 亿吨，平均含沙量仅 5.3 千克/米$^3$，水多沙少，是黄河的多水支流之一。

洛河流域北靠华山、崤山，南倚伏牛山与长江水系毗邻，东南以外方山与淮河为邻，地势西南高东北低。河流走向大致与黄河干流平行。

洛河流域内暴雨较多，而且降雨强度大，雨区面积也较大。据历史资料分析，洛河是黄河洪水的主要来源区之一，由于洛河邻近黄河下游，洛河发生大洪水对黄河下游威胁很大。洛河两岸支流众多，源短流急，多呈对称平行排列。最大支流为伊河，位于流域南部，以熊耳山与干流相隔，集水面积 6 029 千米$^2$，占洛河流域面积 31.9%，流向与干流平行，河谷形态亦与干流相似。次大支流为涧河，位于流域北部，集水面积 1 349 千米$^2$，占洛河流域面积 7.1%。这两条大支流都在洛阳至偃师间汇入干流，它们与干流一起组成扇状水系，往往伊、洛、涧河同时发生洪水，汇流集中，形成较大的洪峰流量。

### 6. 沁河

沁河是黄河中游最后一条一级支流。发源于山西省平遥县黑城村，自北而南，过沁潞高原，穿太行山，自济源五龙口进入冲积平原，于河南省武陟县南流入黄河。河长 485 千米，流域面积 13 532 千米$^2$。

沁河最大支流丹河，发源于山西高平丹朱岭，流经泽州盆地，经晋城市城区、泽州县进入河南博爱县与泌阳县间，在磨头镇陈庄村汇入沁河，全长 166 千米，流域面积 3 137 千米$^2$。

沁河流域是黄河三门峡至花园口间洪水来源区之一。沁河洪水有 60%～70%来自五龙口以上，据调查考证，明成化十八年（1482 年）阳城九女台曾发生洪峰流量 14 000 米$^3$/秒。

### （三）黄河下游主要支流

黄河下游主要支流受地势影响数量较少，仅有金堤河和大汶河。

**1. 金堤河**

金堤河发源于河南新乡县境，流向东北，经豫、鲁两省，至台前县张庄附近穿临黄堤入黄河。滑县以下干流长 158.6 千米，是一条平原坡水河流。主要支流有黄庄河（包括柳青河）、回木沟和孟楼河等。流域形状上宽下窄，呈狭长三角形，面积 4 869 千米$^2$，金堤河流域所在地历史上是黄河决溢迁徙的地区。1855 年黄河在铜瓦厢决口改道北流，黄河河道两岸逐步修建堤防，太行堤、北临黄大堤与北金堤之间的水系，几经演变成为今日的金堤河。

金堤河流域地处黄泛平原，长期以来水系紊乱，排水不畅，随着黄河河道逐渐淤高，金堤河入黄日益困难。流域内洪、涝、旱、碱、沙等灾害频繁。

**2. 大汶河**

大汶河发源于山东旋崮山北麓沂源县境内，由东向西汇注东平湖，出陈山口后入黄河。干流河道长 239 千米，流域面积 9 098 千米$^2$。习惯上东平县马口以上称大汶河，干流长 209 千米，流域面积 8 633 千米$^2$；以下称东平湖区，流域面积（不包括新湖区）465 千米$^2$。流域内地势东高西低，北高南低，北有泰山，东靠鲁山、蒙山，西、南为丘陵和平原。大汶河干支流都是源短流急的山洪河流，洪水涨落迅猛，平时只有涓涓细流。大部分河道为中粗砂堆积，河身宽浅，没有明显河槽。

大汶河口以上地区，是大汶河洪水泥沙的主要来源，干支流呈扇形汇集，流域面积达 5 669 千米$^2$。大汶口至东平湖，河道长 89 千米（戴村坝以下又叫大清河），为平原性河道，两岸大部分河段设有堤防，近 20 年间，河床淤高 0.2～0.3 米。支流都从北岸汇入，较大支流有漕浊河及汇河。这段河道南岸靠堤防约束，一旦决溢，将淹及济宁等地的大片平原，防洪是本河段治理的重大问题。

## 三、黄河主要湖泊

黄河是由许多个湖盆水系演变而成的，截至目前残留下来的湖泊较大的只有 3 个，它们是河源区的扎陵湖、鄂陵湖和下游的东平湖。

## （一）扎陵湖和鄂陵湖

扎陵湖和鄂陵湖均为构造湖，是由古代的大湖盆演变而成的。其中，扎陵湖当地藏民称"错扎陵"，意思是灰白色长湖，位居上游，湖水面高程海拔 4 293 米，周长 123 千米，面积 542 千米$^2$，平均水深 8 米，湖心偏北东部，最大水深 13.1 米，蓄存水量 47 亿米$^3$。湖的北岸有一半岛，西距黄河入湖口 4 千米，半岛长 4 千米。半岛以东 3 千米，分布 3 个湖心岛，最大不及 1 千米$^2$，呈南北排列，而且水下毗连，像两道潜坝似的，拦截着入湖的泥沙。岛西为湖区的浅水区，水深一般只有 1～2 米。

鄂陵湖，当地藏民称"错鄂陵"，意思是青蓝色长湖。位居扎陵湖以东约 9 千米，湖水面高程海拔 4 269 米，周长 153 千米，面积 608 千米$^2$，平均水深 20 米，是扎陵湖的两倍多，最大水深 30.7 米，是扎陵湖的 2.3 倍。蓄水量达 108 亿米$^3$。鄂陵湖有 3 个半岛和一个湖心岛。位于西岸的叫扎岛山半岛，长 5 千米，高出水面约 100 米。位于南岸的两个半岛，长 4～5 千米，位居西边的叫然马知知贡玛半岛，东边的叫然马知知弯尔玛半岛，相距约 5 千米。两半岛间湖湾地带，水浅清澈见底。

## （二）东平湖

东平湖原名安山湖，清咸丰年间定名为东平湖，位于东平县，是山东省第二大淡水湖，是黄河下游仅有的一个天然湖泊，属滞洪湖，是黄河下游重要分洪工程。地处山东梁山、东平和平阴三县交界处，北临黄河，东依群山，东有大汶河来汇，西有京杭运河傍湖直接入黄。

东平湖正处于山东丘陵与华北平原的接触带上，古地质时代的褶皱运动，逐渐积水成湖。历史时期的大野泽，随着黄河的决口迁徙、泛滥淤积的影响，不断淤积演变形成宋代的梁山泊，元代的安山湖与南旺湖以及明清时代的北五湖。北五湖中的任庄湖和安山湖相连，又称东平湖。1855年铜瓦厢黄河决口改道后，东平湖再次遭到灌淤，水面进一步缩小，这就是现在的东平湖老湖。据 1933 年调查，东平湖面积为 229 千米$^2$，与现在的东平湖老湖区面积基本一致。

# 第二章 黄河流域外在环境与水生态文化间内在联系

任何事物在形成发展过程中都会受到各种外力的影响。其中，外在生态环境因素的影响尤其显著。作为生态环境联系密切的文化类型，黄河流域水生态文化受到了黄河流域生态环境巨大影响，而这种影响也直接推动了黄河文明的演进进程。

## 第一节 黄河流域生态环境与水生态文化的诞生

一切生命都离不开水，但是对其他生物来说，水只是一种必需品。即使有些高等动物已经能在一定程度上利用水，或以水取乐，但只有人类，才能够把水作为一种文化的物质基础。

人类的生存和繁衍都离不开水，在人的日常生活中，水也是片刻不可或缺的一种物质。在人类诞生之初，当人还不具备自觉的文化意识时，水只是作为人所必需的物质存在，只是为了满足人的生理需要。但当人类产生了物质生活和精神生活的需要时，水和其他生活必需品或非必需品一样，开始发挥更大的作用，并且成为人类文化的构成部分。也是在人们思考怎样处理好与水生态环境共处问题过程中，水生态文化逐渐产生。

水生态文化就是以水生态环境为基础产生的文化现象，是指人以水生态环境为基础而进行的活动、在此类活动中人与水生态环境的关系，以及在水生态环境的影响下人与人之间的关系。

在区域水生态文化形成和发展历程中，外在环境尤其是自然环境对其影响是十分显著的。对于黄河流域而言，黄河中下游的文明之所以较早成为中华文明的主体，原因之一就是其具有巨大的优势，这一优势的物质基础正是黄河中下游的特殊地理条件。

一是这一带气候在文明早期温和湿润，雨量适中，四季分明，黄河及其支流水量充沛，特别是在黄土丘陵地带，最适于古人类依崖傍水穴居。据考古证明，最早生活在黄河流域的先民都依水而居，离水域15千米以外的旱地不适宜人的居住和生存。考古发现，在古代被称之为洛水、颍水、汝水、浍水、涑水等河流沿岸都有夏代人居住的踪迹。传说夏代人先后以阳翟、阳城为都，阳翟在河南嵩山以南，有颍水东南流，今属于禹州市境。在登封告成镇以北发现阳城，东北有古阳城山，有洧水河。此外，从地名文化中也可以看出水与先民居住地的密切联系。山西省古今县名中有88个是以河川为名，21个是以水泉为名，4个是以山水为名。山西省的县名，反映出此前生活在这里的古代先民的聚落区往往临近水源。

二是黄土由于经过风力的吹扬分选，颗粒比较均匀，既不呈沙性，也不黏重，且多孔隙，渗透性强，便于植物的根系向下生长。加上黄土结构比较松软，利于耕作，为使用石器等原始生产工具的中华先民提供了耕作的方便。与此同时，黄土高原的土质具有"自行肥效"的功能，土壤中的腐殖质含量较高，加入适量的水分以后，就成为极肥沃的土壤。进入农耕社会以后，华夏先祖主要在黄河及其支流的河谷台地上聚族而居。这是因为河谷地区的冲积平原土地松软肥沃，可以利用简陋的石器工具进行农业生产，同时因濒临江河，又有引取河水灌溉之便。

但这里也面临着两大不利因素：黄河流域降雨集中，黄河上游河陡流急，将黄土高原的大量泥沙挟暴下来。黄河中下游河床平坦，水流趋缓。上游下来的泥沙沉淀，逐渐形成许多地方河床高于平原的现象。一遇大水，常常泛滥成灾。尤其是黄河下游平原地下水位高，内涝盐碱相当严重。因此，洪旱盐碱等灾害对华夏民族的生存构成了严峻的挑战。

为了驾驭江河，过上稳定的农耕安居生活，传说自尧舜时代开始，中华先民就开始了大规模艰苦卓绝的治水活动。治水活动孕育了文明的产生，文明的发展又促进了治水能力的提高。这就是治水与文明的关系。经过中华先民不屈不挠的奋斗，终于为文明的发展开辟了道路，黄河文明就是在治水活动中形成和发展的，而黄河流域水生态文化也是在先民不懈的治水实践中诞生并得到不断发展。

# 第二节　生态环境变迁与黄河文明演进

生态环境与河流文明之间是一种双向互动的关系：一方面，生态环境影响或者说是决定了河流文明的历史进程；另一方面，河流文明又反作用于河流流域的生态环境。二者相辅相成，相互影响、相互作用。黄河文明与流域生态环境之间的这种互动关系表现得尤为突出。

从河流生态环境对河流文明的作用上看，在河流复合生态系统中，人类通过文化对环境产生生态适应，并达到一种动态平衡，河流文明则是某一文化对地域环境的社会生态适应的全过程。当支撑某一河流文明的生态环境发展变迁，人类可以通过文化的进步与更新，主要是科学技术和生产力的进步适应新的生态环境。随着文化的发展与进步，河流文明得以延续与发展。反之，当原有的文明已经不能适应新的生态环境，并缺乏进步与更新的动力时，变化了的生态环境已经支撑不了这一河流文明的时候，河流文明便会衰亡。

从河流文明对流域生态环境的作用层面看，河流是人类及众多生物赖以生存的基础，也是哺育人类历史文明的摇篮。然而。由于长期以来人类对河流无节制地开发利用，加之自然因素的影响。致使当今全世界范围内许多河流都面临生存危机。作为世界上最为复杂难治的河流，黄河的生存危机尤为突出。流域内经济社会日益增长的用水需求一再突破河流生命的底线，人与河争水、与水争地的局面越来越严峻，由此带来的水资源紧缺、河槽萎缩、生态恶化、水污染加剧等一系列问题，又反过来严重制约了流域经济社会的可持续发展。

随着社会生产力的不断提升，流域生态环境与流域社会文化之间的关系，越发表现出人类对于自然总是处在积极主动的一方、影响力越来越强的态势，表现为有什么样的人，就有什么样的河流；甚至可以说，人们用什么思想和态度来对待河流，河流就会出现什么样子。例如，蛮荒时代的人，毫无力量，只能迷信天神和命运，匍匐在自然的威力下，于是出现了

"夏日消融，江河横溢，人或为鱼鳖"的景象，这是狂放恣肆、任意纵横的河流。

## 一、环境的适宜与文化重心的确立

在公元前21世纪至8世纪的夏、商、西周时期，国家的统治中心均在黄河流域。虽然夏、商两代曾十多次迁都，但始终没有离开黄河两岸。春秋列国和战国七雄仍主要集中于黄河流域，各国对封地作了较大的开发，如齐国、鲁国对今山东半岛的农业开发，晋国对今山西北部地区的开发，秦国对成都平原的开发等。尽管这一时期由于人类活动扩大，经济区的拓展，黄河流域生态环境的原始状态开始被打破，但当时人口还很少，经济开发程度不高，因而人类社会对环境的影响并不大，黄河流域远古时期延续下来的生态环境仍然基本上保持着原貌。

秦汉时期统治中心仍集中于黄河中下游，农业文明核心地位进一步确立。据《史记·货殖列传》所记载的18个经济区分布来看，其中有13个在黄河流域，而且北方还有一个龙门碣石的游牧区。在手工业和商业的发展方面，当时全国设有铁官49处，其中山西13处、关东29处、龙门碣石一线2处，主要分布在黄河流域。西汉时设的盐官36处，其中山西7处、山东17处、龙门碣石一线9处，也主要分布在黄河流域。秦汉时期桑蚕业中心仍在黄河流域。可以看出当时经济发展的中心区在黄河流域。应该说，黄河中下游地区因为政治经济发达而成为封建王朝的支撑点。

但是，就在黄河文明不断走向强盛的时候，其潜在的衰落因素也在悄悄地来临。随着生产活动的扩展，特别是黄河中游地带垦殖农业的扩大和单一农耕经济格局的形成，黄河流域的地理环境开始发生较大变化。秦与西汉定都关中后，积极实行"实关中"和"戍边郡"的移民政策，多次由人口较密集的内地向陕北、宁夏、陇口、内蒙古河套等地大规模移民，每次人数多达数万至几十万，使得这一地带人口迅速增长。除移民外，西汉还在边郡一带实行大规模的兵屯。人口的大量增加，使黄河中游的草原大部分被开垦为耕地，加之秦汉营建都城所需，附近原始森林被大量砍伐遭受破坏。导致黄土高原的侵蚀显著加重，黄河水中泥沙加大，至西汉时"黄河"的称谓正式出现。同时下游河岸提高，很长河段上升为"河水高于平地"的"悬河"。从西汉起，黄河开始了历史上第一个泛滥期。从西汉文帝二年（前168年）至东汉中叶200多年间，黄河决溢12次，给下游造成了巨大灾难。

但是从东汉明帝十二年（69年）王景治河以后到隋500余年间，黄河竟有过相当长一段安流的时间。见于历史记载的河溢①只有4次：东汉、西晋各1次，三国魏2次；冲毁城垣只有晋末1次。在唐代近300年间，黄河决、溢有16次，改道1次，河水冲毁城池1次；与前一阶段相比是增加了，但灾情并不严重。如景福二年（893年）这次改道只是在海口段首尾数十里的小改道而已，与西汉时的灾情不可同日而语。

究其原因，这与黄河中游的土地利用方式改变，大大减轻了水土流失的有一定关系。黄河的洪水主要来自中游，河水中的泥沙主要也来自中游，其中又以晋陕峡谷流域和泾、渭、北洛河上游地区关系最大。这一地区植被保持的良好程度决定了水土流失的严重程度，所以这一地区的土地利用方式，即从事农耕还是畜牧，是决定黄河下游安危的关键。

在战国以前，黄河中游地区还是畜牧区，射猎占有相当重要的地位，农业处于次要地位。因此，原始植被尚未受到破坏，水土流失轻微。秦及西汉时期，随着大量移民的涌入，生产方式也从原先的射猎转变为农业生产，为了获得耕地，必定要大量清除原始植被，破坏表土。在当时的生产条件下又不可能采取保持水土的措施，只能导致水土流失的日益严重。

到了东汉时期，以畜牧为主的匈奴、羌人大批迁入黄河中游，而以农为主的汉族人口急剧减少。反映在土地利用方式上，必然是耕地面积相应缩小，牧地扩大。这一改变就使下游的洪水量和泥沙量也相应大为减少，这是东汉时黄河安流的真正原因。

以后，汉族人口继续内迁，少数民族人口不断增加，黄河中游的西部演变为纯牧区，长期较少变动。东部虽仍有农业，但因汉族人口减少，农业成分不高。所以，尽管魏晋十六国时代政治混乱，战争频繁，但黄河却最平静。也正是由于魏晋南北朝的近400年间，黄河基本处于安流状态，从而也保证了黄河文明在中国文明进程中的地位和作用。

---

① 河溢是指河水溢出河堤，与冲破河堤的决口不同。

北魏以后，虽然这一地区的汉族人口有了较大增加，农业成分也有了明显的提高，但以牧业为主的少数民族向农业转化的速度很慢，因此总的说来还是以牧为主或半农半牧。水土流失虽已超过了魏晋南北朝时的状况，但因隋朝存在的时间很短，这一局面很快就结束了。

唐代在安史之乱前，以黄河中游地区设置郡县的范围虽比隋代有所扩大，如在今窟野河流域设置了麟州及所辖三县，但实际人口却比隋代还少，即使在盛唐时也未超过，因此耕地面积不会比隋代时大。另一方面，朝廷设于黄河中游的牧业机构大大增加，仅陇右群牧使就辖有48监，"东西约六百里，南北约四百里"间适宜的牧地都归其所有。陇东也有8坊，开元时有马数十万匹。此外，夏州也设有群牧使；盐州、岚州设有13监。当时军队、王侯将相外戚也大量蓄养牛、驼、羊、马，牧场遍布各地。由于与东汉后期相比，农业人口已有增加，耕地面积又有扩大，所以对下游河道已经发生影响，开元年间出现了2次决口。但因总的人口规模并没有超过隋代，又存在大片牧地，水土流失仍比较轻微，下游河患远不如西汉时那样严重。

值得特别说明的是，就全国发展格局看，虽然魏晋南北朝时期黄河中下游地区由于受到严重战乱的摧残，社会经济暂时被社会环境相对安定、经济发展较快的长江下游地带赶上。但黄河中下游地区毕竟在长期的发展中积累了深厚的经济文化基础，加之唐代前期开明的统治政策，使社会经济得到了迅速恢复和发展，重新确定了黄河中下游地区在全国经济的重心地位。特别是关中地区作为唐代的政治中心，自然着力发展地区的经济，这些都使关中地区农业经济有了恢复，仍然成为当时全国最富庶的地区之一。连当时相对干旱的陇右地区也是"闾阎相望，桑麻翳野"。

安史之乱后，黄河中游地区的实际人口并无减少，逃避苛政暴敛的农民利用开垦荒地可在5年内免税的规定，期满后就弃耕旧地，另垦新地，以至农业规模并未扩大，开垦范围却不断增加。这种滥垦只能在原来的牧场和土地，包括坡地、丘陵地或山地上进行，加上只图眼前收成，不顾长期后果，对水土的破坏往往比正常的耕种更加厉害。陇右的官办牧业机构不再恢复，原来的牧地听任百姓开垦，留下的机构规模大为缩小。因此，除了河套和鄂尔多斯地区以外，黄河中游地区几乎已由农牧兼营变为单纯的农业区。

## 二、环境的恶化与文化重心南移

文明从繁荣到衰落并非是一蹴而就的，在文明繁荣的背后必然潜藏衰落的端倪。黄河文明被长江文明逐渐赶超也是在前者繁荣过程中潜藏并逐渐显现的。魏晋南北朝时期是中华文明重心开始南移比较明显的时期。地理环境的缓慢变化是因素之一。黄河流域气候渐趋寒冷，水体大为减少，气候干燥，加之黄土高原经过长期开发，天然植被严重破坏，水土流失加剧，土壤肥力下降，水利灌溉日益困难，由此引起了水旱灾害。再加上北方地区是全国政治军事重心，东汉末年和三国时期，北方军事集团割据混战，导致人口大量死亡流徙，社会经济破坏严重。北方气候变冷，游牧民族南下压力增大，战乱不已，到十六国时期，北方五胡乱华，游牧民族南下，中国北方更是处于一个战乱纷纷的时期；北方地区农业经济受到破坏，农业地区相对缩小，黄土高原与河套地区成为牧区；"河洛丘墟，函夏萧条，井湮木刊，阡陌夷灭，生理茫茫，永无依归"是当时黄河流域农业经济受到摧残的真实写照。上述各种因素使得黄河流域经济的发展从唐宋以后陷于停滞、缓慢的状态。

在黄河中游，从五代开始，自唐代后期已经存在的尽可能扩大耕地的趋势继续发展。随着政治中心和边防重心的东移，官营牧场已迁至黄河下游和河朔地区。在人口继续增加的情况下，农民为了维持生存，只能采取广种薄收的办法。在黄土高原和黄土丘陵地带的粗放农业经营，很快引起了严重的水土流失，肥力减退，单位面积产量下降。沟壑迅速发育，塬地被分割缩小，又使耕地面积日益减少。为了生存下去，农民不得不继续开垦，终于使草原、林地、牧场和陂泽洼地、丘陵坡地完全变成了耕地，又逐渐成为沟壑陡坡和土阜，到处是光秃秃的千沟万壑。当地农民陷入"越垦越穷，越穷越垦"的恶性循环之中，而河水中的泥沙量却越来越大，下游的河床也越填越高，洪水越来越集中，黄河决溢改道的祸害越来越严重。

同时，长江流域的农业经济有了较大发展，揭开了文明重心南移的序幕。"江南卑湿，丈夫早夭"曾经是北方人将长江中游南部视为畏途的主要原因。但是从公元前 1 世纪前后，气候由暖转寒，黄河流域的农业生产受到一定影响，而长江流域的气候却变得相当适宜，从而获得了一次发展的机遇。

从隋唐时期开始，随着黄河中下游地区社会经济的复苏和繁荣，该地区生态环境再次遭受前所未有的破坏。尤其在黄河中游地区，由于大量土地被垦殖，草原面积迅速缩小，大大加重了黄河中游地带植被的破坏，生态平衡的自调节功能衰减，黄土高原失去保护，地表径流的侵蚀冲刷重新加重，水土流失加快，黄河中挟带的泥沙又开始大量淤积于下游河道中。从唐中叶起，黄河决溢明显增加，长达 8 年的"安史之乱"导致了唐王朝由盛至衰，再加上北方中高纬度地区气候变冷趋势发展，北方游牧民族南下冲击农耕区，黄河流域农业生态受到严重的影响，再次开启了中国经济重心的南移，这标志着黄河文明开始步入持续衰落的通道。

五代时期，开创了黄河决溢的新纪录，黄河泛滥引起河湖淤塞，土地沙化、盐碱化，加之气候灾害更加频繁，开始从根本上改变了黄河流域农业生产赖以开展的条件，黄河农耕文明长期处于显著衰退之中。北宋以后，黄河流域不仅失去了全国经济中心的地位，而且失去了政治、文化中心的地位。

与此同时，长江文明有了较大发展，尤其是从中唐以后开始。从人口上来看，长江流域人口已开始超过了黄河流域。到了唐代后期，受各种因素影响，黄河流域人口密度为 5.65 人/千米$^2$，而长江人口密度为 7.25 人/千米$^2$。在这样的背景下，中国出现黄河文明和长江文明南北呼应同时发展的新局面。当时黄河流域有长安、洛阳等大城市，而长江流域有"扬一益二"之称，长江上游的成都和下游的扬州经济也十分发达。

到了宋、金、元时期，黄河流域生态环境进一步恶化，黄河中游地带的森林遭到比隋唐时期更剧烈的破坏，致使黄土高原水土流失加重，给下游造成了巨大灾害。北宋至元代黄河频繁决溢泛滥，甚至在北宋时，黄河曾 3 次南流夺淮入海，两次北流天津入渤海。金代黄河长期三股分流夺淮入海。元代河道更为紊乱，在下游的扇形地带上长期交叉或并行着四五条河道。在这一环境影响下，从唐代便开始的中国文明重心南移进一步导致了宋代中国政治经济文化中心的东移南迁。北宋后期人口数量超过 20 万的州郡，长江流域有 44 处，而黄河流域仅有 11 处，文明中心已完全转移到南方。

到了明清时期，黄河中下游生态环境仍未好转并持续恶化。中游黄土高原地带由于失去了植被保护，裸露的地表受到地表径流的强烈冲刷、切割，水土流失更加严重，大块"原"被分割缩小，有的甚至消失，形成千沟万壑、谷深坡陡的复杂地形。同时，风蚀加重，引起了大面积的土地沙化，沙漠步步南侵。在下游平原地带，黄河中的泥沙量加大，引起河道淤积，河床抬高，致使决溢加频。明清 500 年间，黄河下游决溢频繁。下游地带水系遭到摧毁性破坏，湖泊绝大部分湮没消失。许多河流因黄河水冲淹而淤塞湮没。下游平原地面抬高，城地湮没。黄河水的长期漫流浸渍，造成大面积沙地、盐碱地。自然平衡机制的破坏，加大了气候灾害的形成概率。在这样的环境下，长江流域基本从黄河流域处继承了中国经济文化中心的地位。

# 第三节  黄河流域环境变迁与水生态文化发展

生态环境的变迁是黄河文明兴衰的根源，而气候与黄河河道变迁则是黄河流域水生态文化发展的直接影响因素。

## 一、黄河流域气候变迁与水生态文化

黄河流域横跨东、中、西三大气候带，即我国的温带季风气候带、温带大陆性气候、高原山地气候三大气候带，加上由于流域处于中纬度地带，受大气环流和季风环流影响的情况比较复杂，流域内不同地区气候的差异显著，气候各要素的年、季变化大，自然条件复杂。

现在的黄河流域，大部分地区干旱少雨，但由于历史气候变迁，各时期气候状况存在一定差异。尤其在黄河文明诞生初期，黄河流经区域气候是比较适宜的。据专家研究，在距今 10 000—9 000 年，关中平原、汾河下游谷地和黄淮平原等地的气候迅速变暖，尽管年平均气温与现在接近或偏低，但其降水量却明显增多，加速了植物生长和泥炭沉积。距今 8 500—3 000 年是全新世以来气候最佳适宜期，在我国称之为"中国全新世大暖期"或"仰韶温暖期"。气象学家竺可桢也指出，在近 5 000 年中的最初 2 000 年，即从仰韶文化到安阳殷墟，大部分时间的年平均气温约高于现在 2℃，一月份温度比现在高 3～5℃。这说明远古时期，处在南北交接"生态过渡带"的黄河中下游地区，气候温暖湿润，植物繁茂，动物众多，水源充足，黄土疏松肥沃。据史念海的《西周春秋战国时代黄河中游森林分布图》研究表明，安阳殷墟靠近的黄土高原、黄河中游、邻近的沁阳盆地和洛河中下游等地，森林覆盖率为 53%。这个时代上距夏代尚有千余年，相信当时的森林覆盖率会更高。动物群中，既有麋、野猪等出没于森林，又有鹿类、野兔等追逐于草原之上，并可放牧黄牛、山羊等；湖沼之内可供麋、獐、貉、鹤、龟、鳖、鳄、鱼、蚌、螺等水生和喜湿动物活动与生存。同时，这里也是亚热带动物象类的生养休息场所。正因为古代中原地区产象，所以河南省自古以来称为"豫"。所有这些适宜的生态环境为黄河占据中国乃至世界重要地位提供了得天独厚的条件。数千年前黄土地上的人们就是在这种良好的气候、水源、生物和土地环境中，创造出了举世闻名的黄河文明。从新石器时期的裴李岗文化、磁山文化、老官台文化、仰韶文化、龙山文化，以至于纪史以来的夏、商、周时期，黄河流域一直是中国乃至东亚的经济、文化中心。

但是从环境考古发现，黄河流域在距今 3 000—2 500 年（约春秋、战国时期），环境发生过一次大改变。这次改变，使黄河流域由距今 10 000—3 000 年的温暖湿润气候期，转变为干凉气候期。此后，黄河流域气候大部分时间保持在一个相对干旱的状况中。据满志敏研究，黄河中下游所处的华北地区核心区域过去两千年来共经历了 11 个持续时间在 50 年以上的偏旱时期。其中，公元 80—140 年为偏旱期，指数差的峰值在 −1.6，以连续偏旱为主。公元 200—280 年为偏旱期，指数差的峰值在 −1.7，连续单向的偏旱。公元 400—450 年为偏旱期，指数差的峰值在 −1.6，连续的偏旱。公元 480—530 年为偏旱期，指数差的峰值在 −1.6，连续偏旱。公元 550—670 年为偏旱期，指数差的峰值在 −2.6。这个偏旱期与上一个偏旱期只相隔 20 年左右的短暂偏涝。公元 670—760 年、公元 800—920 年、公元 950—1000 年是三个相邻的偏旱期，指数差的峰值分别为－1.8、－1.6、－1.4，都是单向连续的偏旱时期。公元 1280—1520 年为偏旱期，指数差的峰值在－2.5，由三个不同偏旱时期组成。公元 1580—1700 年为偏旱期，指数差的峰值在－2.4，公元 1640 年前以连续偏旱为主。公元 1900—1970 年为偏旱期，指数差的峰值在－1.4，连续偏旱中有偏涝的波动[①]。从干旱指数差普遍低于－1 可以看出，黄河中下游地区的干旱程度远高于湿润程度。

葛全胜等人的研究结果也大致与之相似。葛全胜等人认为，秦汉以来包括黄河中下游地区在内的中国东部季风区干湿状况大致可分为两个阶段：公元 1 世纪初至 13 世纪前期是第一个阶段，总的趋势是在波动中逐渐变干；13 世纪中期后为第二个阶段，趋势是在波动中转湿。其中，魏晋南北朝时期（221—580 年）气候总体偏干，仅公元 240—290 年、公元 410—420 年、公元 460—520 年等时段相对湿润；隋唐时期（581—907 年）围绕过去 2 000 年的平均干湿水平上下波动，其中公元 600 年、730 年、820 年和 900 年前后气候偏湿，而公元 660 年、760 年、800 年和 850 年前后气候偏干；五代至北宋时期（908—1127 年）气候在总体上略为偏湿，但有变干趋势；南宋至元时期（1127—1368 年）的气候总体偏干。明前期（1369—1429 年）虽气候湿润，中期（约 1430—1550 年）持续偏干，中后期虽曾两度（1570 和 1600 年前后）短暂转湿，但总体仍为转干趋势，明末甚至出现了秦汉以来最为严重的一次持续性干旱；清朝（1645—1911 年）气候虽然总体湿润，但年代际波动极为显著，公元 1720 年、1785 年、1810 年和 1877 年前后出现了持续性干旱。20 世纪东部地区气候则是在波动中趋干[②]。

对于最核心的华北地区，葛全胜等人给出了相似结论。自西汉中期开始，华北地区便在波动中逐渐趋干，虽然在西汉后期（约前 55 年）一度转湿，但很快在西汉末（约前 20 年）又变干；从西晋前期（约 280 年）开始，气候在波动中转干。南北朝中后期除公元 510 年和 550 年有过短暂

---

① 满志敏著：《中国历史时期气候变化研究》，山东教育出版社，2009 年，第 326－327 页。
② 葛全胜著：《中国历朝气候变化》，科学出版社，2011 年，第 84 页。

湿润外，气候总体逐渐趋干；唐代在公元660年、780年和850年前后气候均出现了偏干的状况。北宋前期（约1030年）后气候在波动中逐渐趋干，并持续到南宋后期（约1250年）；南宋末至元代在波动中趋向湿润，但在元末明初略有转干；明朝从公元1425年起气候又在波动中转干，到公元1530年后再次转湿，明后期（约1575年）再次明显转干，并出现过去2 000多年中最为严重的持续性干旱；清朝在公元1720年、1785年和1875年前后偏干。19世纪末至20世纪20年代之前在波动中转干，20世纪70年代起又再次转干[①]。

由于气候的干湿变化相较于冷暖变化对水生态文化的影响程度更大，这也导致黄河流域水生态文化所蕴含的农耕、文化、人居等都充分考虑到了最大限度利用有限水资源的特征。

## 二、黄河流域水涝灾害的变迁与水生态文化

历史上黄河流域水涝灾害的发生频率极高，且导致因素复杂多样，尤其以黄河干流主河道的改道、决溢为多，其他还包括各支流水系以及暴雨引发的洪涝灾害。

### （一）黄河河道变迁

据地学家的研究，黄河约有150万年孕育发展的历史，先后经历过若干独立的内陆湖盆水系的孕育期和各湖盆水系逐渐贯通的成长期，最后形成一统的海洋水系。到了距今10 000年至3 000年的早、中全新世时期，是古黄河水系的大发展时期，在此期间，由于洪水泥沙增加和海平面升高，河水排泄受阻，因而造成远古洪荒时代，留下大禹治水的传说。

到了有历史记载的时期，不仅是黄河下游，黄河在上中游平原河段，河道也曾有过演变，有的变迁还很大。如内蒙古河套河段，1850年以前磴口以下，主要分为两支，北支为主流，走阴山脚下称为乌加河，南支即今黄河。1850年西山嘴以北乌加河下游淤塞断流约15千米，南支遂成为主流，北支目前已成为后套灌区的退水渠。龙门—潼关河道摆动也较大。不过，这些河段演变对整个黄河发育来说影响不大。黄河的河道变迁主要

---

① 葛全胜著：《中国历朝气候变化》，科学出版社，2011年，第85-86页。

发生在下游。

**1. 禹河**

在夏、商、周三代，黄河下游河道呈自然状态，低洼处有许多湖泊，河道串通湖泊后，分为数支，游荡弥漫，同归渤海，史称禹河。

历史文献中最早记载黄河的地理著作是《尚书·禹贡》和《山海经》均有关于禹河的记载。

《尚书·禹贡》记述的禹河大约是战国及其以前的古黄河，其行径是"东过雒汭，至于大邳，北过降水，至于大陆，北播为九河，同为逆河，入于海"。雒汭，即洛水入河处。大邳，为山名，在今河南省郑州荥阳市西北汜水镇（又说在今河南省鹤壁市浚县东南）。降水，即漳水（今漳河），"北过降水"，即黄河北流汭漳水合流。大陆即大陆泽，今河北省大陆泽及宁晋泊等洼地。河水从大陆泽分出数条支河，归入渤海，又因受海潮的顶托，故称为"逆河"。

《山海经·北山经》中记述了从太行山向东流入大河的各条支流，自漳水以北注入大河的有十条，注入各湖泽的有五条，注入滹沱河的有五条。

根据古文献记载与地质条件的分析，在下游古黄河自然漫流期间，沿途接纳了由太行山流出的各支流，水势较大，流路较稳。它在今孟津出峡谷后在孟州市和温县一带折向北，经沁阳、修武、获嘉、新乡、卫辉、淇县（古朝歌）、汤阴及安阳、邯郸、邢台等地东侧，穿过大陆泽，散流入渤海。

过去一直认为"禹河"就是大禹时代的黄河河道。但现代研究已经肯定，"禹河"的下游部分是在战国以前就存在的无数河道中的一条。但从它受到特别的重视、并被学者著录来看，应该是一条经常流经的主要河道，而且已经存在很长时间，尽管未必是从大禹时代开始的。

**2. 春秋战国至西汉时期的黄河**

西周末年，中国经济中心向东转移，公元前 770 年周平王迁都成周（今洛阳东），下游平原区逐渐得到开发。春秋后期，齐国首先于公元前685 年开始，在黄河下游低平处筑堤防洪，开发被河水淤漫的滩地。其他诸侯国相继效仿筑堤，"壅防百川，各以自利"。从此，黄河下游漫流区日益缩小，九河逐渐归一。由于堤防约束，河床淤高，黄河于周定王五年

（前 602 年）在黎阳宿胥口决徙，主流由北流改向偏东北流，经今濮阳、大名、冠县、临清、平原、沧州等地于黄骅入海，为黄河第一次大改道。

战国时期，韩、赵、魏、齐、燕等诸侯国分踞黄河下游。当时齐与赵、魏以黄河为界。齐、赵、魏等国相继修筑堤防，但各以自利，没有统一的规划，人为的弯曲很多，较大的弯曲有 4 个：黄河出山口东北流至黎阳（今浚县）拐向东流，至濮阳西北角又拐向北东流，至馆陶又拐向东流，至灵丘（今山东省聊城市高唐县清平镇附近）东又拐向北东流入渤海，小的弯曲就更多了。

西汉时期，黄河下游河道又发生了新的变化。第一，在相距 50 里的大堤内出现了许多村落，堤内的居民修筑直堤来保护田园。第二，大河堤距宽窄不一，窄处仅数百步，宽处数里或数十里。第三，堤线曲折更多，如从黎阳至魏郡昭阳（今濮阳西）两岸筑石堤挑水，百余里内有 5 处。第四，黄河成了地上河，个别河段堤防修得很高。如黎阳南 70 里的淇水口，堤高 1 丈，自淇口向北 18 里至遮害亭堤高 4～5 丈。

在这种河道形势下，西汉时决溢较多。公元前 132 年的瓠子（在今濮阳西南）决口，洪水向东南冲入巨野泽，泛滥入淮、泗，淹及 16 郡，横流了 23 年才堵复。公元 11 年河水大决魏郡元城，泛滥冀、鲁、豫、皖、苏等地将近 60 年，造成黄河第二次大改道。

**3. 东汉至隋唐时期的黄河**

东汉永平十二年（69 年），汉明帝派王景治河，主要是将河、汴分流。筑堤自荥阳（今河南省郑州荥阳市东北）至千乘（今山东省淄博市高青县东北）海口，长 1 000 多里。对防御黄河向南泛滥起到了较好的作用。

经过王景治理的黄河新道的具体径流也没有记载，根据间接的史料推测，大致是从长寿津（今河南省濮阳市南）开始与西汉大河分流，东经范县南、山东阳谷西、莘县东、茌平县南、东阿县北，又东北经今黄河与马颊河之间，至今利津县境内入海（图 2-1）。新河在今山东省境内是在泰山北麓的低地中通过的，与旧河相比缩短了距离，河道比较顺直。

这一时期的下游河道称东汉故道，流路自今河南省濮阳市西南西汉故道的长寿津改道东流，循古漯水经今河南省濮阳市范县南，于阳谷县西与古漯水分流，经今黄河和马颊河之间。

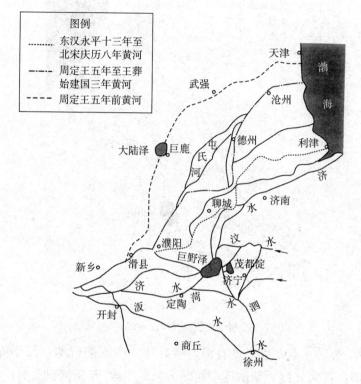

图例
——— 东汉永平十三年至
　　　北宋庆历八年黄河
—·—· 周定王五年至王莽
　　　始建国三年黄河
----- 周定王五年前黄河

图 2-1　先秦至五代时期黄河改道示意图①
说明：图中河海岸为历史情况；地名为现今情况。

### 4. 北宋时期黄河

宋前期大致维持东汉以来的河道，称京东故道。后期河道淤高，险象丛生。1048 年河决商胡，改道北流，新河夺永济渠至今天津市东入海，时称北流，这是黄河的第三次大改道（图 2-2）。

此时河道的分支，除汴水畅通外，济水已经断流，湖泊大多淤塞，南岸仅有巨野泽，接纳汶水与黄河泛水南流入淮、泗。北岸有大片塘泊，大致分布在今天津市东至河北省保定市西一带，拦截了易水（今海河）的九条支流，滹沱、葫芦、永济诸河水皆汇于塘。东西斜长 600 里（直线约

---

① 郑连第主编：《中国水利百科全书·水利史分册》，中国水利水电出版社，2005 年。

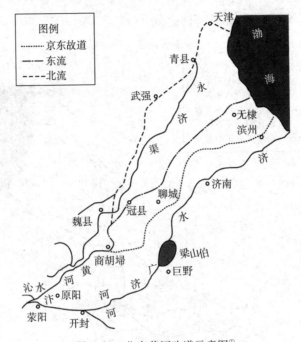

**图 2-2　北宋黄河改道示意图①**

说明：图中河海岸为历史情况；地名为现今情况。

400 里），宽 50～100 里。夏有浪，冬有冰，浅不能行船，深不能涉。至北宋后期，黄河北侵，塘泊逐渐淤淀。公元 1060 年黄河自大名决河东流，自沧州境入海，时称东流（二股河）。

**5. 金元时期黄河**

公元 1128 年冬，金兵南下，南宋边防告急，11 月东京（今河南省开封市）留守杜充决开黄河南堤御敌，黄河从此南泛入淮。决口处大致在卫州（今河南省卫辉市汲县和安阳市滑县东之间）。决水东流至梁山泊之南，主流大致沿菏水故道入泗，当时称为新河。

金末元初近百年间（1209—1296 年），黄河呈自然漫流状态，没有固定流路。

公元 1234 年由杞县分为三支，以入涡一支为主流，三流并行约 60 余年，至公元 1297 年主流北移，北支成为主流，由徐州入泗、入淮，由济

---

① 郑连第主编：《中国水利百科全书·水利史分册》，中国水利水电出版社，2005 年。

宁、鱼台等地入运河、入淮。主流北移后，公元 1297—1320 年黄河自颖、涡北移，全由归德、徐州一线入泗、入淮。公元 1320—1342 年开封至归德段黄河亦北移至豫北、鲁西南。

公元 1343—1349 年黄河连决白茅堤，水灾遍及豫东、鲁西南、皖北，洪水北侵安山入会通河夺大清河入海。公元 1351 年贾鲁挽河回复故道，黄河流经今河南省新乡市封丘县西南，东经长垣南 30 里，东明（今山东省菏泽市东明县东明集镇）南 30 里，转东南经曹县西之白茅、黄陵冈、商丘北 30 里，再东经单县南、夏邑北，再东经砀山南之韩家道口（杨山南约 40 里），又东经萧县、徐州北，至邳州循泗入淮。

公元 1297—1397 年的百年间，以荥泽为顶点向东成扇形泛滥，主流自南向北摆约 50 年。此后自北向南摆亦 50 年。最北流路在今黄河一带，最南流路夺颖入淮（图 2-3）。

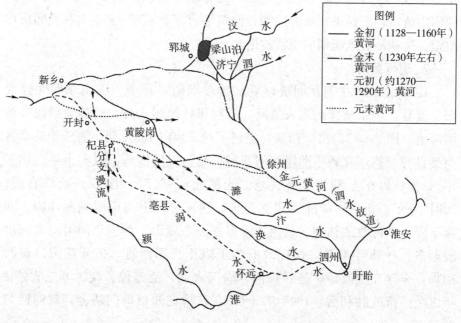

图 2-3　金元时期黄河改道示意图[①]

---

① 郑连第主编：《中国水利百科全书·水利史分册》，中国水利水电出版社，2005 年。

### 6. 明清时期黄河

自明成祖迁都北京，直至清咸丰五年（1855 年）黄河于铜瓦厢（今河南省开封市兰考县东坝头镇附近）决口改道，这一时期确保漕运通畅是治河的一条重要原则。采取"北岸筑堤，南岸分流"的防御方略。

公元 1391 年黄河南决，主流夺颍入淮。百余年间有时分流入涡，有时走贾鲁故道，其决溢地点多在开封以上。

公元 1496—1566 年，北岸修筑太行堤，南岸大堤也得以加固，开封附近不再决溢，决溢地点下移至兰阳、考城、曹县一带。先是黄河南移入涡、入淮，后又渐北移，至徐州入运。1558 年大决曹县，水分 10 余支自徐州至鱼台散漫入鲁南运道及诸湖，运道大淤，黄淮合流段的淤积日益严重，下游河道不断淤高。同时，河口迅速延伸。

晚明万恭、潘季驯提出了以治沙为中心的治河思想，实行"以堤束水，以水攻沙"的方针。1578 年 2 月潘季驯修筑徐淮间 600 里南北大堤，使河出清口、云梯关，塞高家堰，使黄淮合流，直至 1855 年铜瓦厢决口改道。这就是后人所谓的明清故道。

### 7. 现行黄河

1855 年黄河在铜瓦厢决口后，数股漫流，其中一支出东明北经濮阳、范县，至张秋穿运入大清河，于利津牡蛎嘴入海，后逐渐形成今黄河河道（图 2-4）。决口初期，经过了约 20 年的漫流期，清廷才劝谕各州县自筹经费，在新河两岸顺河修筑民埝，以防漫淹。咸丰十年（1860 年），张秋以东至利津筑有民埝。光绪元年（1875 年），开始修官堤，历时 10 年，新河堤防陆续建立起来。铜瓦厢以上河道因溯源冲刷，河床下降。黄河改道初期，黄河决溢多在山东境内。民国年间河南黄河决溢渐多。1938 年 6 月，国民政府为了阻止日军西进，扒开花园口黄河南堤，全河夺流改道，经沙颍河、涡河入淮，泛滥豫、皖、苏三省达 9 年之久。抗战胜利后，1947 年 3 月 15 日将花园口口门堵合，黄河回归故道。

以上所述还主要是黄河大规模的改道状况，未列入数量庞大的决口泛滥事件。自公元前 602 年至 1938 年的 2 540 年中，除了出现 5 次大规模改道外，决口泛滥的年份达 543 年，甚至一场洪水多处决溢，总计决溢

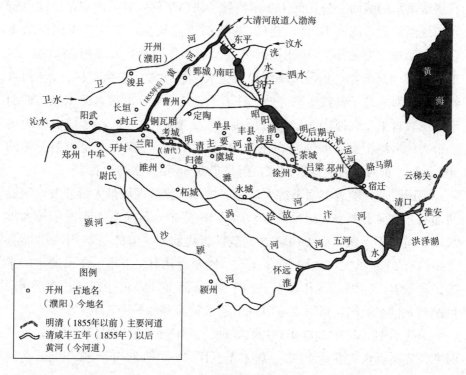

图 2-4 铜瓦厢改道示意图[①]

1 590 次，灾害之惨烈，史不绝书。黄河河道也因此有了"善淤、善决、善徙""三年两决口、百年一改道"的典型特征。

**（二）黄河流域水涝灾害威胁与水生态文化**

在有史料可追寻的记载以来，自公元前 2000 年至公元 1985 年的 3 985 年中，中国发生较大的水灾有 1 029 年，其中黄河流域发生较大的水灾就有 617 年。水灾不仅频发且对当时社会危害巨大。

传说在帝尧时期，黄河流域就出现了"汤汤洪水方割，荡荡怀山襄陵，浩浩滔天，下民其咨"[②] 的水涝灾害场景。商代由于水灾发生频繁，商人曾被迫 6 次迁都以避之。

即便到了秦汉国家一统时期，有了统一的堤防工程作为保障也依然没

---

① 郑连第主编：《中国水利百科全书·水利史分册》，中国水利水电出版社，2005 年。

② 姜建设注说：《尚书·尧典》，河南大学出版社，2008 年。

有缓解洪水的威胁。公元前132年的瓠子决口事件，导致洪水东南注巨野泽，泛滥淮泗，淹及16郡，连续23年的泛滥横流，造成"岁因以数不登，而梁楚之地尤甚""山东被河灾，及岁不登数年，人或相食，方一二千里"[①]。西汉末年，黄河入渤海口发生大海浸，大司空掾王横言，"河入勃海，勃海地高于韩牧所欲穿处。往者天尝连雨，东北风，海水溢，西南出，浸数百里，九河之地已为海所渐矣"[②]。据今人考证，这是中国历史上最大的海潮记载。即便是在王景治河成功后，经魏晋南北朝至隋初的500年间，黄河没有决徙的记载，但是仍有35年大水的记载。

隋唐时期，随着黄河下游人口急剧增加，流域区域被大量开发，河堤的加高，黄河下游水灾记录渐多。隋代37年中，黄河有4年发生较大洪水，平均9年1次，而无决溢的记载。唐代前期（618—756年）138年，下游约有14年洪灾，平均10年1次。隋至唐初有关济水、汴渠两岸的水灾记载较多，581—655年，水灾约千次[③]，不亚于黄河主河道。在公元7世纪到8世纪期间，黄河支流伊洛水系水灾为多，平均6年1次。

唐代后期（756—880年）124年间，黄河平均约7年1次水灾，这一时期长安附近水灾多达13次。唐末至五代（880—959年）80年间，黄河有24年决溢，有时一年数次，总计47次决溢，以年份计，即3年多1次。尤其是从唐中叶到唐末的160多年中，黄河在下游决溢16次，开始了长达千年的第二个泛滥期。在五代时期，黄河决溢的年份为18年，决溢三四十处，远远超过了前代，开创了黄河决溢的新纪录。

北宋黄河决溢频繁，平均1～2年1次，灾害多，规模大。北宋160年间，黄河决溢达80多次，平均两年1次。其中，在黄河行流京东故道的89年间（960—1048年），下游河决有34年，有时一年数决，共78次。

在黄河河道北流和东流期间（1048—1127年）在上述北流和东流的80年中，有33年决溢，共计55次，水灾平均2.4年1次。

北宋以后黄河700多年南流夺淮入黄海。黄河北流与北泛，与海河合

---

① 黄河水利委员会黄河志总编辑室编：《黄河志 卷2 黄河流域综述》，河南人民出版社，2017年，第375-376页。

② ［汉］班固著：《汉书 卷二十九 沟洫志》，中华书局，1964年。

③ 姚汉源著：《中国水利史纲要》，水利电力出版社，1987年。

流，两河灾害叠加；黄河南流与南泛，黄淮合流，两河灾害频发区在豫东南、鲁西南、安徽、苏北广大地区。

元代黄河下游仍迁徙不定，决溢更加频繁，自至元五年（1268年）到至正二十六年（1366年）的99年中，史料中大水决溢年份达58年，也有一年决口十几处甚至几十处的。

明代自1368—1643年的276年中，大水决溢的年份有124年，达45%。其中有9次危害程度较大。例如，在嘉靖三十二年（1553年）河南、山东特大洪水，山西亦大水，其中伊、洛、汝、颍河为甚。"豫北入夏淫雨至七月不止，暴雨如注，河大决溢，民大饥，人死无算"。原阳"河决朱家庄，水至护城堤"。阳武"六月河溢，平地深丈余"。延津"六月暴雨如注，大水如河汉"。"豫西夏秋大水，伊、洛、汝、颍并溢，平地水深丈余，淹没田庐，人畜死者无算"。洛阳"六月大雨，伊、洛涨溢入城，水深丈余，漂没公廨民舍殆尽，人畜死者甚重"。偃师"夏六月大霖雨，伊、洛涨入城内，水深丈余，漂没民舍、公廨殆尽，人畜死者无数"。巩县"六月霖雨连旬，山水会聚，河洛泛涨，民居、官舍、公廨、官厅尽行冲空，荡然无存，漂没人畜不可胜数"。

在清代，康熙元年至十六年（1662—1677年）黄河下游几乎年年决溢。雍正、乾隆两朝73年，黄河决溢26年。嘉庆至道光两代计55年，黄河决溢24年。清后期自1855—1911年57年间，黄河有40年决溢。民国年间自1912—1948年共37年，黄河有30年决溢，一年中决溢口门最多的是1933年达104处。自1949—1991年的43年间，黄河发生13次较大的洪水，伏秋大汛下游大堤没有决过口。[①]

当然，黄河流域的水涝灾害，除了主要存在于下游外，从古到今在黄河上、中游的青海、甘肃、宁夏、内蒙古、陕西、山西等地亦时有暴雨形成山洪引起局部地区的水涝灾害。

正是由于水涝灾害频发以及危害巨大，所以自古以来生活在这里的先民就非常重视兴修堤防工程。从大禹到李仪祉，众多的水利专家提出了治

---

① 黄河水利委员会黄河志总编辑室编：《黄河志 卷2 黄河流域综述》，河南人民出版社，2017年，第152页。

水思想并付诸实践，持续推进着黄河流域水生态文化的创新发展。

## 三、黄河流域旱灾的变迁与水生态文化

除了水涝灾害，黄河流域的旱灾发生频率也较高，且表现出历史阶段性特征。

有关夏商周及以前的旱灾，一般是记录灾情特大的，往往伴有异常天象，以及山崩地震、河川枯竭等情况，同时危及政局，往往数百年一记。如夏末桀十五年（前1804年）"夜中星陨如雨，地震，伊洛竭"。商汤则有七年大旱，殷纣三十三年（前1122年）"河竭"。四十三年（前1112年）"峣山崩三川（洛、河、伊）涸"，导致商代灭亡。西周幽王二年（前780年）"泾渭洛竭，岐山崩"，中原大旱加速西周的衰亡。可见当时旱灾的灾情之严重。

春秋时期（前770—前476年）295年中黄河流域发生旱灾29次（平均约10年1次），其中较大的旱灾有5次（平均约60年1次）。战国期间（前475—前221年）255年中，据资料记载旱灾4次，都是较大的旱灾。

秦代有1次大旱记载，始皇十二年（前235年）"天下大旱六月，至八月乃雨"。西汉的旱灾史料增多，自汉惠帝五年（前190年）至地皇三年（22年）的212年中有24个大旱年，平均9年1遇。东汉自建武二年（26年）至献帝兴平一年（194年）的169年中黄河流域有14个大旱年。其中较大的旱灾往往造成"人相食"的状况。

西晋自武帝泰始七年（271年）至愍帝建兴四年（316年）46年中黄河流域有10个大旱年。东晋自元帝建武元年（317年）至恭帝元熙二年（420年）的104年中黄河流域出现11个大旱年，平均约九年一遇，且灾情日趋严重，"天下大饥，人相食"的记载出现了6次（分别在336年、358年、381年、385年、402年、415年）。随后的北魏至北周（420—580年）160年中又出现了10个大旱年，平均约16年1大旱，其间特大旱灾有5次。

隋代自开皇元年（581年）至大业十四年（618年）38年间大旱三年，平均12年一遇。唐代自武德元年至天祐四年（618—907年）计290年，大旱20次，其中特大旱五次。

北宋自建隆元年至靖康二年（960—1127 年）共 168 年，大旱 23 年。其间黄河中上游分别在景德三年至大中祥符四年（1006—1011 年）、熙宁七年至十年（1074—1077 年）、大观元年至三年（1107—1109 年）出现了 3 次连续干旱年。从金代天会五年（1127 年）至元代至正二十八年（1368 年）共计 242 年中黄河有 15 年大旱。其间分别发生 4 次特大旱灾。

明代自洪武元年至崇祯十七年（1368—1644 年）共 277 年，黄河流域发生大旱 73 年，虽然平均不足 4 年一次。但是其中有多次是持续干旱年，旱情严重的有 8 次，分别是：洪武四至七年（1371—1374 年）、成化四年（1468 年）、成化十八年至弘治十一年（1482—1498 年）、正德七至八年（1512—1513 年）、嘉靖六至九年（1527—1530 年）、万历十至十九年（1582—1591 年）、万历三十年（1602 年）、崇祯元年（1628 年）。

清代自顺治元年至宣统三年（1644—1911 年）268 年间，黄河流域发生大旱 27 年，虽然已变为平均约 10 年一遇。但其间发生 10 次特大旱，分别是：康熙二十九年（1690 年）、康熙六十年（1721 年）、乾隆五十年（1785 年）、乾隆五十二年（1787 年）、嘉庆十八年（1813 年）、道光二十七年（1847 年）、同治六年（1867 年）、光绪二至四年（1876—1878 年）、光绪十八年（1892 年）、光绪二十五至二十七年（1899—1901 年）。

从上述统计数据中可以看出，各历史时期的旱灾发生情况的阶段性鲜明，但总体仍表现出发生频度大、灾情严重的特点。也正是由于旱灾对社会尤其是农业生产的严重影响，黄河流域先民在农业生产中不仅注重农田水利设施的建设，同时尽最大的可能发展抗旱保墒技术，这些行为也为黄河流域生态文化带来了新鲜血液。

# 第三章　黄河流域水生态文化的
## 理论框架

对于黄河流域水生态文化的认识应建立在对其理论框架充分把握的基础之上，这就需要夯实对于黄河流域水生态文化的界定与本质、内涵与外延、特征等问题的研究，为黄河流域水生态文化理论框架的构建打下坚实基础。

## 第一节　黄河流域水生态文化的界定与本质

要充分把握黄河流域水生态文化的理论框架，首先要对其概念予以界定，并科学挖掘黄河流域水生态文化的本质。

### 一、黄河流域水生态文化的界定

文化本身是一个非常有争议并十分难以确切把握的概念，文化的定义至今尚无法达成共识的定论。英国学者威廉斯曾说过"文化"一词是英语语言中最复杂的两、三个词之一。比较权威并系统归纳起来的定义源于《大英百科全书》引用的美国著名文化学专家克罗伯和克拉克洪的《文化：一个概念定义的考评》一书。这本书共收集了166条文化的定义（162条为英文定义）。

"文化"一词在我国最早见于《周易·贲卦》，书中说"关乎天文，以察时变，观乎人文，以化成天下。"意为通过观察天象，可以了解时序的变化；通过观察人类社会的各种现象，可以用教化的手段来治理天下。古人所说的文化包括文学艺术和礼仪风俗等上层建筑等，也包括自身的行为表现和国家的各种制度，多指精神层面。其实人们对"文化"一词的理解通常有广义和狭义的之分，而一般大众所理解的狭义文化是指我们日常生活中所看得见的语言、文学、艺术等活动，而作为文化研究领域里所指的文化则是广泛意义上的大文化，国内外的学者都曾从各自学科的角度出发进行了多种界定与解释。

与水生态文化联系最为紧密的水文化是应时代的需求产生的一种新的文化形态。不论是水生态文化还是水文化在当前的文化系统中，都还是一个相对陌生的概念。在20世纪80年代以前，文化家族中尚没有水文化、水生态文化这两个概念。二者的概念是从文化的一般概念中引申出来. 可以有不同的表述方式。最简明的说法是：水文化是有关水的文化或人与水关系的文化。目前，国内学术界总体倾向于对水文化作如下界定：广义的水文化是人类创造的与水有关的科学、人文等方面的精神与物质的文化成果的总和；狭义的水文化是指观念形态水文化，是人们对水事活动一种理性思考，或者说人们在水事活动中形成的一种社会意识，主要包括与水有密切关系的思想意识、价值观念、行业精神、行为准则、政策法规、规章制度、科学教育、文化艺术、新闻出版、媒体传播、体育卫生、组织机构等。考虑到水生态文化与水文化之间的密切联系，广义的水生态文化所指的是人与水生态环境各种直接或间接关系的文化。

就黄河而言，其自身无法产生文化，只有当人类在与之发生联系后，通过利用黄河、治理黄河、管理黄河、保护黄河等一系列实践活动，不断与黄河进行互动，并在实践中不断进行生态层面的再认识和思考，才生成并逐渐发展起黄河流域的生态文化。

黄河流域生态文化不仅反映了人与黄河的关系，还反映了人与整个黄河流域水生态系统间的关系，反映了流域内人与人、人与社会之间的关系。因此，黄河流域水生态文化可定义为是黄河流域内劳动人民在长期的劳动实践过程中形成的以崇尚自然、保护水生态环境、促进水资源永续利用为主旋律的价值观念、精神诉求、思维模式以及行为方式的综合，以及由此而形成的一切物质财富和精神财富的总和。

当然，在论及黄河流域水生态文化概念时，仍需要明确黄河流域的范围界定。正如第一章所述，历史上黄河所流经区域不仅限于现今的沿黄九省区，因此在界定黄河流域水生态文化概念时应把握好古今"大黄河"的格局，关注的范围是"古今黄河流域"，将历史上黄河支流曾经流经的北京市、天津市及安徽、江苏两省的北部地区也都纳入考察的范围中，以便构建广义上的黄河流域水生态文化的概念。

## 二、黄河流域水生态文化的本质

黄河流域水生态文化的本质仍然是水文化，而文化实质是以"文"化"人"。为了正确认识黄河流域水生态文化的本质。应从科学性、行业性和社会性上找准黄河流域水生态文化的科学定位。

在社会性上，黄河流域水生态文化是中华民族文化的重要组成部分，它首先是一种社会文化。水与人类、水与社会、水与其他生态环境、水与文化的关系十分密切。水事活动是一种重要的社会生产实践，参与水事活动的人群不仅有关广大的人民群众和广大的水利工作者，还有历代的帝王将相、政治家、思想家、科学家和文学艺术工作者；在当代，包括党和国家领导人，各方面的专家、学者，科学技术人员以及各类文化工作人员。他们都积极地参与和创造了水生态文化，因此黄河流域水生态文化是一种社会文化。

在行业性上，黄河流域水生态文化是黄河流域与水生态有关的行业的思想精神旗帜。这里的"行业"，是以水利、农业、生态环保部门为主。包括一切与水生态环保或治理有关的行业。从这个意义上定位水生态文化，水生态文化也可以叫水生态环保治理文化。从水行业的角度研究水生态文化，有助于增强行业的凝聚力、向心力，提高水生态环保与治理从业者的素质，为相关行业的发展提供精神动力和智力支持，创造良好的内部环境。

在科学性上，黄河流域水生态文化是人文科学的一部分，且历史悠久、生命力极强，它是与人类社会的发展有着十分密切关系的科学。从系统科学角度来看，黄河流域水生态文化是人、水生态、社会经济三大系统交织而成的产物。

# 第二节 黄河流域水生态文化的内涵与外延

## 一、黄河流域水生态文化的内涵

黄河流域水生态文化的内涵可概括为：兴利除害的水利文化、质朴务实的农耕文化、因地制宜的人居文化、科学规范的制度文化、遵循自然的环保文化、敬畏自然的祭祀文化。但黄河流域水生态文化内涵的核心要义仍归于天人合一、人水和谐两层面。

### (一) 天人合一

中国自古以来便是个农业大国，而黄河流域又是中国农耕文明达到较高生产水平最早的地区。与其他生产方式相比，农业生产对自然的依赖性最强，依赖关系最明显。这决定了黄河流域长期从事农业生产的民众很容易与大自然、与天地产生亲近感和一体感。古代先贤对这一问题进行深入思考。从伏羲画八卦开创的阴阳太极理念，到《易经》所强调的天—地—人"三才"并立，以人为核心，形成了三者的协调。由此衍生了道儒两大思想流派对人与自然的思考。老子说："人法地，地法天，天法道，道法自然。"庄子提出了"天地与我并生，而万物与我为一"的物、我平等思想。孔子说："天何言哉？四时行焉，百物生焉，天何言哉？"虽然关注点不同，但其核心要义均是在强调人与自然之间需有机协调发展的基础上，探求人与自然的关系，追求自然和谐与社会和谐，而这种和谐的最高境界就是"天人合一"。天人合一的哲学思想不仅影响着中国数千年的朴素生态观，更成为东方观念的重要代表。天人合一的哲学理念发展到汉代由董仲舒将其构建成为一个较为完整的哲学思想体系，同时也成为自然社会协同发展的重要目标。

物我一体、人天同构的"天人合一"精神，与西方社会的"天人相分"的文化理念相比存在极大不同。"天人相分"，意味着一种"主客二分"模式，它造成了科技理性的诞生，但也导致了人心的堕落和对自然的空前破坏。

总之，天人合一的思想理念与黄河流域水生态文化特定的生态环境相依，是人们依托这种环境而长期观察思考的结果，是中华民族哲学思想对世界做出的重要贡献，也是当代文化自信、全面发展以及生态文明建设所追求的重要目标。

## （二）人水和谐

尽管天人合一与人水和谐之间是互融互通的关系，但相较于天人合一，人水和谐理念与黄河流域水生态文化关系更为密切。人水和谐是指人文系统与水系统相互协调的良性循环状态。本质是人与自然的和谐，体现人类对于人水关系的新认识和新追求。人水和谐就是坚持以人为本、全面、协调、可持续的科学发展观，解决由于人口增加和经济社会高速发展出现的洪涝灾害、干旱缺水、水土流失和水污染等问题，使人与水的关系达到一个协调的状态，使有限的水资源为经济社会的可持续发展提供久远的支撑，为构建和谐社会提供基本保障。内涵包括水利与经济社会发展，水利工程与自然环境、人居环境的相互协调。目标是以人为本，人水两利。包含三方面的内容：一是水系统自身的健康得到不断改善；二是人文系统走可持续发展的道路；三是水资源为人类发展提供保障，人类主动采取一些改善水系统健康，协调人和水关系的措施。在思路上，要从以往单纯的就水论水、就水治水向追求人文系统的发展与水系统的健康相结合转变；在行为上，要正确处理水资源保护与开发之间的关系，从以往对水的利用、索取、征服，转变为人与水的和谐相处。正如郦道元在《水经注》所写，"水德含和，变通在我"。意思是能否实现人与水的和谐相处，关键在人本身。

黄河流域水生态文化是人水和谐思想的宝库，其中包含了大量人水和谐的思想内核。例如，孔子说："知者乐水，仁者乐山。知者动，仁者静。知者乐，仁者寿。"以自然山水形容仁者智者，形象生动而又深刻，从侧面体现了可持续发展思想，认识自然的一部分，人与自然山水和谐共生，持续生存。老子说："上善若水，水利万物而不争。处众人之所恶，故几于道。居善地，心善渊，言善信，正善治，事善能，动善时。夫唯不争，故无尤。"在老子看来，最高的善就像水一样，万物生长都靠它的恩泽，它总是从高处往低处流，按照自然规律行事。因而，人们要如水对待万物一般善待水，顺应一切天地的自然，不凌驾于自然之上，坚持协调系统治理思想。从大禹治水"因水以为师"，到贾让提出"治河三策"，再到潘季驯提出了"束水攻沙、放淤固滩"思想。黄河流域先民在几千年的治水实践中通过不断探寻对自然规律的认识，不断完善着人水和谐思想，为当今社会处理好黄河水问题提供了思路。

## 二、黄河流域水生态文化的外延

黄河流域水生态文化反映水与人、水与生态环境、水与社会各方面联系的活动形成了以水为载体的文化现象。主要是与黄河流域水资源有关的观念、思想、制度、组织等，这些文化现象的总和就构成了水生态文化，同时也构成了黄河流域水生态文化的外延。离开了人与水的联系，离开了水事活动，水生态文化就成了无源之水、无本之木。水事活动是创造和繁荣水文化、水生态文化的唯一源泉和深厚沃土。

# 第三节　黄河流域水生态文化的特征

黄河流域水生态文化从总体上、内部各区域之间，以及与长江流域相比，均带有十分鲜明的特征，这也体现了它的独特性。

## 一、黄河水生态文化的总体特征

黄河流域水生态文化带有非常鲜明的特征，这主要体现在以下四方面。

一是持久性。生态文化伴随着人类的发展而发展，人对于美丽生存环境的向往构成了黄河流域水生态文化不竭的发展动力。同时，黄河流域水生态文化追求的是经济社会与资源环境的协同共生。因此，以黄河水生态理念为宗旨的发展必然能实现社会的持久永续发展。

二是绿色性。绿色代表生命，绿色性是对绿色文明的传承。黄河流域水生态文化遵循的是低影响开发原则，这是建立环境友好型发展模式的必由之路，也是实现黄河流域绿色发展的必然走向。

三是高效性。黄河流域的高质量发展中就包含了高效的内容。长期以来，黄河流域由于降水等自然资源的匮乏，往往采用技术手段以最少的资源达到最大的产出，逐渐形成了黄河流域水生态文化所特有的高效性特点，这一特点也成为新时代继续追求的目标。

四是和谐性。正如前文所说，"天人合一"是黄河流域水生态文化内涵的核心要义。黄河流域水生态文化的本真是人与自然、自然与自然、人与人、人与社会、人与自身这几组关系间的和谐。

五是坚韧性。黄河流域水生态文化中所包含的"坚韧不拔、自强不息"精神，表现出"九曲不折"的民族韧性，从《易传》中"天行健，君子以自强不息"到"愚公移山"，都体现出这一文明意向。河南林县（现林州市）的"红旗渠精神"实际上就是黄河文明中"坚韧不拔、自强不息"精神在新时代的延续。在全球化的过程中，这种精神仍然是中华文化发展、复兴的伟大动力，是维系民族生存能力、竞争能力的优秀品格，对提高我国的自主创新能力具有重要启示。

## 二、黄河流域水生态文化的内在区域特征

黄河文化是由若干个区域文化组成的。习近平总书记在黄河流域生态保护和高质量发展座谈会上的讲话中特别提到了黄河上游的河湟文化，黄河中游的关中文化和河洛文化，黄河下游的齐鲁文化。这四种文化是黄河区域文化中的骨干文化。这四种文化中所蕴含的水生态文化又是黄河流域水生态文化中的区域文化的重要构成。

### （一）河湟水生态文化特征

河湟水生态文化作为黄河河源生态文化，发源于青海东部"三河间"地区，是黄河源头人类文明化进程的重要标志。河湟水生态文化是在古羌戎文化的历史演进中，以中原文明为主干，不断吸收融合游牧文明、西域文明形成的包容并举、多元一体的文化形态。"河湟"既是一个地理概念，又是一个历史概念，更是一个文化概念。

河湟水生态文化是黄河源头人类文明化进程的重要标志。自古以来，我国从华夏到汉唐，乃至元明清时代，都将黄河流域看作是中华民族的摇篮，是中华文明的发祥地。古人将黄河源头看作是圣洁而又遥远的。

河湟水生态文化与黄河中下游流域的三大传统文化既有联系，又有区别。由于在河湟地区，农耕民族和游牧民族之间的交往十分频繁。除了汉人之外，戎、羌、氐、鲜卑、小月氏、鞑靼、吐谷浑、吐蕃等都曾在这里

生活。这些古代民族不仅从事高寒畜牧业，也从事农业、手工业，积极发展与周边民族之间的商业和文化交流，同时也为保护黄河河源做出了积极主动的努力。所以说，河湟水生态文化是多民族文化交融并存的结果，是草原文化与农耕文化荟萃之地的瑰宝，其内在具有多元性特征。

### （二）关中水生态文化特征

关中地区是指"四关"之内，即东潼关（函谷关）、西散关（大震关）、南武关（蓝关）、北萧关（金锁关）。关中地区是华夏文明最重要、最集中的发源地之一。

关中文化在中国文化发展史上有着极其重要的地位，渭河流域和黄土高原，是中华文明的重要发祥地之一；在10世纪以前，关中大地曾集中反映了中华文明的成就，以汉唐长安为标志，如日中天地照耀着整个世界，显示着古代中国曾经具有的开放与创造风貌及值得炎黄子孙永远自豪的文化传统。

由此所孕育出的关中水生态文化是一支源远流长而又独具特色的传统文化，其主要特征表现为以农为本的农业文明、注重实用的功利主义、纳异进取的开放精神和多姿多彩的生活习俗。

关中水生态文化是建立在一种农业型自然经济基础之上的。发祥于黄河流域黄土地上的关中文化是一支典型的以农为本的农业文明。作为中国古代传说的神农氏即炎帝部落，就兴起于陕西宝鸡清姜河畔。黄河流域农耕文化中处于主干的旱地农作也是在关中地区得以发展。

关中水生态文化具有鲜明的功利主义特点。秦人定居关中之前为游牧民族，重实利而轻礼义。商鞅变法又明文崇尚功利，以至秦人价值取向的明显特征——重利轻义。这与秦国缺乏严格的宗法制度有一定关系。关中文化的功利主义特征还在秦人的鬼神观中体现出来。在秦人的观念中，鬼神造福或降灾于人，与人间的道德伦理毫无关系，因此人们祈求鬼神赐福消灾也毫无道德伦理色彩，而具有明显的功利倾向。所以关中水生态文化带有非常浓郁的祭祀文化内容。

关中大地上的社会发展历程，是一部充满开放、纳异、进取精神的历史。周文化的宗法伦理情感，秦文化的务实作风，与楚文化的自由精神，融合为关中文化的基础。尤其是自丝绸之路开辟以来，汉唐时期均采取了宽容、吸收、改造的态度和开放精神，形成了中外文化交流历程中的两次高潮。关中水生态文化也因此带有了多元异域特色。

### （三）河洛水生态文化特征

河洛地区是指黄河和洛水交汇处的广大地区。这一区域是以洛阳为中心，西到潼关、华阴，东到郑州、开封，南到汝州、禹州，北到济源、晋南。河洛水生态文化是指存在于黄河中游洛河流域，以伊洛盆地（亦称为洛阳盆地或洛阳平原）为中心的区域性水生态文化。由于河洛地区自夏代开始便长期作为我国古代王畿所在地。作为长期的政治、经济、文化中心，处于"天下之中"河洛地区荟萃了各区域、各民族的文化元素，都城文化、制度文化、科技文化、民俗文化、姓氏文化、根文化等在这里发展繁荣。河洛地区可谓是集多元文化之大成。拥有着先天优势的河洛文化也因此成为中华5 000年文明的源泉与主脉。总之，诞生、成长、发展、繁荣于河洛大地的河洛文化，不同于任何一种地域文化，它是中央文化、国家文化、国都文化、统治文化，长期占据着主导和统帅地位，为中华文明的源头和核心，构成了中华民族传统文化最重要的组成部分。

借助这一优势地位，河洛水生态文化兼具历史悠久、内容丰富、核心性、影响广泛等特征，成为黄河流域水生态文化的"主线文化""核心文化"。

### （四）齐鲁水生态文化特征

齐鲁文化是"齐文化"和"鲁文化"的合称。指先秦齐国和鲁国以东夷文化和周文化为渊源而发展建构起来的地域文化。

齐鲁文化是秦汉以来中国大一统文化的主要源头。齐鲁文化作为中华民族传统文化的精华和核心，其思想内涵主要包含了以人为本、以仁为核心、以德为要、以孝为先、以和为贵、以礼为范、以"三纲五常"为主要内容，以天人合一、阴阳和谐为最高境界，以"中庸之道"为基本方法，以因时因势为前进动力。

齐鲁水生态文化是一种融功利主义与理想主义为一体，德法并重的文化体系。周公和姜太公作为先驱者，经过数百年建立起鲁文化和齐文化两大体系，并在此后几千年的历史发展中相互融合发展。其中的鲁文化具有崇仁、重礼、尚德、贵和的精神品质，让水生态文化对待自然有一种宽容的态度；以《管子》为代表的齐文化，礼法并重、农商同举、义利兼顾，不仅把水作为万物之本源，更把水的作用予以凸显。

齐鲁地区作为临近黄河入海口的区域，其水生态文化也带有了海纳百川的特点，具有多元、开放等特质。从学术思想层面，齐鲁水生态文化是一种在儒家、道家、法家思想的基础上，吸收诸子百家之长形成的具有兼容性的文化形态。从文化的渊源和基础来看，齐鲁水生态文化既包含周人的传统文化，又融合了当地土著文化，所以齐鲁水生态文化的基础是多元的，在以后的长期发展中，又不断吸收和融合各种文化，沿着多元的方向继续发展。

## 三、黄河流域水生态文化与长江流域水生态文化的差异

世界公认的古文明发祥地之一的"两河文明"，是西南亚的底格里斯河和幼发拉底河流域。中国的文明也是两河文明，就是黄河文明和长江文明。这两种文明从诞生之时起，从来没有间断过文明的延续和发展。中华民族的祖先，在横贯东西、南北遥相呼应的两大江河之畔，不断地创造文明、推进文明。但同时，黄河水生态文化与长江水生态文化因为各种原因存在较大差异。

### （一）黄河流域水生态文化与长江流域水生态文化的区别

长江流域水生态文化从上中下游来看，也是由若干区域文化所构成。区域文化中包含了巴蜀水生态文化、滇贵水生态文化、两湖水生态文化、闽赣水生态文化、江淮水生态文化、江南水生态文化等。这些区域文化虽然也有着一定的差异，但总体来说各个分支文化的互补，构成了多彩绚丽的长江流域水生态文化。千百年来奔腾的长江与黄河一起，哺育着中华民族，孕育了中华文明，这是长江流域水生态文化与黄河流域水文化最大的共同点。长江流域水生态文化是地域文化，黄河流域由于长期作为政治中心，某种意义上黄河流域水文化在中华水生态文化中是中央文化，这是二者的最大区别。

两者的明显差异表现在以下几个方面。一是在农耕文化方面，有着因"北粟南稻"所带来的差别。在浙江的上山文化、跨湖桥文化。苏浙一带的河姆渡文化，江西、福建、广东、云南以及长江中游至淮河上游都发现

了炭化水稻，尤其是淮河上游的舞阳贾湖也有水稻发现，反映了这里可能是粟稻农业的交汇地带，同时反映了在史前时期，南北农耕文明有着各自的农耕传统以及巨大差异。二是在文化风格方面，有着"北儒南楚"的差别。北方的庄重，南方的灵巧；北方的质朴，南方的浪漫；北方的醇厚，南方的轻盈。南北方在整个的审美情趣方面有着明显的差异。三是干流变迁方面，有着"河变江不变"的差别。古往今来，长江干流没有发生大的变迁，长江主要支流也没有发生大的变迁。但是黄河则发生过26次大的改道，尤其是5次重大改道。以郑州为顶端，向北有"汉志—山经河道""汉志—禹贡河道"和"东汉大河"等代表性河道，向南则有"鸿沟水系""汴河—涡淮河道"和"贾鲁—沙颖淮河道"等，黄河下游河道不但曾经夺淮，奠定了当代淮河水系的基础，而且永久地占有了济水故道。现在河南东部、北部，河北南部、东部，天津，以及安徽北部，江苏北部都有黄河故道，黄河下游对黄淮海平原有较大的影响，所以现代黄河流域仅有166年的历史，古今黄河构成了"大黄河"的概念。黄河、长江的"动"与"静"，也构成了奇特的河江现象。从目前看，黄河文化与长江文化之间有着明显的差异。这种差异形成了中华文化的互补性，形成了中华民族与中华文化的完整性，也构成了中华文化的主体。

### （二）黄河流域水生态文化与长江流域水生态文化差异的原因

#### 1. 自然地理条件的差异

（1）气候环境差异。黄河流域幅员辽阔，地形复杂，各地气候差异较大，从南到北属湿润、半湿润、半干旱和干旱气候区。正如前文所说，在全新世中期，伴随着世界性气候的向暖，黄河流域进入"仰韶温暖期"，处于温暖湿润的气候环境，从河南安阳殷墟出土的水牛、象和猿等喜暖动物可以证明。黄土高原在远古时期也根本不像现在这样植被破坏严重、千沟万壑，其东部地区在2 000年前还覆盖有茂密的森林和竹林，秦岭山区仍存在大片原始森林。进入全新世以来至2 000～3 000年前，华北亦普遍分布有茂密的天然森林植被。在黄河流域的西安半坡遗址中发现了距今约6 000年的獐、竹鼠和貉等现今主要生活在长江流域的动物遗骸。在京津地区当时生存有一些现今见于亚热带地区的动植物，且以栎、榆等为主的阔叶林占优势。据天津地区孢粉研究证明，在7 000年前这一地区生长有今天见于淮河流域的水蕨。在河南、山东的新石器时代遗址中发现的大量喜暖动物和竹类，推测当时黄河流域年均气温较现今约高出2℃。这种温暖气候期大致到公元前16世纪至公元前11世纪的殷商时代。

但长江流域的情况则不同。根据孢粉分析研究，出今11 000—8 000年前，长江流域以松或栎等阔叶树种为主，植被从森林草原型向森林型方向发展，属于落叶阔叶树稳定上升期，这个时期气温迅速上升。距今8 000—6 500年前能绿（落叶）林达到顶峰，这个时期气候温暖潮湿。5 000年前长江流域的气候普遍较今温暖湿润。例如，上海附近地区比现今高2~3℃，相当今浙江中南部气候。太湖地区自全新世中期以来，也处气候热潮湿的环境之中。浙江余姚河渡遗址的动物遗骸中发现了象、犀等现今生活在热带地区的动物，说明当时的气候大致近于今华南地区的广东、广西南部和云南。新石器时代杭州湾年均气温高于现今4℃以上。其他如长江中游洞庭湖周围、江西南昌地区及下游安徽安庆地区经孢粉分析的结果，表明距今5 000年气候较今温暖。

竺可桢在《中国近五千年来气候变化的初步研究》一文指出，五千年来中国气候的大势是由暖变冷，具体表现是温暖时期一个比一个短，温暖程度一个比一个低。应该说，从8 000年到3 000年前，黄河流域的气候条件为人类的生存和发展提供了丰富的资源，也有利于原始的农业生产，最终为黄河流域的巨大人口规模奠定了基础。黄河流域气候较今温暖湿润多雨，低温和干旱威胁较轻，黄土高原和黄土冲积平原土质疏松，旱作农业技术又较简单，花费劳动少，开垦较易，使以木、石、蚌、骨为材料制成的工具及原始农业技术较易生产出剩余产品来。加之黄河水系发达，湖泽众多，土地植被覆盖良好。

相形之下，长江流域当时过于炎热潮湿，不如黄河流域宜于居住，不少地区覆盖着大片的原始丛林，平原地区则湖泊沼泽四布，榛莽丛生，加上土质紧密，种植的农作物又主要是水稻，平整土地和引水灌溉劳动量大，技术要求高，在原始的生产工具和技术条件下，大量开垦困难，即使有一些比较发达的地点，由于大面积的河湖沼泽丛林榛莽的阻隔，也不易扩大交往，连成大片，形成强大的力量，人口发展也因此受到限制。因此，黄河中下游地区首先成为中国古代经济文化的中心地区。

到了中国历史上的炎黄五帝时期，由于发现黄河中游一带是一个气温冷热适宜、淡水充沛的好地方。各个部落、不同种族的人开始对这块土地争夺，炎黄之战、炎黄蚩尤之战、夏商周的更替之战因此而生。于是黄河流域中游成为中华文明的发源地。东周至秦汉时期气候应该还是差不多，故而黄河中游地区依然维持了中国的人口、文明、文化中心的地位。

《汉书·地理志》对长江流域描述为"江南地广或火耕水耨。民食鱼稻，以渔猎山伐为业……食物常足……饮食还给，不忧冻饿，亦亡千金之家。"这生动地勾勒出长江流域独特的自然环境对人类生存活动的影响。

从三国两晋南北朝开始，长江流域特别是长江下游的经济发展速度超过了黄河中下游。这除了人为的因素以外，地理环境的缓慢变化也是因素之一。近 2 000 年来，我国气候的总趋势是逐渐变冷，长江流域的气候从过去的过分炎热潮湿变得更适于人类居住和农业的开发。随着人口的增长和农业技术的进步，垦田面积明显增加，长江流域在降水量、温度、总热量等方面的优势充分显示出来。主要种植的高产粮食作物——水稻尤其是双季稻的普及，更使其在全国经济中占了优势。反之，黄河流域气候渐趋寒冷，水体大为减少，气候干燥，加之黄土高原经过长期开发，天然植被严重破坏，水土流失加剧，土壤肥力下降，水利灌溉日益困难，由此引起了水旱灾害。再加上社会因素影响，严重阻碍了黄河流域社会经济的发展。

到唐中期之后，气候再次变冷，黄河开始结冰。黄河天堑在冬季再也不能保护洛阳了，长安也变得逐渐干燥而不适于人类大规模居住。一阵天下大乱结束了唐朝之后，中国进入了五代十国时期。中国的经济中心和文化中心开始随着气候和移民的变迁而倾向长江流域。宋代，中国的文化、经济中心彻底地从黄河流域转移至长江流域——事实上，当时长江流域的气候，恰恰与夏商周秦汉时期的黄河流域相仿。元朝建都北京，中华文明也从长安、洛阳东西两京时代进入了北京、南京南北两京的时代。到明初建都南京。这事实上也再次印证了长江流域在气候、文化、经济上的中心地位。

（2）水量差异。水量大是长江有别于黄河的又一个特点。全世界河口流量在 1 万米³/秒（相当于年径流总量为 3 154 亿米³）以上的河流共有

18 条，其中在我国境内入海的只有长江和珠江。

长江流经我国南方十几个省（区、市）。长江水系北部以秦岭、伏牛山、桐柏山、大别山与黄河、淮河为界；南部以南岭、黔中高原、大庾岭、武夷山、天目山等与珠江及浙闽水系为界，东西跨越 31 个经度，南北相距 11 个纬度，拥有 180 多万千米$^2$ 的流域面积，遍及 16 个省（区、市），占全国总面积的 1/5。在辽阔的流域内，65％是高原山地，22％是丘陵，11％是平原，2％是河流、湖泊和沼泽。全流域除上游河段伸入青藏高原腹地、年降水量在 500 毫米以下外，其他地区都在 1 000 毫米以上，有的地区甚至高达 2 000 毫米以上。丰富的降水，赋予长江丰沛的径流，使长江多年平均入海水量达 1 万亿米$^3$，次于亚马孙河（37 843 亿米$^3$）和刚果河（13 560 亿米$^3$），居世界第三位。但是，长江流域的径流模数却超过了横跨赤道的亚马孙河，居于世界第一。

若与黄河相比，长江流域面积达 180 多万千米$^2$，约占全国总面积的 1/5，处处都是充沛的河流湖泊，所以有"水乡泽国"之称。据统计，长江流域及其以南地区的水资源占全国的 81％之多。且不说如鄱阳湖、洞庭湖、太湖、洪泽湖等有名的淡水湖泊，也不说江南水乡星罗棋布的水系河网，单是一条长达 6 300 千米的主干就足以说明一切。流域内大大小小的支流数以百计，年入海水量占全国河流总入海水量的 1/3 以上，是黄河流域的 19 倍。雅砻江、岷江、嘉陵江、乌江、沅江、湘江、汉江和赣江 8 条支流的多年平均流量都在 1 000 米$^3$/秒以上，超过了黄河水量。其中，流域面积以嘉陵江最大，为 16 万千米$^2$；长度以汉江最长，为 1 577 千米；水量以岷江最丰，为 877 亿米$^3$。

黄河流域径流的补给主要靠降水。因而，黄河的水量远远小于长江，平均年径流总量仅占全国河川径流总量的 2％。黄河的流域面积为珠江的 1.66 倍，长度为珠江的两倍半，而水量仅为珠江的 1/6。同时，黄河水量年内分配不均匀，年际变化大，干流最大年径流量是最小年径流量的 2～3 倍，洪、枯水流量变幅大，洪水暴涨猛落。相形之下，长江流量变幅小，洪水涨落缓慢。例如，黄河最大洪峰流量（花园口站）达 22 300 米$^3$/秒，而最小枯水流量接近于零；长江最大与最小流量相差仅 17 倍。

（3）含沙量及水土流失差异。黄河的含沙量居世界大河之冠，以多沙著名。今日之黄河平均含沙量为每米 337.6 千克。世界上著名的多沙河流，含沙量多在 1 千克上下，上 10 千克的超级沙河也仅有一两条，以几十上百千克论的，唯有黄河了。黄河每年挟带的泥沙，4 亿吨淤积在干流河道，8 亿吨淤积在河口三角洲，4 亿吨入海，年均输沙总量为 16 亿吨。自 1947 年黄河回归现行河道至 1985 年底，共计填海造陆 1 220 千米²，平均每年造陆 31.3 千米²，河口一带海岸线平均向海内推进 390 米。黄河含沙量为闽江的 260 多倍。相比之下，长江的含沙量要少得多，长江干流为 0.57 千克/米³，只及黄河的 1/74。

河流含沙量大，无疑流域侵蚀模数也大。黄河干流（陕县以上）可达 2 330 吨/千米²。黄土高原上的窟野河局部地区甚至高达 30 000 吨/千米²以上，相当于每年把地面削低 18 毫米。黄河年均土壤侵蚀总量 20 亿吨，如果把这些泥沙筑成高宽各一米的长堤，可绕地球赤道 37 周。但长江却不同，除金沙江的上游河段及嘉陵江可超过 1 000 吨/千米²外，宜昌以上的山区侵蚀模数略大于 200 吨/千米²，宜昌以下则不超过这个数值。

黄河文明在严重的水土流失下趋于衰落。如今，黄土高原水土流失剧烈的 7.7 万千米²内，年土壤侵蚀量可达每平方千米万吨以上。在西周时期（前 11 世纪至前 3 世纪）黄土高原的塬面尚比较完整，远不是今天这般被切割得千沟万壑、支离破碎。渭河北岸的周塬遗址，现已呈长条状，最宽处不过 13 千米；而历史上的周塬长 70 多千米，宽 20 多千米。现存的面积最大的董志塬，在唐代（618—917 年）时长 42 千米，宽 32 千米；现在最宽处 18 千米，最窄处仅半千米。塬的产生及塬的消失，正是黄河文明从繁盛走向没落的标志。

（4）支流差异。支流集中是长江别于黄河的一个重要特点。长江水系庞大，好像一棵枝叶繁茂的参天大树，十支交错，枝枝相连，布满整个流域。据统计，长江干流拥有 700 多条一级支流，其中流域面积 1 万千米²以上的 40 多条，5 万千米²以上的 9 条，10 万千米²以上的 4 条。浩荡的长江干流加上沿途 700 余条支流，纵贯南北，汇集而成一片流经 180 余万千米²的广大地区。较大的支流几乎全部集中在长江干流中段的"一盆二湖"地区，即四川盆地和洞庭湖、鄱阳湖。在四川盆地，从左岸汇入长江的有雅砻江、岷江、沱江、嘉陵江；右岸有乌江。洞庭湖一带的支流有从右岸入长江的清江、澧水、沅江、资水和湘江，而长江最大的支流汉江，则从左岸汇入。鄱阳湖水系包括修水、赣江、抚河、信江和饶河，集中在长江右岸。长江干流从雅砻江河口至鄱阳湖口，流程仅 1 761 千米，占全江的 28%，而得到的水量补给却近 8 000 亿米$^3$，占入海水量的 80‰。在长江下游的主要支流中，青弋江和黄浦江虽较为有名，但其长度和水量都与上述的支流无法相比。

与河流相通的湖泊也应属于该河流水系的一部分。长江中下游是中国著名的湖泊稠密区之一。江串湖，湖连河，江湖相依，好似瓜藤相接，这是长江与其他河流相比所具有的突出特点之一。通常所说的"五湖四海"中的五湖，即鄱阳湖、洞庭湖、太湖、洪泽湖和巢湖，都集中在长江中下游地区。据统计，仅湘、鄂、赣三省沿长江两岸，面积在百亩以上的湖泊就有 1 200 多个，面积在 200 千米$^2$以上的也有 18 个之多。长江流域的湖泊总面积为 22 000 多千米$^2$，其中中下游两岸约为 21 000 千米$^2$，占 97.8%。长江中下游众多的湖泊。虽然成因不尽相同，但它们都是与长江演变有关的河迹湖。长江中下游众多的湖泊，是天然的水库，对长江干支流起着良好的调节作用。特别是在洪水期，大量洪水蓄存在湖内，大大削减了洪峰，到枯水期再慢慢放出，增加了长江水量，使洪旱灾害减少。

黄河汇集了 40 多条主要支流和 1 000 多条溪涧，流域面积为 75 万千米$^2$。黄河的主要支流在上游段（河源至河口村）有大夏河、洮河、湟水（包括大通河），其中洮河是黄河上游的最大支流。中游段（河口镇至河南郑州的桃花峪）有无定河、汾河、渭河、伊洛河、沁河。渭河是黄河中游的最大支流。黄河下游段（郑州以下至河口）处于华北平原上，是地上"悬河"，两岸几乎所有河流都无法注入黄河，只有发源于山东泰山的大汶河（又名汶河），居高临下，借助于京杭大运河，才使其一部分水量注入黄河。所以相比于长江，黄河的支流要少很多。

（5）洪涝灾害差异。黄河既是中华民族的母亲河，又以害河著称于世。前文曾提到，自公元前 602 年至公元 1949 年的 2 500 多年中，黄河下游因洪水决口泛滥达 1 500 多次，平均三年两次，有时一年之中竟多次决溢；下游改道 26 次，其中较大且长时间的改道有 5 次之多，曾出现过 7 个入海口，涉及范围北至津沽，南达淮河，约 25 万千米$^2$。唐以后，黄河水患日益严重。五代时期的 55 年中，黄河决溢的年份为 18 年，决溢三四十处，远远超过了前代。北宋 160 年间，黄河决溢达 80 多次，平均两年一次；元代近百年间黄河决溢年份达 51 年计 62 次。明清 500 年间，黄河下游决溢 300 多次，平均 3 年两次。下游平原地面抬高，城池湮没，开封城先后 6 次被黄河冲淹，城内地表堆积在 7～15 米。黄河每次决口泛滥，都造成"江河横流，人为鱼鳖"的惨象。在长达 700 年的黄河夺淮期，整个淮河水系遭到严重的破坏，成为水灾频发的害河。

黄河流域的旱灾也十分严重。如从公元前 1766 年至公元 1944 年的 3 710 年间，有历史记载的旱灾高达 1 070 次。其中仅清代的 268 年中，就有旱灾 201 次。严重旱灾的结果是"赤地千里，饿殍载道"。黄河泛滥引起河湖淤塞，土地沙化、盐碱化，下游地带水系遭到摧毁性破坏，湖泊绝大部分湮没消失，自然平衡机制的破坏，加之气候灾害更加频繁，开始从根本上改变了黄河流域农业生产赖以依靠的条件，黄河农耕文明长期处于显著衰退之中。北宋以后，黄河流域不仅失去了全国经济中心的地位，而且失去了政治、文化中心的地位。

相比之下，长江却是以壮丽富饶展示于人类。尽管，长江也曾给沿岸人民带来了无数灾难。据记载，从汉代至清代 2 000 年间，长江中下游共发生较大洪灾 200 多次，平均 10 年 1 次，中小洪灾则难以计数。虽然到了近代，增加到 3～5 年 1 次。但与黄河相比，长江流域的水旱灾害发生频率要少一些，给人们一种并不压抑的生存环境。

**2. 人文地理条件的差异**

（1）经济基础差异。关于中国两河文明经济基础的差异，概而言之，发达的稻作农业是长江古代文明产生的基础，而发达的粟作农业是黄河古代文明产生的基础。

黄河文明，则是在以粟的种植为主的旱地农业的基础上发展起来的。黄河早期文明属于旱作农业文化区域，虽然黄土地带年降水量较少，但雨水集中在夏季，有利于耐旱作物的生长。现代科学表明，由于受水热、土壤、地形条件控制，在当时的黄河流域，野生植物经入了驯化后成为栽培植物的只能是粟。粟宜在黄土地带生长，成熟期短且易于保存，粟类作物至今仍在黄河流域大量种植也从某种程度上证明了这一结论的正确。我们可以从一些考古遗址上找到足够的证据，如在新石器时期的磁山文化遗址就发现有大量贮存粮食的窖穴。这些窖穴中的粮食堆积，厚度在 0.3～2 米不等。经鉴定为耐旱的粟类作物，重量在十余万斤，说明当时农业生产的规模已经很可观，在当时居民的经济生活中占据了主要地位。

与黄河文明相比，长江文明主要是以稻文化为基础的。在长江流域的新石器时代遗址中，普遍发现了稻谷的遗存。1973 年冬至 1974 年春，考古工作者们开始了对浙江余姚河姆渡新石器时代遗址的发掘工作，发现了时间距今达 7 000 年的新石器稻谷。在 5 000 米$^2$左右的挖掘范围内，普遍发现由稻谷、稻谷壳、稻秆、稻叶和其他禾本植物混在一起的堆积物，厚度达 40～50 厘米。据当时考古学家的测定，稻谷总量当在 120 吨以上。这些被发现的谷粒已经炭化，但外形基本完整。颗粒大小接近现代栽培稻，比野生稻要大得多。遗址中又发现有许多稻作农具，可以肯定这些稻谷堆积的遗存属于栽培稻的收获品。

也正是由于这种北粟南稻的差异，以及旱地农业与稻作农业对水的不同需求，造就了黄河流域与长江流域水生态文化特征的迥异。

（2）因文明连续性程度不同所带来的差异。两河相距近者数百里，远者约千里。两河的地貌、气候、人文环境均大异其趣。因此，黄河与长江各自所孕育的水生态文化必然会具有鲜明的特征差异。

从纵向的角度看，黄河文明的演进轨迹是连续的。尤其是以黄河中下游的中原文化区为代表。该文化区是以晋南、豫西、陕东为中心，以陕西、山西、河北、河南四省为范围。中原文化区在新石器早期就出现了老官台文化和磁山文化，到新石器晚期融合为仰韶文化，再后来又发展为中原龙山文化。仰韶文化晚期与中原龙山文化，与历史传说的五帝时代及其活动范围基本一致。紧接五帝之后便是夏商周三代的前后连续，而夏商周三族文化又都源于中原龙山文化。中原龙山文化包含有许多地方类型。正因为如此，当我们追溯文明起源时便会发现，从五帝到夏商周，有关城市、农业、水利等要素，都经历了由初始到壮大、由简单到丰富的一脉相承的发展过程。在此基础上，才出现了秦汉统一帝国，乃至于魏晋、隋唐、宋、元、明、清等朝代。由此可以得出结论，以中原文明为主体的是连续发展的文明，悠悠五千年奔流不息，从未间断，为世界古文明所罕见。文明的连续性也让黄河流域水生态文化能够持续发展。

但长江流域的文明演进轨迹并非如此。在长江流域，从新石器时代晚期的文明起源阶段到夏商周时期的文明形成发展阶段，虽都有文明中心的存在，但这些文明中心之间却是断续的关系，与黄河流域的连续的文明形成鲜明的对照。这也导致长江流域水生态文化无法获得持续发展的条件。

（3）开放程度的差异。所谓开放性，一是指它具有兼收并蓄、容纳百家的恢宏气度，在充分认识自己文明的基础上，吸收和融汇异质文明的养分，不断地更新自己；二是指它在吸收异质文明养分的同时，源源不断地输出自身的文明能量，给异质文明以影响。尽管黄河与长江文明从总体上都是开放、包容的，但从开放的程度来看，长江文明的开放程度更胜一筹。例如，在长江文明中的楚文化，以"抚有蛮夷，以属诸夏"的博大胸怀，择善而从，为我所用，包容了一切有生机的文化。以至有的学者对楚文化做了这样的分解：其文化主流虽可推溯到祝融，但其干流是黄河流域的黄河文明，支流则为蛮夷文化，三者的交汇合流，才构成典型意义的楚文化。秦汉以后，长江文明的开放精神有增无减；在中华文明重心南移的过程中，长江文明还积极汲取西方文明中的先进内容，率先接受了西方先进的科技文明；在中华文明的现代化进程中，长江流域的身影总是位于前列。

相形之下，黄河文明中的民居和村镇的地域差异和民族差异，就不那么鲜明而生动了。无论山水、生物、资源、产业、民族、风俗、学术流派、建筑等文化要素上，长江流域的都比黄河流域的丰富得多。造成这些特点的出现，和长江文明的开放程度更高不无关系。这也让长江流域水生态文化的发展速度逐渐赶超黄河流域水生态文化的步伐。

# 第四章 黄河流域农业生产中的 水生态文化

古代黄河流域文明的繁荣是建立在强大的农业生产基础之上，而水是农业生产的命脉，是农业发展不可或缺的首要条件。黄河流域相对干旱的自然环境迫使人们需要考虑在充分利用有限的水资源来保障农业生产需要。在这种思考和实践当中不断创新和发展着黄河流域的水生态文化。

## 第一节 抗旱保墒技术

黄河农业文明在其发展过程中，针对所面临的恶劣环境，发明了一整套针对北方气候干燥、少雨多风等不利条件的抗旱保墒技术，以最大限度保留作物所需水资源，确保农业丰收。这一技术自先秦时期产生到北魏成熟，不仅丰富了黄河流域农耕文化内涵，也推进了黄河流域水生态文化得以不断创新。

### 一、《吕氏春秋》中的农业思想及抗旱保墒技术

《吕氏春秋》是战国末年秦相吕不韦组织其门客集体撰写的，成书于秦王政八年（前239年）。全书分为"八览、六论、十二纪"，共26卷160篇20余万字。在内容上是对百家九流的思想学说的兼收并蓄。可以说是集思广益，博采诸家，"兼儒墨，合名法"。

《吕氏春秋》最后四篇《上农》《任地》《辩土》《审时》是专门谈论农

业的，大致采纳于《后稷》①。其中《上农》篇着重讨论农业政策，《任地》《辩土》《审时》三篇则讨论农业技术。可以说，这四篇是先秦时代农业政策和技术知识的总结。《上农》等四篇是我国现存最早的、最系统的农学文献，有学者曾高度评价，"《上农》《任地》《辨土》《审时》四篇，自具统系，盖先秦农家言之精华也"②，足见其非常珍贵。它奠定了中国古代精耕细作农业科学技术的基础，四篇所记述的精耕细作农业技术，直接为后世所继承和发展。

《上农》等四篇的内容主要反映黄河中下游地区的农业生产情况。关于这四篇所反映的时代，有学者分析指出，《任地》等篇介绍了相当完整和成熟的畎亩制及其相关技术，主要反映了战国以前的情况。《上农》等四篇所反映的时代性和取材都是紧密相关的。它们主要取材于《后稷》农书，但并非完全照搬照抄，而是进行了添补。也正是在《上农》等四篇中记载了先秦时期较为完整的抗旱保墒技术及认识。

《任地》篇一开始就以提问的形式提出"子能以窪为突乎？子能藏其恶而揖之以阴乎？子能使吾士（土）靖而浴士（土）乎？子能使（吾土）保湿安地而处乎"等问题。其中，"子能以窪为突乎"就是问是否能够把洼下的地当突高的地来用；"子能藏其恶而揖之以阴乎"就是问是否能够把干燥的土收藏了，而让出湿润的土来用；"子能使吾士（土）靖而浴士（土）乎"就是问是否能够让土壤洁净（不含过量的盐碱），而用沟甽来洗土；"子能使（吾土）保湿安地而处乎"就是问是否能够让土壤保存其滋润，而好好地在田地中存在③。这其中已经考虑到土壤保墒的问题。

对此，《任地》篇中回答道，"凡耕之大方：力者欲柔，柔者欲力；息者欲劳，劳者欲息；棘者欲肥，肥者欲棘；急者欲缓，缓者欲急；湿者欲燥，燥者欲湿。上田弃亩，下田弃甽。五耕五耨，必审以尽。其深殖之度，阴土必得。大草不生，又无螟蜮"④。其中，"力者欲柔，柔者欲力"就是说，整理土地时，刚强的土壤要把它变得柔软些，柔软的土壤要把它

---

① 夏纬瑛校释：《吕氏春秋上农等四篇校释》，农业出版社，1956年，第128页。
② 齐思和著：《中国史探研》，河北教育出版社，2003年，第287页。
③ 夏纬瑛校释：《吕氏春秋上农等四篇校释》，农业出版社，1956年，第28-31页。
④ 夏纬瑛校释：《吕氏春秋上农等四篇校释》，农业出版社，1956年，第34页。

变得刚强些，这样才能种好庄稼，而这样做同样也能使土壤保墒。"急者欲缓，缓者欲急"，这里的"急""缓"是就土的干湿而言的，后来文中又谈到，"人肥（耜）必以泽，使苗坚而地隙；人耨必以旱，使地肥而土缓"①。这里已经说明了"缓"的意义。就是说，耕地自然要在土尚湿润的时候，为的是使土疏松，种上去的作物容易踏根。在干旱的时候要注意锄地，为的是使地不致坚紧而减少土中水分的发散。耕地如果处在湿泽的时候，可使"地隙"；耨地当干旱之时，可使"土缓"。这里的"肥"包括了土地所保有的水分，在旱的时候要注意锄地，为的是使地不至于过于坚紧而减少土中水分的发散。

"湿者欲燥，燥者欲湿"是指凡是过湿的土都要使它干燥，过干的土壤要让它湿润，这才是耕地的大原则。"上田弃亩，下田弃甽"中，"上田"是指高旱的田；"下田"是指低洼的田。"亩"是农田经过耕整后田中所起的高垄；"甽"是垄和垄之间凹下的小沟。这句话就是说高旱的农田，要把庄稼种在凹下的小沟里，而不要种在高出的田亩上；低洼的农田，要把庄稼种子种在高出的地方，而不能种在凹下的甽里面。实际上，"上田弃亩"为的是躲避干燥；"下田弃甽"为的是躲避潮湿。

"五耕五耨，必审以尽。其深殖之度，阴土必得"。即在种植之前，要耕五遍；种之后要耨五遍，而且耕耨都一定要精细、详尽。"阴土"是地中湿润的土。"深殖之度"是指耕地的深度，必定要达到地中的湿土出来，也就是现在农家所谓的"耕地要见墒"的意思。这些都是较为科学的农田水资源管理措施。

硬地要使它柔和，柔地要使它刚硬；闲地要频种，频种之地要休耕；薄地要使它肥沃，过肥之地要使它贫瘠；坚实之地要使它疏松，疏松之地要使它坚实。又说，耕种的深度要以见到湿土为准，这样的耕地就不会生杂草，也不会生害虫，就能取得好收成。

《辩土》篇，论述了土壤耕作的具体技术方法，指出"凡耕之道，必始于垆，为其寡泽而后（厚）枯。必厚（后）其靹，为其唯（虽）厚而及。饱者（阙）之，坚者耕之，泽（释）其靹而后之。上田则被其处，下

---

① 夏纬瑛校释：《吕氏春秋上农等四篇校释》，农业出版社，1956 年，第 43 页。

田则尽其污"。这里前一句说的是耕地先后的顺序，开始必定先要耕因所含水分少而刚强的硬垆土，因为它已经是水分少而表层干枯的了；必定要后耕因水分饱和而柔软的靹土，虽然后耕它，还是来得及。后一句即说明了由于"上田"需要保墒，"下田"需要排水，"上田"易干，因此要先耕，耕后还必须要耱耪来保墒，因此叫"上田则被其处"，意思就是覆被以处而可保存水分。"下田"易湿，宜后耕而先排干积水，所以说"下田则尽其污"，意思就是要散尽污水。总之，这句话是要视土地的干坚、湿靹，不同的土壤的适宜耕作时期不同，要依据含水量不同以定先后的顺序，耕干置湿，以达到上田保墒、下田排水的成效。

《辩土》篇又写道，"故亩欲广以平，甽欲小以深；下得阴，上得阳，然后咸生"[①]。广而平的"亩"，小而深的"甽"，可以保墒、排水，又可以把苗种的有行列，能够下得水分，上得阳光，庄稼才能够生长得好。

## 二、《氾胜之书》《四民月令》中的抗旱保墒技术

汉代问世的农书虽然数量不少，但是保存下来的寥寥无几，其中的辑佚本只有《氾胜之书》和《四民月令》等。

《氾胜之书》的原名在《汉书·艺文志》农家类中是叫《氾胜之十八篇》，《氾胜之书》一名始见于《隋书·经籍志》，后来成为该书的通称。尽管《氾胜之书》的作者氾胜之，正史中没有他的传，古籍中有关他的事迹的记载也寥寥无几，但是他所具有的重农思想却在《氾胜之书》中得以流传于世。

《氾胜之书》在汉代已拥有崇高的声誉；屡屡为学者所引述。如东汉著名学者郑玄注《周礼·地官·草人》云："土化之法，化之使美，若氾胜之术也。"唐贾公彦疏云："汉时农书数家，氾胜（之）为上。"郑玄注《礼记·月令》孟春之月"草木萌动"又云："此阳气蒸达，可耕之候也。《农书》曰：'土长冒橛，陈根可拔，耕者急发。'"孔颖达疏谓："郑所引《农书》，先师以为《氾胜之书》也。"其说是。今人评价《氾胜之书》是继《吕氏春秋·任地》等三篇以后最重要的农学著作，是在铁犁牛耕基本

---

① 夏纬瑛校释：《吕氏春秋上农等四篇校释》，农业出版社，1956年，第72页。

普及条件下对我国农业科学技术的一个具有划时代意义的新总结，是中国传统农学的经典之一①。

　　从内容上看，《氾胜之书》是一部总结黄河流域尤其是关中地区的旱地农业生产技术和科学知识的古代农书②。书中记载了很多关于北方旱地抗旱保墒的技术措施。在第一部分，《氾胜之书》就首先提出了耕作栽培的总原则，"凡耕之本，在于趣时和土，务粪泽，早锄早获"③。即要抓紧时令，使土壤达到刚柔适中的最佳状态，注重施肥和保持土壤的润泽，及早锄地，及早收获。"和土"就是为作物生长创造一个结构良好、水分、温度等各种条件相互协调土壤环境，以充分发挥"地利"。所谓"务泽"包含了提高了土壤的蓄水能力（即保墒能力）的意义在内。"务泽"说明了古人对于土壤水分保持的重视程度。"早锄"作为耕作栽培的基本原则之一，其目的，一方面是消灭杂草，另一方面是切断土壤表层的毛细管，以减少土壤水分的蒸发，是"和土"和保"泽"的手段之一。

　　事实上，《氾胜之书》更重视通过精细耕作的措施，千方百计使土壤接纳可能接纳的一切降水（包括降雨和降雪），即"冬雨雪止，辄以蔺之，掩地雪，勿使从风飞去；后雪复蔺之；则立春保泽，冻虫死，来年宜稼"。"冬雨雪止，以物辄蔺麦上，掩其雪，勿令从风飞去。后雪复如此，则麦耐旱、多实"。这里的"蔺"即镇压的意思，前者施行于冬闲地，后者实行于冬麦地。这样一来既减少自然蒸发，并保证作物生长对水分的需要。与《吕氏春秋》中《任地》诸篇重点讲农田的排涝洗碱不同，《氾胜之书》农业技术的中心环节是防旱保墒。

　　《氾胜之书》对冬小麦栽培技术的论述尤详，这和氾胜之曾经在关中推广冬小麦的经历有关。小麦是原产于西亚冬雨区的越年生作物，并不适应黄河流域冬春雨雪相对稀缺的自然条件；但中国传统作物是春种秋收的一年生作物，冬麦的收获正值青黄不接时期，有"续绝继乏"之功，又为

---

① 董恺忱，范楚玉主编：《中国科学技术史·农学卷》，科学出版社，2000年，第206页。

② 万国鼎：《"氾胜之书"的整理和分析兼和石声汉先生商榷》，《南京农业大学学报》，1957年，第145—174页；盛伯骥：《〈氾胜之书〉哲学思想浅析》，《西北农林科技大学学报（社会科学版）》，2002年第6期，第94—96页。

③ 石声汉著：《氾胜之书今释（初稿）》，科学出版社，1956年，第4页。

社会所迫切需要。古人为了推广冬麦种植，克服了重重困难。从《氾胜之书》看，已经形成了适应黄河流域中游相对干旱的自然条件的一系列冬麦栽培技术措施，其中就包括了渍种抗旱，冬天压雪保墒等充分利用有限水资源的方式。

《氾胜之书》还第一次记载了区田法。这是少种多收、抗旱高产的综合性技术。书中提到"汤有旱灾，伊尹作为区田，教民粪种，负水浇稼。区田以粪气为美，非必须良田也。诸山陵近邑高危倾阪及丘城上，皆可为区田"[①]。读音是"欧"（ōu），它的原义是掊成的坎窨。区田法就是因为庄稼种在"区"中而得名。其大概有两种方式。一种是沟状区田法，另一种是窝状区田法。

不论是沟状区田法还是窝状区田法，其特点是把农田作成若干宽幅或方形小区，采取深翻作区、集中施肥、等距点播、及时灌溉等措施，夺取高额丰产。集中体现了中国传统农学精耕细作的精神。《氾胜之书》中介绍，"区田不耕旁地，庶尽地力"。说明区田法只深翻沟中或区中的土壤，不耕沟或区以外的土地，这当然是为了精耕细作、少种多收。但同时由于作物集中种在一个个小区中，而区在地平面以下，既便于接纳浇灌的水，又可减少水分的向上蒸发，尤其是侧渗的漏出与蒸发，并避免营养物质的侧渗流失，有利于"保泽（墒）"和保肥，从而保证最基本的收成[②]。

由于采取了区田的形式，给集中的灌水和田间管理提供了方便。《氾胜之书》写道，"区种，天旱常浇之，一亩常收百斛"。灌溉是区田增产最重要的原因之一。区种麦田，"秋旱，则以桑落时浇之"；区种大豆，不但"临种沃之"，而且生长期间也"旱者溉之"，都是"坎三升水"。

总之，区田法由于简单实用，历来被作为御旱济贫的救世之方。是最能反映中国传统农学特点的技术之一。

除了这些，《氾胜之书》在对耕作时机论述过程中也曾谈及对于有限水资源的保留。书中认为应该是在"天地气和"、土壤"和解"时进行土壤耕作，即"春解冻，地气始通，土一和解。夏至，天气始暑，阴气始

---

① 石声汉著：《氾胜之书今释（初稿）》，科学出版社，1956年，第38页。
② 董恺忱、范楚玉主编：《中国科学技术史：农学卷》，科学出版社，2000年，第301页。

盛，土复解。夏至后九十日，昼夜分，天地气和。以此时耕田，一而当五，名曰膏泽，皆得时功"。所谓"土和解"是指土壤中水分、气体通达，土壤松解、湿润适度的一种状态①。在这里，该书作者认为土壤应该是在"和解"的时候才能耕作，这样才能够保持土壤的肥力和水分。《氾胜之书》也特别重视对春耕时机的掌握。书中提到"春气未通，则土历适不保泽，终岁不宜稼，非粪不解。慎无（旱）[早] 耕。须草生 [复耕]，至可耕时，有雨即耕，土相亲，苗独生，草秽烂，皆成良田。此一耕而当五也。不如此而（旱）[早] 耕，块硬，苗秽同孔出，不可锄治，反为败田"。这里即提到了抓住时机，趁雨耕作，充分利用水资源的要求。相反，书中也建议"秋无雨而耕，绝土气，土坚垎，名曰腊田。及盛冬耕，泄阴气，土枯燥，名曰脯田。脯田与腊田，皆伤田，二岁不起稼，则二岁休之"。即说明了失去了土壤水分对于土质的坏处。

由于在汉代还没有耙这个农具，因此土壤的保墒能力以及持久性比较差，因而在《氾胜之书》中曾多次强调了要趁雨播种。例如在介绍种粟时便提到"三月榆荚时雨，高地强土可种禾"；在讲种黍时提到"先夏至二十日，此时有雨，强土可种黍"；在介绍中豆时有说道"三月榆荚时有雨，高田可种大豆"，"椹黑时，注雨种（小豆）"；讲种麻时提到"二月下旬，三月上旬，傍雨种之"；种芋也是"二月注雨，可种芋"。

汉代另一部农学著作——《四民月令》成书于东汉中晚期作者崔寔中年出仕以后；关于这本书反映的地点，有学者认为，书中的农事安排是以洛阳为准②。

《四民月令》在中国农学史上也有其不可替代的地位，它不但是中国第一部"农家月令"书，而且也是一部代表作品。在这部书中也包含了一些农业水资源利用管理的内容。例如在一月农事中"雨水中，地气上腾，土长冒橛，陈根可拔，急菑强土黑垆之田"。二月"阴冻毕释，可菑美田、缓土及河渚小处"③，就是继承了《氾胜之书》中的观点，是土壤保墒的合理方法。

---

① 董恺忱，范楚玉主编：《中国科学技术史·农学卷》，科学出版社，2000年，第257页。
② 董恺忱，范楚玉主编：《中国科学技术史·农学卷》，科学出版社，2000年，第211页。
③ 石声汉著：《氾胜之书今释（初稿）》，科学出版社，1956年，第20页。

《四民月令》中也是充分利用降水来种植作物。例如在三月"时雨降，可种杭稻及植禾、苴麻、胡豆、胡麻"①。四月"时雨降，可种黍、禾——谓之上时"②。五月"时雨降，可种胡麻"③。

## 三、《齐民要术》中的抗旱保墒技术

《齐民要术》是中国北方旱农技术的一部经典著作，它所反映的主要是黄河流域中下游地区的北方旱作农业地区的情况④。所谓"齐民要术"，就是指平民百姓从事生活资料生产最重要的技术和知识。

《齐民要术》全书一共有10卷，92篇，共计115 000多字，篇幅之大在中国古代农书当中是罕见的，是中国第一部囊括广义农业的各个方面、囊括农业生产技术的各个环节、囊括古今农业资料的一部大型综合性农书⑤。书中所涵盖内容的广泛，是前所未有的。它所记述的生产技术是以种植业为主，兼有蚕桑、林业、畜牧、渔业、农副产品储藏加工等方方面面，凡是时人在生产和生活上所需要的项目，基本上都包括在内。用贾思勰自己的话来说就是"起自耕农，终于醯醢，资生之业，靡不毕书"。《齐民要术》反映了中国以精耕细作为特征的农业科技全面达到了一个新的水平，标志着中国北方旱地农业精耕细作技术体系已经完全成熟。

《齐民要术》中所涵盖的旱地农业的抗旱保墒措施非常丰富。由于黄河中下游地区降水季节分布的不平均性，降水集中在高温的夏秋之际，而在漫长的冬春两季却是缺乏降水，尤其是作物生长的春季，蒸发量大，极容易造成干旱。因此，会在《齐民要术》中看到"春多风旱""春雨难期""竟冬无雪"等。表明干旱对于农业的威胁程度。在极为有限的水资源条件下，抗旱保墒就成为关键技术。

对于保墒，在《齐民要术》中也被放在了极其重要的地位。这部书把"及泽"作为耕作栽培的重要原则之一。"泽"实际上指的正是土壤中的含

---

① 石声汉著：《氾胜之书今释（初稿）》，科学出版社，1956年，第29页。
② 石声汉著：《氾胜之书今释（初稿）》，科学出版社，1956年，第32页。
③ 石声汉著：《氾胜之书今释（初稿）》，科学出版社，1956年，第41页。
④ 董恺忱，范楚玉主编：《中国科学技术史：农学卷》，科学出版社，2000年，第221页。
⑤ 董恺忱，范楚玉主编：《中国科学技术史：农学卷》，科学出版社，2000年，第238页。

水量。《齐民要术》引用农谚"以时及泽，为上策也"，这里所谓的"及泽"就是指在做好土壤保墒工作同时，趁土壤墒情好的时机，抓紧耕作或播种，相当于现今的抢墒。把"及泽"和"以时"放在同等重要的地位。这一观念也体现在书中方方面面。书中的"接泽""接湿""接润"等提法都和"及泽"意思类似。

如汉代的农书一样，《齐民要术》也是讲求对于耕作时机的把控，而很大程度上是为了土壤保墒。例如在《耕田第一》中谈到"凡耕高下田，不问春秋，必须燥湿得所为佳。若水旱不调，宁燥不湿。（燥耕虽块，一经得雨，地则粉解。湿耕坚垎，数年不佳。谚曰：'湿耕泽锄，不如归去。'言无益而有损。湿耕者，白背速䅟楱之，亦无伤；否则大恶也。）春耕寻手劳，秋耕待白背劳。（春既多风，若不寻劳，地必虚燥。秋田塌实，湿劳令地硬。谚曰：'耕而不劳，不如作暴。'盖言泽难遇，喜天时故也）"。就是说，要根据土壤的湿度而定，所谓"燥湿得所"是把握了土壤耕种时间掌控的关键，也说明北魏时期较汉代土壤耕作保墒技术的进步。时人一方面可以通过秋耕借秋墒以济春旱，另一方面也可以通过耕作后的耢耙环节来增强土壤的保墒能力。

《齐民要术》特别强调了趁雨播种抢墒的重要性。书中谈到种麻法时举了一个很形象的例子，即"谚曰：'夏至后，不没狗。'或答曰：'但雨多，没橐驼。'又谚曰：'五月及泽，父子不相借'"。以此来说明重要。并指出"凡种谷，雨后为佳。遇小雨，宜接湿种；遇大雨，待薉生。小雨不接湿，无以生禾苗；大雨不待白背，温辗则令苗瘦。薉若盛者，先锄一遍，然后纳种乃佳也"。这种方式适用于许多作物。例如在《胡麻第十三》中即提到"欲种截雨脚。若不缘湿，融而不生"。这里的"截雨脚"就是趁雨还没有停止的时候播种，不然种子就会和土壤黏在一起。另外像旱稻、兰香的移栽，也都要趁雨天"拔栽之"。和《氾胜之书》不同的是，《齐民要术》要求最好趁雨种，但不强调非得要有雨才能种，主要是依靠土壤的墒情。前文也提到《氾胜之书》中强调了春播作物必须要趁雨，说明由于北魏时期的耕作技术提升，导致土壤的保墒能力增强所致。

实际上，对于土壤保墒技术的提升也是建立在对土壤水分动态变化认识基础上的。在《齐民要术》就介绍了一些表示土壤水分不同状态的专有名词。例如，书中称呼土壤返浆的初期叫做"地释"，返浆盛期叫做"地液"，这两个时期均是耕播移栽的好时机。因为这个时期土壤下层的冻层托水以及解冻水会积聚于土表，这是春季保墒的有利时机，因而在书中介绍种植苜蓿时也是提及"每至正月，烧去枯叶。地液辄耕垅……"到了返浆阶段之后，转而进入退墒阶段，这个时候土壤中的水、气、热达到协调状态，有利于作物生长，《齐民要术》中称之为"黄场"。书中多次提到这个词，如书中提到种黍"燥湿候黄场"；种稻要"黄场纳种"；种蒜要"黄场时，以耧耩"。

在《齐民要术》中还有一点值得关注，这便是书中提到的耙和耢。《齐民要术》在讲述"耕劳"时，往往包含了"耙"在内，书中还首次出现了畜力耙[1]。有时讲的"耕"实际上就已经包含了耕、耙、耢。这是一次技术上的飞跃，它标志着我国北方旱地土壤耕作技术体系趋于成熟[2]。根据此前的《氾胜之书》记载，尽管在西汉末年就已经形成了"耕、摩、蔺"耕作体系，使得土壤的保墒能力大为提高。但是其中也存在一个局限性，这就是缺少"耙"这个环节。没有耙，耕后摩劳只能使表层土细碎，减少表土水分的损失，但土壤底层水分仍能通过毛细管不断上升到表层而陆续汽化；而且没有经过耙，表层以下翻耕起来的土垡难以破碎，相互架空，非但不能蓄墒，反而容易跑墒。时间越长，跑墒越多，秋耕就难以发挥蓄墒和保墒的作用，使得土壤耕作的防旱保墒功能大打折扣。耙的出现则会大大改善这一局限。因为耙能使表层以下的土垡破碎，切断和打乱土壤中的毛细管通道，使土壤中底层的水分不至于上升到表土被蒸发掉。从土壤学角度来看，土壤中水分的散失，主要是通过土壤中的毛细管的作用由下面提升到地表，然后气化蒸发掉。耙的使用打乱了土壤中毛细管的通道，把上行水堵截在土壤中，从而使土壤的蓄墒保墒能力大为增强。耙后再耢过的土壤，可把上层松土压紧，堵塞非毛细管孔隙避免了漏风气化失墒，也阻隔了底深墒的跑失。

另一方面，与《氾胜之书》不同，《齐民要术》十分重视秋耕，并且

---

① 当时被称为铁齿。

② 董恺忱、范楚玉主编：《中国科学技术史：农学卷》，科学出版社，2000年，第 278 - 279 页。

将它与春耕相提并论。之所以强调秋耕是因为黄河流域年降水一般集中在夏秋之间，春播前后往往缺雨。光进行春季的耕摩，能利用的雨泽不多，能解决的问题有限。古人的智慧就在于虽然不能把秋雨挪到春天下，但能够把秋雨给土壤带来的水分尽量保住，以供来春作物出苗、生长之用，从而大大缓解春旱的威胁。但只有秋收后进行耕耙耢的土地，才能形成上虚下实、结构良好之耕层，无坚垆虚燥之虞，从而充分收蓄并长久保存住秋墒。对北方从事旱地农业生产的农户来说，秋墒实在太重要了。一般应当在收获后抓紧秋耕，即便是没有秋耕的条件，也要浅耕灭茬。所以在《齐民要术·耕田第一》中提到"凡秋收之后，牛力弱，未及即秋耕者，谷、黍、穄、粱、秫茇之下，即移嬴速锋之，地恒润泽而不坚硬。乃至冬初，常得耕劳，不患枯旱。若牛力少者，但九月、十月一劳之，至春榍种亦得"。之所以要浅耕灭茬是因为秋收后，地面裸露，原来塌实的土壤因毛细管水分上升蒸发，底墒、深墒会很快丧失。浅锋灭茬作为应急措施，其作用就在于及时切断土壤毛细管通道，防止秋墒的走失，换来从容进行耕耙耢的时间。此外，通过秋耕的深翻环节，加厚了土层，翻出的部分心土经一秋冬，有足够的时间使其风化变熟，这同样能够多蓄秋雨保持土壤水分。

在耕作环节中的镇压技术上，《齐民要术》中也提出用挞来镇压土壤[①]。挞的作用是压紧浮土，使种土相亲，这样也有利于提升土壤墒情。《氾胜之书》记载的压雪收墒技术，在《齐民要术》中得到继承和发展，如在阴历十月底播种葵菜，播后再劳，以后"每雪，辄一劳之"，能"令地保泽，叶又不虫"；至"春暖草生，葵亦俱生"，防旱保墒的作用能延续至第二年的四月份，所谓"四月以前，虽旱亦不须浇，地实保泽，雪势未尽故也"[②]。又如冬天下种的区种瓜，"冬月大雪时，速并力推雪于坑上为大堆。至春草生，瓜亦生，茎肥叶茂，异于常者。且常有润泽，旱亦无害"[③]。这以冬天蓄雪的办法，和秋耕蓄雨一样，目的都是把天然降水尽可能地收蓄到土壤中。

---

① 《齐民要术·种谷》中提到"凡春种欲深，宜曳重挞"。
② ［北魏］贾思勰著；缪启愉校释：《齐民要术校释·种葵第十七》，农业出版社，1982年。
③ ［北魏］贾思勰著；缪启愉校释：《齐民要术校释·种瓜第十四》，农业出版社，1982年。

《齐民要术》中也已经认识到中耕对于土壤保墒的重要性。《齐民要术·种谷第三》指出，"春锄起地，夏为除草"。这里的"起地"指的就是松土，切断土壤毛细管，以提高土壤保墒性能。《齐民要术》还提到使用耙劳来进行中耕，其一大作用就是盖压保墒，防止土壤中水分以气态水形式扩散损失。

相比于《氾胜之书》，《齐民要术》中的土壤保墒能力已经有了大幅度提升。在《氾胜之书》除种于水田的水稻外，其他春播作物都强调趁雨播种。《齐民要术》却很少提及，其原则只是要求最好趁雨种，但不强调非有雨才能种（表4-1）。

表4-1　《氾胜之书》和《齐民要术》若干作物播种时机之比较[①]

| 作物 | 《氾胜之书》 | 《齐民要术》 |
| --- | --- | --- |
| 粟 | 三月榆荚时雨，高地强土可种禾 | 注明种谷时期。凡种谷，雨后为佳 |
| 黍 | 先夏至二十日，此时有雨，强土可种黍 | 注明播种时期。燥湿候黄塲（墒） |
| 麦 | 当种麦，若天旱无雨泽，则薄渍麦种以酢浆并蚕矢，夜半渍，向晨速投之，令与白露俱下 | 注明播种时期，没有提雨水或土壤湿度条件 |
| 大豆 | 三月榆荚时有雨，高田可种大豆 | 春大豆只提播种时期，夏播大豆（荏），"若泽多者，逆埾择豆，然后劳之" |
| 小豆 | 椹黑时，注雨种 | 只提播种时期，"泽多者，耧耩，漫掷而下之，如种麻法" |
| 麻 | 二月下旬，三月上旬，傍雨种之 | 泽多者，先渍麻子令芽生……待地白背，耧耩，漫掷子，空曳劳 |

这一原则，在《种胡荽第二十四》中表达得更为清楚，指出"春种者，用秋耕地。开春冻解地起有润泽时，急接泽种之"；播种又要选择在"旦暮润时"。贾思勰总结说："春雨难期，必须藉泽，蹉跎失机，则不得矣。"这就是说，不是消极地等雨，而是要"藉泽"。这里"泽"指的是土壤的墒情，"藉泽"就是依靠土壤良好的墒情。因为通过耕作技术尤其是秋耕技术，是能够增强土地保墒能力的。

---

① 董恺忱，范楚玉主编：《中国科学技术史：农学卷》，科学出版社，2000年，第285页。

总之，《齐民要术》等农学书籍当中所记载的抗旱保墒技术积累和流传下来，形成了我国传统农业中看天、看地、看庄稼的合理耕作技术原则，为黄河流域旱地农业的发展提供了坚实的技术支持。

# 第二节　黄河流域农田水利灌溉事业的发展

从古至今，由于黄河流域长期作为农业生产重点区域，历代均重视农田水利事业的推进以保障农业生产，农田水利灌溉的发展历程也呈现出了阶段性特征。

## 一、夏商周时期的农田水利灌溉

黄河流域是我国最古老的农耕区，在原始社会末期当人类一只脚已踏进阶级社会时，就在这里创造了农田水利工程。从原始社会末期开始，黄河流域的居民开始由黄土高原地区逐步向比较低平的地区发展农业。这些地区土壤比较湿润，可以缓解干旱的威胁，但却面临一系列新的问题。黄河流域降雨集中，河流经常泛滥，尤其是豫中、豫东平原一带，坡降小，排水不畅，地下水位高，内涝盐碱相当严重，要发展平原低地农业，首先就要排水洗碱，农田沟洫系统正是适应这种要求而产生的。所以文献中记载的大禹治水，"尽力乎沟洫"，被人们视为灌溉农业的萌芽[1]。在《尚书·虞书·益稷》中提到大禹带领人民群众"予决九川距四海，浚畎浍距川"。所谓"浚畎浍距川"就是通过在田间挖掘沟洫的办法将积水排入江河，从而使农田的水位降低，清洗土壤盐碱，以保证庄稼的种植。

到商代，黄河流域的农田水利事业得到推进。从出土的商代甲骨文证明，商代已有一定的水利体系。甲骨文的"田""畕""畺"字就是被田间的沟洫划分成若干的方块农田。修建农田的沟洫系统是从田间排水小沟（也称"畎"）开始的。挖沟的土堆到两边的田面上，形成一条条的高垄，这就是"亩"。畎和亩是相互依存的。"畎亩"是当时农田的基本形式，也是当时农田的代称。这一名称本身就反映了我国上古时期农田沟洫系统确

---

[1]　［宋］高承撰；［明］李果订；金圆，许沛藻点校：《事物纪原》，中华书局，1989年。

实广泛存在过。虽然至今尚未发现商代农田沟洫遗迹，但从"田"的形象可以窥见当时沟洫的大致结构①。

西周时期有关灌溉的记载就更多了，《诗经》中"滮池北流，浸彼稻田"的诗句，描写的就是人们在都城丰镐附近引滮池水北流，灌溉稻田的情景。西周时期的沟洫工程与传说中"尽力乎沟洫"的大禹时代，又有了许多的不同。史称灌溉之业"成于大禹，备于周"。如果说禹时仅是灌溉之业的肇始，那么西周时期沟洫工程已形成了一定的体系。关于这一点在《周礼》当中有较为详细的记载。如在《冬官·考工记·匠人》中"匠人为沟洫，耜广五寸，二耜为耦。一耦之伐，广尺深尺，谓之甽。田首倍之，广二尺，深二尺，谓之遂。九夫为井，井间广四尺、深四尺，谓之沟。方十里为成，成间广八尺、深八尺，谓之洫。方百里为同，同间广二寻、深二仞，谓之浍。专达于川，各载其名"。《地官司徒·遂人》记载，"凡治野，夫间有遂，遂上有径，十夫有沟，沟上有畛，百夫有洫，洫上有涂，千夫有浍，浍上有道，万夫有川，川上有路，以达于畿"。

由此看出《周礼》中所介绍的沟洫体系，从田亩中的甽逐级由小到大、由浅入深，最后达到河川，明显是个排水系统。所以早在汉代，郑玄在注《周礼》的"遂人"时就指出，"遂、沟、洫、浍皆所以通水于川也"。郑玄在注《周礼·秋官》也提到，"沟、渎、浍，田间通水者也"。在他看来，水涝灾害是当时最主要的灾害，开挖沟洫就是为了排涝。这种甽、遂、沟、洫、浍五级沟渠是与现代华北平原排水沟系中的毛沟、墒沟、小沟、中沟、大沟相类似，适合于北方低地农业防洪排涝需要。

在西周时期，黄河流域的水田也是有沟洫系统的，只是和旱地有所不同。《周礼·地官司徒》介绍"稻人"一职，"稻人掌稼下地。以潴畜水，以防止水，以沟荡水，以遂均水，以列舍水，以浍泻水，以涉扬其芟。作田，凡稼泽，夏以水殄草而芟夷之，泽草所生，种之芒种"。稻人是负责管理低洼地稻作农业水利设施的，"以潴畜水"就是利用洼地蓄水滞涝，"以防止水"就是筑堤防止外水侵入，目的是解决洪涝漫浸，为泽地开发利用创造条件。"以沟荡水"就是用水平缓地从沟中输入稻作区。"以遂均

---

① 黄展岳著：《考古纪原》，四川教育出版社，1998年，第23页。

水"就是将水通过田间小沟均衡地输送到稻田里。"以列舍水"的列是指
塍岸，舍是指储存，就是修筑田塍保留住田中的水层。"以浍泻水"就是
将多余的水从浍中泻入江河。由此看出，"稻人"中的工程构成了适应水
稻种植需要的水利工程。

## 二、春秋战国时期的农田水利灌溉

到了春秋战国时期，往日建立在西周井田制基础上的沟洫水渠逐渐埋
废。各国新兴的地主阶级在建立新的封建土地所有制的同时，也将视线投
向了农田灌溉，为了适应新的土地占有形式，大型水利灌溉工程相继在处
于黄河流域的各诸侯国出现。

春秋战国时期，黄河流域的大型水利工程初兴于魏国。在这一时期魏
国兴建的水利工程之中，最受称道的当属西门豹为邺令时主持兴凿的引漳
十二渠。

引漳十二渠是我国有文字记载的最早的古代大型引水灌溉渠系。《水
经注》说："昔魏文侯以西门豹为邺令也，引漳以溉，邺民赖其用。其后
至魏襄王，以史起为邺令，又堰漳水以溉邺田，咸成沃壤，百姓歌之"[①]
"当时豹尝凿渠，而后湮废，至起绍修，故民歌之"[②]。

据近人考证，当时粮食亩产可提高 8 倍以上[③]。该工程是"二十里
中，作十二墱，墱相去三百步，令互相灌注，一源分为十二流，皆悬水
门"[④]，即在漳河中修筑十二座溢流低堰以拦河水，每堰在南岸开取水口，
共建成十二条渠道，能灌能排，旱时可引水灌田，水大时又可排涝。"畜
为屯云，泄为行雨"[⑤]，效益十分显著。从全部工程布局设计和规模来看，

---

① [北魏] 郦道元；王国维校注；袁英光，刘寅生整理标点：《水经注校·浊漳水》，上海人民
出版社，1984年。

② [元] 纳延著：《四库全书·河朔访古记（卷中）》，《文渊阁四库全书（影印本）》，台湾商务
印书馆，1986年。

③ 姚汉源著：《西门豹引漳灌溉》，《水利水电科学研究院科学研究论文集（第12辑）》，水利水
电出版社，1982年，第73-85页。

④ [北魏] 郦道元；王国维校注；袁英光，刘寅生整理标点：《水经注校·浊漳水》，上海人民
出版社，1984年。

⑤ [晋] 左思著：《魏都赋》，《文渊阁四库全书（影印本）》，台湾商务印书馆，1986年。

它都具有相当高的科学技术水平，进水闸工程口门都能蓄能泄、旱时可以灌水肥田，大水时能排沥和防洪。这种工程建筑是水利史上的创举，对后世影响极大。

到了战国末期，黄河流域大型水利工程的兴建逐渐进入成熟阶段。郑国渠便是其中的代表性工程。

郑国渠流经的关中平原，因大陆性的气候特点所带来的春旱缺水，对农业生产常造成威胁，水利灌溉工程的兴建将大大缓解旱情，有力地促进农业生产的发展。经郦道元考证，"渠首上承泾水于中山西邸瓠口……渠渎东径宜秋城北，又东径中山南……又东径舍车宫南，绝冶谷水。郑渠故渎又东径嶻嶭山南、池阳县故城北，又东绝清水，又东径北原下，浊水注焉，自浊水以上，今无水……又东历原，径曲梁城北，又东径太上陵南原下，北屈径原东，与沮水合……沮循郑渠，东径当道城南……又东径莲芍县故城北……又东径粟邑县故城北……其水又东北流，注于洛水也"[1]。大体来说，它位于北山南麓，在泾阳、三原、富平、蒲城、白水等县二级阶地的最高位置上，由西向东，沿线与冶峪、清峪、浊峪、沮漆（今石川河）等水相交。

郑国渠引泾工程渠首遗址具体在"在陕西省咸阳市泾阳县西北部的泾河谷口内外，泾水自仲山西麓的峡谷冲出群山后，由此缓缓流入关中平原"。郑国渠首"拦河坝修建在泾阳县与礼泉县交界的泾河之上，东西横跨河谷。坝址上距泾河出山口约 2.5 千米。下距泾河与治河的交汇处 3 千米。坝体东起河东岸木梳湾村南的塬嘴。西至河西岸石坡村北的小山脚下，东西端相距 2 650 米"[2]。拦河坝与之有关的引水口、溢洪设施、引水渠口、退水渠等工程已组合为一组配套完整、规范科学的大型渠首引水工程体系。从渠首开始，干渠开凿在平原北缘较高的位置上，便于穿凿支渠南下，灌溉南面的大片农田。可见，当时的设计是比较合理的，测量的水平也已经很高了。

---

① ［北魏］郦道元；王国维校注；袁英光，刘寅生整理标点：《水经注校·浊漳水》，上海人民出版社，1984 年。

② 秦建明，杨政，赵荣：《陕西泾阳县秦郑国渠首拦河坝工程遗址调查》，《考古》，2006 年第 4 期，第 12－21 页。

郑国渠修成后，发挥了极大的灌溉作用，关中的农田灌溉、抗拒自然灾害有极重要的作用，不仅促进了关中经济的发展，对我国古代的农田水利建设也有重大的意义。"渠就，用注填阏之水，溉泽卤之地四万余顷，收皆亩一钟。于是关中为沃野，无凶年。秦以富强卒并诸侯，因命曰郑国渠"[①]。这条渠把 4 万多顷，即 400 多万亩的"泽卤之地"化为良田，"收皆亩一钟"，即六斛四斗，总计为 2 560 万斛。

### 三、秦汉时期的农田水利灌溉

秦汉中央集权统一国家的形成，把黄河流域的灌溉事业推进到了兴建大型工程，形成大型灌溉网的新时期。尤其是汉代对农田水利极为重视，修建六辅渠和白渠，扩大了郑国渠的灌溉面积，同时在渭河上修建了成国渠、灵轵渠等，又在湟水流域及沿黄河的宁夏、内蒙古河套平原等地，开渠灌田，使大片荒漠变为绿洲。

郑国渠虽然当时是关中地区重要农田水利工程，但仅靠郑国渠一渠之水已无法满足汉代关中农业的发展，为加强关中水利建设，元鼎六年（前 111 年）又兴建了六辅渠工程，将原来郑国渠影响不到的土地改造为水浇地，扩大了郑国渠灌区的范围。

汉代关中引泾工程中最著名的当数太始二年（前 95 年）兴建的白渠。白渠西端从郑国渠南侧开口引泾水，东流经过栎阳县，到下邽县注入渭河，全长 200 里，"决渠为雨"，使池阳、栎阳、下邽及高陵几县部分农田得到了灌溉之利。这样渭水北岸就出现了以郑国渠、白渠为干渠的灌溉区，由于白渠灌溉功效几与郑国渠齐肩，故后世往往以郑白渠并称。

在引泾工程兴建的同时，引渭水灌溉农田的水利工程也开始在关中大地上兴工动土。成国渠便是汉代引渭施灌的最大工程，兴建于汉武帝时期，大渠西起郿县，从渭水北岸与渭河平行，引水东流，浇灌了郿县、美阳、槐里等县的农田。成国渠的规模小于泾河水系的郑白渠，灌溉面积也在其下。在渭河沿岸与成国渠相呼应的还有灵轵渠、沣渠，都在今陕西省西安市周至县境内。引溪水北流入渭，一东一西浇灌武功、盩厔、鄠县一

---

① ［汉］司马迁撰：《史记 卷二十九 河渠书》，中华书局，1959 年。

带的农田。

武帝在位期间，还兴凿引北洛水利工程，工程进展到商颜山西麓时，因黄土疏松造成的崩塌，给明挖渠道造成了很大困难，于是智慧的古人改用井渠施工的办法，解决了技术难题，也开启了后代隧洞竖井施工法的先河。引北洛工程后被命名为"龙首渠"，其隧道竖井施工法在中国水利史上占有重要的一页。

今河套以及河西走廊现存的灌溉渠系，几乎都可以追溯到汉代。元狩四年（前119年），屯田戍垦之迹已遍布河朔沿边各地，从河套朔方郡（今黄河河套以南地区）至河西令居（今甘肃省兰州市永登县附近），绵延千里，人们在这里兴屯田，开水渠，置田官，使西北地区的开发进入了一个新阶段。在元狩年间（前117—前112年）屯垦的基础上，公元前104年，"上郡、朔方、西河、河西开田官，斥塞卒六十万戍田之"[1]"朔方、西河、河西、酒泉皆引河及川谷水以溉田"[2]，以农田水利为基础的屯垦，进一步改变了西北边郡荒凉的面貌。

汉代经营西北，留下的农田水利工程并不仅限于上述诸郡。时人还在敦煌县引氐置水灌溉农田；在张掖、酒泉县之间引羌谷水而开凿千金渠；时人还在湟水中下游"浚沟渠"，垦农田。时至东汉，国力虽不如西汉强盛，但在河套、河西一带开凿水渠，兴置屯田的政策一直未曾变化。

除了注重农田水利工程的兴修外，汉代在具体的农田灌溉技术上相比前代也有创新发展。《氾胜之书》中就谈及了一种田间渗灌技术，即"区种瓜：一亩，为二十四科。区方圆三尺，深五寸。一科用一石粪，粪与土合和，令相半。以三斗瓦瓮埋著科中央，令瓮口上与地平。盛水瓮中，令满。种瓜瓮四面各一子。以瓦盖瓮口，水或减，辄增，常令水满"。从文字记载上看，这一技术是通过瓦瓮的渗透作用，使土壤经常保持适量的水分供应，而且不会破坏土壤结构，不产生土壤板结现象，既可以较好地协调土壤中的水、气、肥、热的状况，还可以避免水分的流失，减少蒸发，符合现代渗灌技术的要求。书中在记载种瓠技术的时候又提到了渗灌技

---

① ［汉］司马迁撰：《史记 卷三十 平准书》，中华书局，1959年。
② ［汉］司马迁撰：《史记 卷二十九 河渠书》，中华书局，1959年。

术，即"坑畔周匝小渠子，深四五寸，以水停之，令其遥润，不得坑中下水"。该技术基本符合现代节水灌溉的要求。

此外，从《氾胜之书》中还记载一种可调节水温的田间灌溉方式。书中在介绍种稻时提到"种稻区不欲大，大则水深浅不适。冬至后一百一十日可种稻。稻地美，用种亩四升。始种稻欲温，温者缺其塍，令水道相直；夏至后太热，令水道错"。说明当时稻田灌溉采用的是小畦串灌的方式。利用串灌中水口位置的合理安排调节稻田水温是一种较为科学的办法。由于当时种稻的时间还比较早，气温较低，因此"稻欲温"，加之灌溉水源水温也较低。时人针对这一情况把进水口和出水口对正，使进来的水呈直线流动状态，就可以保持原来较高田面水的温度。到了夏至之后，由于气温较高，需要降低稻田田面水温，时人想出把进水口和出水口错开，让进来的水呈斜线弯曲流动，这样可以尽量降低原来较高田面的水温。古人的智慧尽在其间。

## 四、魏晋至五代时期的农田水利灌溉

曹魏建都洛阳后，沁河灌区木质灌溉设施已朽败，导致"稻田泛滥，岁功不成"。于是大约在225年前后决定改木门为石门，同时兴建配套的拦河溢水堰，工程完毕后，沁水灌区又焕发了青春，沿岸沁水、野王、渔县、怀县、武德等地农田都得到了渠水的浇灌。

关中是曹魏重点屯田区，青龙元年（233年）实施了成国渠的扩建改造工程。工程分首尾两段。首段将成国渠原郿县引水口西延至百里外的陈仓东北，引汧水浇灌了渭河北岸的农田。尾段又向东延伸了百余里，大大拓展了成国渠灌区。同年曹魏政权还在冯翊郡临晋县北洛水东岸开渠引水，筑临晋陂浇灌农田，两项工程建成后，使2 000余顷"泻卤之地"变为良田。

曹魏时期在今河南省开封市一带修建的水利工程也颇有建树，如在开封浚仪县修筑的淮阳渠、百尺渠，将黄河与颍水联结起来，颍水两岸300余里均得到渠水的灌溉。

到北魏时，河套地区的农田水利工程在前后套各自形成一套体系。太平真君五年（444年），时人在薄骨律镇（宁夏境内）的旧引水渠口之下，开凿了新的引水口，并修复了240里的干渠，周围4万余顷农田都变成了水浇地。薄骨律镇变成了"官课常充，民亦丰瞻"的富庶地区①。后套的引黄灌溉工程主要有两处，一处在黄河南岸沃野镇附近，从镇南汉临戎县故城引河水北流，过沃野镇向东，淤灌了渠两岸农田。另一处在今包头市一带，渠长70里，灌区南北宽20里。北魏孝文帝登基后，十分重视兴修水利，分别于太和十二年（488年）、十三年（489年）两次下诏，令六镇、云中、河西、关内等六郡"各修水田，通灌溉"，并组织水工分赴各地指导施工。

也是在北魏时，田间灌溉技术在汉代基础上被进一步创新。在《齐民要术·种葵第十七》中记载，"春必畦种水浇"。作者贾思勰随后解释说畦种是因为"春多风旱，非畦不得"。并着重指出"畦长二步，广一步"。因为"大则水难均，又不用人足入"。由此看出，至迟到北魏，畦种已经完全是和灌溉紧密相连。当时的蔬菜种植，都是在畦种形式下，采用"粪大水勤"的方式，从而获得高产。畦种需要灌溉，怎么灌溉在《齐民要术》中明确记载，"冬种葵法；近州郡都邑有市之处，负郭良田三十亩……于中逐长穿井十口"，而且"井必相当，角则妨地。地形狭长者，井必作一行；地形正方者，作两三行亦不嫌也"。并且要"别作桔槔，辘轳"。为的是"井深用辘轳，井浅用桔槔"。还要备置"柳罐，令受一石"。因为"罐小，用则功费"②。这样可以最大限度发挥灌溉工具的效能。

时人也已经考虑作物自身以及环境等因素。并由此来确定灌溉的时间、水量和具体方式。在《齐民要术》中在讲种葵技术时所提到的灌溉方式可归纳为三个方面。一是在下种前要把水浇透，"令彻泽，水尽，下葵子"。二是"葵生三叶，然后浇之""浇用晨夕，日中便止"。三是"每一掐，辄杷楼地令起，下水，加粪"。这种灌溉技术在蔬菜种植当中比较普遍。但是有些蔬菜也根据需求有特殊要求。例如，"芹、蘩并收根畦种之。常令足水，尤忌潘泔及咸水"。

北魏时还出现了一种特殊的田间灌溉措施。在《齐民要术》介绍冬季种葵时，谈到在十月末地将冻时下子，至第二年春季暖时出芽。在葵生长

---

① ［北齐］魏收撰：《魏书 卷三十八 刁雍传》，中华书局，1974年。

② ［北魏］贾思勰原著；缪启愉校释：《齐民要术校释·种葵第十七》，农业出版社，1982年。

前期所需水分主要靠"堆"和"劳"雪水来供应。"若竟冬无雪，腊月中汲井水普浇，悉令彻泽"，至"正月地释，驱羊踏破地皮"，因为"不踏即枯涸，皮破即膏润"。到四月才开始浇地，是因为"四月亢旱，不浇则不长；有雨即不须。四月以前，虽旱亦不须浇，地实保泽，雪势未尽故也"。具体程序即"日日剪卖。其剪处，寻以手拌硎斸地令起，水浇，粪覆之"。也就是将松土、施肥与灌溉相结合，以充分利用有限的水资源。

到了唐代，关中平原的水利事业又一次进入了高潮。唐代在关中大兴水利，是在前代的基础上开展的，郑白渠是这时扩建的重点。由于当时陕西的郑国渠已大部分淤废，因此扩建工程首先从兴修引水工程开始。这一引水工程是在泾河中用块石筑起石堰，将泾水分为两支，南支为泾水主流，东支则流入郑白渠。石渠用铁器相连十分牢固，长宽各约 150 米，被称为"将军翣"。这是在灌区首次修筑引水建筑物，它的出现扩大了引水量。郑白渠扩建工程的第二步，即将白渠改造为太白、中白、南白三条渠道，以便扩大渠水灌溉范围。太白渠位于三渠之首，在今陕西省咸阳市泾阳县西北 10 里处与将军翣引水工程相连，东流到今陕西省渭南市富平县，南入漆沮水。太白渠水灌溉之余，又为另外两渠提供了水源，在泾阳县南分一渠为中白渠，这是一条长度与太白渠相当的渠道，它向东流经陕西省西安市高陵县，穿过漆沮水，在陕西省渭南市下邽镇与渭河相连。南白渠是由中白渠在高陵县西北分出的一条渠道，流程较短，主要流经高陵县境，在县东南入渭河。经过改造，白渠变成了"三白渠"，恢复并扩大了灌溉面积，使灌溉面积达到 4 万公顷。

唐代关中水利的另一处工程是对成国渠的扩建改造。但改造工程不同于郑白渠，扩建重点在水源的扩大。以往成国渠的水源只有渭河，在咸通十三年（872 年），时人将莘川、莫谷、香谷、武安四水导入成国渠，大大加强了灌区的水量。此后又经过对干渠的修复与渠系的调整，灌区面积大为扩展，武功、兴平、咸阳、高陵等县 2 万多顷农田深受其益。成国渠的地位日益提高，人们称其为"渭白渠"，与郑白渠并列。

除以上两处大的灌区之外，长安附近的沣、滈、灞、浐、潏、涝诸水以及渭北洛河、漆沮水，在唐代都曾兴建过水利设施。武德七年（624 年），在黄河西岸自龙门开渠引河水，开辟了韩城灌区，面积达 6 000 顷以上。开元七年（719年），重新修建北洛河下游的龙首渠，使灌区面积大为扩展，向北达到河西县。新灌渠不仅引北洛水，还筑堰建陂，引黄淤灌，使河西、朝邑两县开辟了2 000多顷稻田，"收获万斗"。至于长安城一带，南山脚下，利用山间溪谷，兴建小型水利工程，更是不计其数。真正让关中地区形成了"八水绕长安"的局面。

在河套地区，农田水利也得到发展。建中元年（780年），在丰州（今内蒙古境内）九原县开陵阳渠。贞元十二年（796年）至十九年，修凿了咸应渠、永清渠，渠水浇灌的几百顷农田获得了稳定的收益。前套是时人引黄灌溉的重点，元和十五年（820年）兴复了灵盐（今宁夏境内）境内的光禄渠，使千余顷盐卤地变成了良田。灵州（宁夏境内）回乐县南的薄骨律渠经过修整后，仍发挥着良好的效益，可溉沿渠良田千余顷。人们在灵州灵武县西开凿的御史渠，可溉农田2 000余顷。长庆四年（824年）回乐县开凿的特进渠可溉田600余顷。此外，贞元七年（791年）在夏州（今陕西北部和内蒙古南部境内）朔方县凿延化渠，引无定河支流乌水入库狄泽，也使周围农田数百顷得到了灌溉。

在唐代，河西走廊的农田水利也得到修筑。大足元年（701年）在甘、凉二州屯田兴水利，经过数年的经营，屯田大获其利，仓廪充实。开元十五年（727年），在瓜州（今甘肃境内）大修渠堰，开垦农田。在陇东黄河干流及湟水、洮河等支流所经地区，如在甘肃境内的兰州、鄯州、河州、廓州等地也都留下了水利工程的遗迹。

在河东地区，贞观年间（627—649年），时人首先在太原开凿了晋渠；随后又在文水县兴建了文谷水的引水工程，在此基础上开凿的甘泉渠、荡沙渠、灵长渠、千亩渠将整个工程的灌溉面积扩展至数千顷农田。绛州一带的引汾灌区是汾河流域一处较大的水利工程，仅永徽元年（656年）曲沃县所开新绛渠就溉田百余顷。此外，山西龙门县的谷山堰、山西闻喜县的沙渠在当时均构成了灌区的一部分。贞元年间（285—805年）绛州当地将原来分散的工程统一规划，协调布局，重新修建为一个统一的大型水利工程。工程完工后，灌溉效益大大提高，1.3万余顷农田得到渠水的浇灌。经过唐代各朝的不断增修补缀，汾河沿岸，水到之处都留下了渠堰布施甘泽的遗迹。

## 五、宋元时期的农田水利灌溉

在北宋在熙宁变法中，黄河流域水利的兴修占有重要位置。据《宋会要辑稿·食货》记载：熙宁变法期间，开封府、河北西路、河北东路、京东东路、京东西路、京西北路、河东路、永兴军、秦凤路等北方行政区内共建农田水利 830 多处，灌溉面积达到 13.28 万顷以上。这一成就虽不如长江下游地区大，但从黄河流域自身发展考察，在黄河灌溉史中完全可以说是十分引人注目、成效显著的。这个时期黄河灌溉事业的发展在两个方面表现得很突出：一是黄河中上游以关中平原为代表的古老灌区的扩建，二是引黄淤灌。

关中平原的引泾水灌溉设施到北宋初年已大部分毁坏，灌溉农田面积只相当于唐代灌溉效益的 1/22。景德二年（1006 年）进行了一些渠道改线工程，使富平、栎阳、高陵等县"水利饶足，民获数倍"[1]。庆历新政时期，永兴军也曾疏浚三白渠，"溉田逾六千顷"[2]。在熙宁变法大兴水利的热潮中，三白渠灌区得以大修。自"洪口"开渠东北行五六十里到云阳县接白渠。30 年后，北宋对引泾三白渠灌区又进行了一次大规模的维修改建，成效可观，新开石渠 3 000 多尺，土渠 4 000 多尺，新建 2 个涵洞 2 个水闸，扩大了引泾灌区的范围，使泾阳、醴泉、高陵、栎阳、云阳、三原、富平 7 县的 2.509 万多顷田地得到了灌溉。所以宋神宗御赐三白渠以"丰利渠"之名。

黄河及其支流经过黄土高原无不挟带大量富含有机矿物质的泥沙奔泻而下。河水流经之地，泛滥之区，泥沙沉淀后，往往将后来泻卤不毛贫瘠的土地变成为肥沃之壤。古人发现这种自然现象后，就开始有意识地决口放淤。这种利用自然之力自然改良土壤的办法，就叫做"淤灌"。据统计，从熙宁二年（1069 年）到元丰元年（1078 年）间，黄河中下游地区大规模的淤灌活动就有 34 起之多[3]。淤灌首先在开封府展开。自熙宁二年（1069 年）连续 3 年在开封府引黄河、汴水淤灌沿岸农田，成效显著，使开封府成为很重要的淤灌区。随后，灌区一方面顺汴河扩展到了睢阳（今

① ［元］脱脱等撰：《宋史 卷九十四 河渠志》，中华书局，1977 年。
② ［元］脱脱等撰：《宋史 卷二百九十五 叶清臣传》，中华书局，1977 年。
③ 鲁枢元、陈先德著：《黄河文化丛书·黄河史》，河南人民出版社，2001 年，第 400 页。

河南省商丘市南），另一方面在黄河下游也展开了。熙宁五年（1072 年）七月，洺州（今河北境内）引漳河、洺水淤灌。同年河北沧州也引黄河水淤灌种稻。熙宁六年（1073 年）开发河北滹沱河深州段淤田。熙宁八年（1075 年）紧邻沧州的永静军也在双陵口开渠引河水淤田。冀州在此前后也进行了建闸修渠，引河水淤灌黄河两岸的工程建设。

山西西南、关中平原东端是又一个淤灌区。熙宁七年（1074 年）和八年（1075 年），河中府引黄河、涑水放淤。熙宁九年（1076 年），河东路淤田，以扩大淤田灌区。与河中府隔河相望的同州（陕西境内），同年也大引黄河、北洛河淤灌了朝邑、冯翊等县部分土地。

北宋的引黄淤灌，大致就集中分布在上述三个区域（图 4-1）。据《宋史·俞充传》记载，"沿汴淤泥溉田，为上腴者八万顷"①。仅熙宁七年（1074 年）十一月，深州、永静军黄河两岸的淤田也有 2.7 万多顷。时人在黄河、滹沱河、漳河、御河放淤加上黄河堵口退出的田就有 4 万顷之多。黄河中游之河中府、解州、同州等地也较可观，熙宁八年（1075 年）一次放淤就达 2 000 多顷。实际情况可能比文献统计更多。

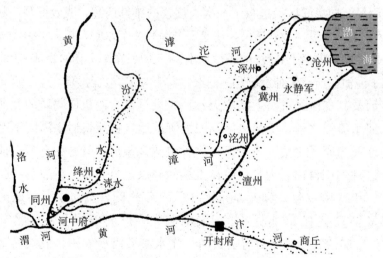

图 4-1　熙宁变法期间淤灌区分布示意图

___

① ［元］脱脱等撰：《宋史 卷三百三十三 俞充传》，中华书局，1977 年。

引黄淤灌经过推广，效果非常显著。在京东、京西、河北、河东以及永兴军广大的淤灌地区，泻卤不毛之区都变成了良田，产量明显大增。河东淤灌区内田地产量由亩产谷五六斗，提高到二三石。汴河两岸"咸卤之地，尽成膏腴，为利极大"①。仅开封府的淤田每年就可增收数百万石。黄河所淤"宿麦之利，比之他田，其收十倍"②。其中，扩大耕地，改良土壤，增加产量成效最突出的，是黄河下游"深、冀、沧、瀛间，惟大河、滹沱、漳水所淤，方为美田"③。

到了元代，河套、关中、河东等地的农田水利在经历了战乱后也得到了一定程度的恢复。忽必烈早在元宪宗三年（1253 年）就在自己封地——关中平原兴办起了农田水利事业。他即位以后，在这一带设立中田府督治三白渠灌区水利，促成了关中麦"盛于天下"，"年谷丰衍，民庶康乐"④。大德八年（1304 年），因泾水泛涨，渠堰毁塞，对三白渠进行疏浚整修。通过修复渠道，使"水通流如田"⑤。在引泾灌区北部原汉代六辅渠一带，元朝还开建了天井、海西、通利、仙里等 7 条灌渠，以冶峪水等溪河为水源浇灌了部分农田。

在河套和河西两片灌区，元代在前套、河西走廊广置屯田，"凿渠灌田"⑥，带动了黄河上游的农田水利建设。至元元年（1264 年），河渠副使、著名水利学家郭守敬受命到西夏故地修复汉唐以来的大型水利工程，重振灌区农业经济。经过几年的艰辛努力，400 里长的唐徕、250 里长的汉延古渠得到恢复，前套灌区其他 10 多条干渠、68 条支渠也得到了修复。据《元史·郭守敬传》记载：全灌区 9 万多顷田地均获得了丰收。同时得到修复的还有河西走廊上甘、凉、瓜、沙几州的农田水利。

①　［宋］李焘著；［清］黄以周等辑补：《续资治通鉴长编 卷二百七十七 熙宁九年七月康戌》，上海古籍出版社，1986 年。
②　［宋］苏辙著；曾棗荘，马德富校点：《栾城集 卷四十 论开孙河割子》，上海古籍出版社，2009 年。
③　［宋］沈括著；侯真平校点：《梦溪笔谈》，岳麓书社，2002 年。
④　冯舒扬：《秋润集》，浙江大学出版社，2010 年；［元］苏天爵著；陈高华，孟繁清点校：《滋溪文稿·卷十七·韩永神道碑铭》，中华书局，1997。
⑤　［明］宋濂撰：《元史 卷六十六 河渠志》，中华书局，1976 年。
⑥　［明］宋濂撰：《元史 卷十一 世祖本纪》，中华书局，1976 年。

元代中书省所属山西汾河中下游灌区的修复，也是在忽必烈执政时期实现的。至元三年（1266年），"导汾水，溉民田千余顷"，初步缓解了该路"地狭人众，常乏食"的状况①。八年以后，绛州正平县百姓导浍水入汾河，灌溉农田，提高了粮食产量，亩收达到了一钟②。忽必烈当政时期，山西汾河中下游又新开了利泽、善利、大泽三渠，灌溉赵城、洪洞、临汾等县沿河之地。时人在评述汾河流域农业经济时，就说道："引汾水而溉，岁可以无旱。其地之上者，亩可以食一人""故其民皆足于衣食，无甚贫乏家"③。

忽必烈在黄河流域修复的另一个较大的灌区，就是中书省怀庆路（今河南境内）所在的沁、丹灌区。这个灌区在中统元年（1260年）开始修复。第二年，在渠口建立了石堰，壅水入渠；4条长达677里的干渠也得到了疏浚，加固。到六月，全工程完成，从此灌区内济源、河内、河阳、温、武陟5县463处村场的田地"深得其利"，故名之为"广济渠"④。

## 六、明清时期的农田水利灌溉

明清时期黄河流域的农业灌溉大大地落后了。关中灌区已经失去了往昔的辉煌，呈现出明显的衰退状态。只有前、后套灌溉事业的发展，汾、沁、伊、洛河流域灌溉农业出现新特点。

由于唐宋以来黄土高原的植被遭到所未有的破坏，水土流失加重。泾水其泥沙含升高，经元之后，引泾灌渠已经瘫痪了。洪武八年（1375年）、三十一年（1390年）两次发军夫十多万人次对渠道洞闸进行疏浚。永乐三年（1405年），再次发夫3万浚渠。宣德、天顺初也整修不断。但效果都很不理想。成化元年（1465年）又尝试修建了广惠渠，然而由于泥沙淤塞，到天启年间（1621—1627年），引泾灌渠的实际灌溉面积缩已减到750多顷。

在泾水下游灌溉萎缩的同时，其上游又得到了一定程度的开发。成化

---

① ［明］宋濂撰：《元史 卷一百五十四 郑鼎传》，中华书局，1976年。
② 冯舒扬著：《秋涧集》，浙江大学出版社，2010年。
③ ［元］余阙：《青阳集 卷三 梯云庄记》，《四库全书1214册》，上海古籍出版社，1987年。
④ ［明］宋濂撰：《元史 卷六十六 河渠志》，中华书局，1976年。

二十一年（1485 年），陕西平凉、泾川一带民众在泾水干支流上开凿了大小引水渠 62 道，总长 200 多千米，形成了一个新灌区。灌渠被命名为"利民渠"，灌溉面积 3 000 多顷。泾水上游的开发利用，也是明代首创的①。

也是在成化年间（1465—1487 年），原渭白渠的宝鸡到武功段得到疏浚，干渠两岸又新开了 4 条支渠，岐山、扶风等县 1 600 多顷农田得到了灌溉。渭河南岸平原边缘的涝水、太平谷水、沪水、辋谷水等河谷地带也兴建了一些小型灌溉工程。咸阳、兴平、临潼、高陵、鄠县、兰田、泾阳、三原、周至、富平、醴泉等县出现不少几顷至十几顷的小片灌区。但是，无论是泾水上游的开发，还是南山北麓谷水的利用，还是小型灌区的涌现，都无法重振关中灌区的昔日辉煌。

当关中灌区在萎缩衰退时，河套和陇西出现了前所未有的新景象。明代初年由于设立卫所屯田，驻防官兵与当地民众积极修治了古代渠道，并开始向灵州以上中卫附近黄河两岸大力拓建农田水利工程，使中卫一带出现了蜘蛛、石空、枣园、羚翔、七星、羚羊店、夹河、柳青、胜水等 12 条总长达 575 里的灌渠，灌溉面积有 2 000 多顷。从而把前套灌区向南，即黄河上游大大扩展了。汉唐古渠所在的宁夏卫一带灌区不仅没有收缩，反而有了新的发展。汉渠、唐渠两岸都新开了几条支渠，灌溉面积扩大到了万余顷。

入清以后，康、雍、乾三朝在前套地区农田水利建设上用功最勤。康熙四十七年（1708 年），时人在汉渠、唐徕两渠之间新开了一条灌渠，引黄河水经过 75 里，归入唐徕。沿途建有斗门 167 座放水灌溉，使 1 200 多顷田地变成了水浇田。这是清廷动工兴建的第一条大渠，故命名为"大清渠"。雍正四年（1728 年），选定在灵州以西、黄河西岸十升堡处开渠口引河水北流，命名为"惠农渠"。该渠两岸支渠众多，支渠上小陡口小灌口千余个，渠系完整。惠农渠竣工后，据说灌区又扩大了 2 万余顷田地。在修建惠农渠的同时，时人又开启了平罗县六羊河灌溉工程的建设。在惠农渠竣工之前，一条长 110 里的新渠已经出现在了惠农渠下游东面一块河

---

① 鲁枢元，陈先德主编：《黄河文化丛书·黄河史》，河南人民出版社，2001 年，第 412 页。

滩地上,该渠有支渠 20 余道,并配备有进水闸、分水闸、退水闸以及逼水闸,灌溉面积达到了 1 000 多顷。人们把它命名为"昌润渠"。这 3 条干渠的兴建,是清代最突出的成绩,它们使前套灌区向黄河下游方向进一步拓宽,扫除了原来灌区内一些荒旷之地。灵州、中卫等地其他灌渠在清代也都得到了维修整治。到清后期,宁夏灌区共有 38 条主干渠,形成了黄河上游最大的灌溉体系。其中,唐徕、汉渠、大清、惠农、昌润 5 大渠最为有名,灌溉面积最大。

内蒙古后套灌区,随着自然环境和政策的变化,从道光到光绪的短短五六十年间,大量内地人涌入开垦土地,兴修农田水利。其中,有以下 8 条干渠最著名,故有"河套八大渠"之称(图 4 - 2)。这 8 条干渠中,最早的一条是道光三十年(1850 年)利用南支洪水冲成的塔布河改建的塔布渠。从兴建年代考察,这个灌区大致是先开发东西两端,然后向中间扩展,逐渐连成一片。其灌溉面积如加上塔布、长济、通济三渠合灌的 1 420 顷,八大渠灌溉面积则可达到 5 650 顷以上。随着农耕区的扩大,后套经济的发展,五原、临河、安北县也相继设置。从渠道布局看,均是利用了南北向的河道,将黄河北支当作自然排水渠,从而形成了灌溉网络。

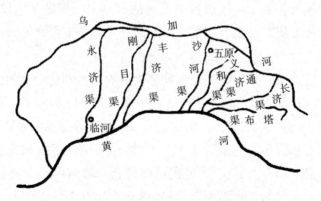

图 4 - 2 清末内蒙古后套灌区八大渠分布示意图

在黄河上游陇西地区,明代甘肃省治所皋兰县的黄河两岸便建立了引水机具,湟水河下游的河谷盆地也开辟了面积不大的农灌区。但陇西灌溉农业较大的发展还是在清代。以甘肃皋兰县、西宁县为中心,黄河上游干支流两岸适宜引水灌溉的地方,一般都得到了程度不同的开发。皋兰城郊黄河岸边引水机械林立，多到百余架。西宁县湟水两岸引水灌渠有130多条，短的几里，长的40多里，将西宁河谷小盆地组成了一个水利网，灌溉面积达28万亩。顺湟水而下，碾伯河谷盆地也有六七十条灌渠，灌溉着10多万亩农田。

陇西地区与黄河中上游其他灌区相比，在灌溉技术上一个最大的特点，是使用了大型轮式翻车进行引灌，而不是像其他灌区单纯依靠自流灌溉。这种方法不仅可以使沿岸低平田地受益，而且还可把河水引上高地，拓展了灌溉范围。

在中原地区，发源于龙门以上的山西宁武县管涔山上，而在龙门下归流于黄河的汾水，是一条有悠久灌溉历史的河流，太原以下的河谷平原是山西最富庶的农耕区，明清时期以中小型水利工程为主，在汾河谷地开发出一片一片的灌溉农业区域，其总面积远远超过了前代。明朝的水利工程主要分布在太原府和平阳府之间的太原、阳曲、榆次、交城、徐沟、太谷、文水、祁县、汾阳、孝义、介休、平遥、赵城、洪洞等十几县的汾河两岸及支流上，有的规模较为可观。如榆次县内在汾河两岸有记载的灌渠就有20多条，有的可灌上百顷，榆次灌区的面积达1 300多顷。这种以中小型灌溉农业为主的发展趋势到清代就更为明显了。其范围也较明代有所扩大。平阳府以下的绛州、蒲州、解州三府州内的绛州、闻喜、河津、稷山、绛县、垣曲、安邑、夏县、平陆、芮城、永济、虞乡、猗氏、荣河等十多个县也大建了农田水利工程。从水源上看，也由汾河流域扩大到了涑水、亳清河等黄河支流，灌渠把两岸村庄联结起来，增加了对汾河、涑水等河流水利灌溉的依赖。例如，阳曲县28条引汾灌渠把100多顷农田连接成一个灌溉区域，太原县的30条引汾灌渠也使100多所村庄的农田享受到了灌溉之利。一个县基本上就是一个小的灌区，明清以特有的方式，使晋中、晋西南地区的灌溉农业获得了新的发展。

在沁河流域，明朝对其下游怀庆府内水利工程进行了修整和改建。弘治、嘉靖、隆庆年间，对元朝广济渠三次重浚整修。其中隆庆二年（1568年）的大修，不仅疏通了渠道，培修了渠岸，更在引沁工程区内新开了通济河、广惠北河、广惠南河、广济河、普济河等6条灌渠，扩大了灌溉范围。引沁工程最大也是最艰难的一次改造，则是在万历二十八年（1600

年）进行的。时人对渠口进行改造，共调集两县民工上万人，选中枋口上游一座石山处为新引水口，河内县民夫从西凿洞，济源县民工从东开渠。经过了 3 年十分艰难的施工，终于建成了新的引水渠口和引水渠。同时，对下流灌渠也进行了调整，修建了排洪道，从而使沁水通过灌渠浇灌了济源、河内、温县、武陟四县的农田。清代在引沁灌区原有设施维护的基础上，在河内县新开了八九条引沁渠道，引丹水的工程发展到了 20 余处。

伊、洛河灌区的历史不如沁、丹灌区悠久，其规模也不如后者大。明清时期的发展，集中在洛水流经的卢氏、永宁、宜阳、洛阳，伊水岸边的嵩县等地。以清前期兴筑最盛，雍正年间（1723—1735 年）仅洛阳一县就开凿了引洛、伊水的周阳、五龙、通济、洛渠、伊渠、大名、新兴、古江、永济、任解元、永通等十多条灌渠。通过明清的开发，伊、洛河两岸出现了一些小型灌区，带动了当地农业生产的发展。

## 七、中华民国成立至新中国成立的农田水利灌溉

1930—1935 年，李仪祉分两期主持修建了引泾工程，于是引泾灌区又出现了由南北两条平行干渠和几十条支渠组成的灌溉渠系，泾阳、三原、高陵、临潼、醴泉五县共有 50 多万亩农田又重新得到了灌溉。1935 年，李仪祉又主持兴建了渭惠渠，起点是郿县西面的魏家堡，首先在渭河建拦河坝，然后在渭河北岸建六孔进水闸，并重修了成国渠渠道。完工后，郿县、扶风、武功、兴平、咸阳五县 17 万亩农田重获灌溉。这两大工程是我国第一批引用西方先进的水利技术兴建的现代化灌溉系统。从勘测、设计，到施工管理，都采用了新技术、新方法和混凝土等新材料。其质量和管理，在当时全国水利工程中都是首屈一指的。

此后，陕西出现了兴修农田水利的高潮。渭河南岸郿县出现了引斜谷水开了 7 条渠道灌田万亩的梅惠渠，周至县有引黑河水灌田 7 000 多亩的黑惠渠，户县有引涝水灌田 3 000 多亩的涝惠渠；长安县和兰田县沣水两岸开渠 68 道，灌溉农田 1.2 万多亩。渭河北岸除三大干渠外，宝鸡县有二道渠引清善河灌田 3 000 亩。当时陕西 300 多万亩灌溉田中，绝大部分在渭、泾、洛河流域。虽然关中灌溉农业还没有重现其历史上曾有过的辉

煌，但较元明清已是大有起色。

河套地区虽然在民国时修建了民生渠、复兴渠、云亭渠等工程，但大部分效果不理想。相比而言，黄河上游甘肃、青海两省的灌溉农业应该说是小有成就的。1935 年，甘肃省政府在临洮县创修了洮惠渠，全长 27 千米，灌溉面积 3.5 万亩，该工程也采用了近代技术和新材料，是民国时期兴修的大型灌溉工程之一。1942 年，在永登县境兴建了湟惠渠等中小型工程。此外，以兰州为中心的黄河干流两岸又树起了不少水转筒车，最大的可供 500 亩农田用水。据 1941 年统计，沿岸共有筒车 254 部。青海东部黄河及支流湟水两岸也开辟了一些灌区，12 个县共拥有灌渠 181 条，灌溉面积达到了 63 万多亩。

到 20 世纪 40 年代末掀开了新的一章。新中国正在筹建之初，随着黄河水利委员会成立，引黄灌溉作为治理黄河的重要组成部分开始着手规划和实施，农田水利建设相继在黄河上中下游全线展开。

在中上游各古老的灌区，人民政府开展了改造灌溉渠系，完善配套工程，恢复扩大灌溉面积的工作。对河套灌区的改造，集中在两个方面：一方面，改建引水口，结束无坝引水的局面，彻底解决灌区引水问题。另一方面，解决排水困难，结束灌区历来有灌无排的状况。通过建设，到 20 世纪 80 年代中期，灌溉面积达到了 700 多万亩。

在宁夏灌区，20 世纪 60 年代初，随着以灌溉为主的青铜峡水利枢纽工程的建设，结束了灌区河东河西各干渠无坝引水的历史，提高了渠道的供水量。同时，先后对秦、汉、唐徕、汉延、七星、惠农、美利等大干渠运用现代技术、新材料进行了改建，闸、桥、槽、涵洞等主要配套工程相继出现，提高了渠道的输水能力。并新开了跃进、西干、东干等 7 条干渠，支渠配套工程同时上马。到了 20 世纪 80 年代中期，宁夏灌区的面积比新中国成立初期翻了 1.5 倍，达到了 450 万亩以上。

中上游灌区引水上山，扩大灌溉面积，是新中国成立以后又一个了不起的成就。历史上中上游引黄灌溉基本上是在川原地带靠自流引水实现。新中国成立以后，把兴建电排站，加大扬水高程使山地受益当作一项重要工作来抓。在陇中地区，人民政府在黄河两岸兴建了扬程百米以上、灌溉面积上万亩的电灌站 19 处，结束了当地百姓靠天吃饭的历史。关中也开展了引渭上塬的工程建设。1958 年开始兴建渭惠渠高原抽水灌溉工程，在西口渭河上筑坝引水，通过全长 215 千米的引水渠、5 座中型藤结爪式水库和 100 多座抽水站，把渭水引向了宝鸡至咸阳市境的渭北高原，沿途灌溉了 100 多万亩农田。在山西、青海也不乏这方面的创举。效果远超旧中国。

新中国成立以后，黄河中上游的开发也大为改观。1985 年湟水流域总有效灌溉面积已达 126.63 万亩。清水河到 1988 年全流域总有效灌溉面积达到 58 万多亩。汾河流域到 20 世纪 80 年代中期，全流域有效灌溉面积 718 万亩，占流域耕地面积的 41.3%。渭河流域到 1985 年全流域有效灌溉面积 1 338 万亩，比 1949 年增长了近 3 倍。泾河到 1985 年的灌溉总面积达到 234 万亩，比新中国成立初期增长了近 2 倍。洛河流域到 20 世纪 80 年代中期总灌溉面积也达到 291 万亩。透过这些枯燥的数字，我们可以看到一幅黄河中上游引黄灌溉的壮阔画面。

在黄河下游地区，1950 年，黄河水利委员会就在延津所属的河南新乡兴建了黄河下游第一个引灌工程——人民胜利渠，从此开始了黄河下游引黄灌溉的历史。人民胜利渠南界黄河，北至卫河，总干渠长 50 多千米，两岸有 6 条干渠向东西方向延伸，连接着上千条支渠、斗门和农渠。构成了一个完整的灌溉系统。这样的灌区后来在黄河下游的河南、山东陆续出现，到 20 世纪 80 年代中期已有几十个之多。黄河大堤上 72 座引黄涵闸、55 处吸虹工程、68 座扬水站使下游 2 000 多万亩农田得到了灌溉，黄河下游成为我国最大的农灌区之一。

总之，人民政府花费四十多年时间建设，让黄河流域形成了青海湟水河谷、甘宁沿黄高地、宁夏平原、内蒙古河套平原、山西汾河涑水、陕西关中、河南及山东引黄 8 大灌溉区，全流域的灌溉面积达 8 000 多万亩。几十年的成就，远超历史上 2 000 多年的发展水平。

## 第三节　农田水利及水资源利用管理思想

从古到今，黄河流域先民在农田水利灌溉和农业生产实践中不断总结经验，并反复思考，由此产生了一系列农业水资源利用管理思想。

## 一、《管子》中的农田水利及水资源利用管理思想

水是农业的命脉，《管子》把农事列为国家之本，自然对农田水利也十分重视。《管子》对水的管理主要体现在两点：一是涝时排水；二是旱时灌溉。《管子》中关于水的论述多集中在《水地》《度地》等篇，其中《管子·度地》篇称得上是我国现存最早的水利技术理论作品。《管子·度地》首先把国家面临的自然灾害分为五类，而水害居其首位，认为"故善为国者，必先除其五害……水，一害也；旱，一害也；风雾雹霜，一害也；厉，一害也；虫，一害也""五害之属，水最为大。五害已除，人乃可治"[①]。《度地》分析对策，"请除五害之说，以水为始"[②]，把水利作为国君治理国家的首要任务，这也是《管子》与其他诸子不同的地方。随后，该篇又把自然界的水分为"经水""枝水""谷水""川水""渊水"[③]五类。所谓"经水"，是出于山而入于海的水；所谓"枝水"，是从他水流入大水及海的水；所谓"川水"，是出于地沟而流于大水及海的水；所谓"谷水"，是从山沟流出的水；所谓"渊水"，是水出于地而不流的水[④]。分类的好处是便于对水进行合理利用以及对水害进行有效的治理。既然水对于安邦定国如此重要，那么要怎样有效治理水害和利用水资源呢？《管子·度地》指出，"因其利而往（注）之可也，因（其势）而扼之可也，而不久常有危殆矣"[⑤]。对这五类水，可以因势利导，也可以遏阻堵截，但这都不能从根本上解决水害，早晚还是要泛滥的。作者在分析水害发生的原因时，对水性作了细致地分析，"水之性，行至曲必留退，满则后推前，地（河床）下则平（缓）行，地（河床）高即控（失控），杜曲则捣毁。杜曲激则跃[⑥]，跃则倚（偏斜），倚则环（盘旋），环则中（形成旋涡），中则涵（涵容泥沙），涵则塞（淤塞），塞则移（他移），移则控（失

---

① ［春秋］管仲撰：《管子·度地》，国家图书馆出版社，2004年，第4-5页。
② ［春秋］管仲撰：《管子·度地》，国家图书馆出版社，2004年，第5页。
③ ［春秋］管仲撰：《管子·度地》，国家图书馆出版社，2004年，第5页。
④ 董恺忱，范楚玉主编：《中国科学技术史·农学卷》，科学出版社，2000年，第68页。
⑤ 此句据《管子集校》引王念孙、许维遹意见校改。
⑥ 许维遹认为，"杜"与"土"通，"杜曲"即地曲。郭沫若认为，"杜"同"堵"。堤岸之弯曲处，如为土，则水将捣毁之；如为崖岸，则水被激而飞跃。见《管子集校》。

控），控则水妄行；水妄行则伤人……"①

对于水的具体利用与治理，认为修筑堤防不仅在涝时可以排水外，旱时也可以用来灌溉农田。因此，《度地》提出应根据齐国的气候特点适时修筑堤防设施。"春三月，天地乾燥，水纠列之时也……故事已，新事未起，草木荑，生可食……土乃益刚。令甲士作堤大水之旁，大其下，小其上，随水而行。地有不生草者，必为之囊。大者为之堤，小者为之防，夹水四道，禾稼不伤。岁埤增之，树以荆棘，以固其地，杂之以柏杨，以备决水。民得其饶，是谓流膏。令下贫守之，往往而为界，可以毋败"②。在春季，雨水未下，土地干燥，河水清冽之时。恰好又处于农闲季节。土粒易成形，因此是修筑堤防的最佳时间。对修堤防也有规定，堤要尽量大，还要在堤上种植物草被以保持水土。植被也要杂种多种，防患于未然。夏、秋、冬三季则不能同时具备上述几个有利条件，如夏三月正是农忙时节，修筑堤防则会贻误农时；秋三月，土壤含水量大，"土弱难成"；冬三月，"大寒起"，取土困难，且"土刚不立"，"不利做土功之事"③。可以看出，这里讲到了沿水筑堤，把不长草的地方辟为蓄水池，四周修堤防以保护庄稼，种上荆棘以固土护堤，种上柏杨之类树木以备修堤治水之需，平时派下贫守护，实行分区管理的责任制等，已形成配套的技术措施和管理制度。

尤其可贵的是文中总结了变水害为水利的经验，提出了发展灌溉的设想："夫水之性，以高走下则疾，至于漂石；而下向高，则留而不行，故高其上。领瓴之，尺有十分之三，里满四十九者，水可走也。乃迁其道而远之，以势行之"。对"故高其上。领瓴之，尺有十分之三，里满四十九者，水可走也"这段文字有各种不同的解释，但基本意思还是清楚的。它指的是筑坝截流，提高水位，然后引水分洪，甚至可以灌溉他处高地。对这种情况，在《管子·地数》中有更为简明地概括，这就是"夫水激而

① 《管子集校》引姚永概云："环谓水圆折之时。圆折则盘旋而有中矣。涵，容也。既旋成中，则泥沙必随之而涵容。涵容多则塞。塞之既久，水不能旋，则移而他去。他移则控叩，控叩必妄行也。"

② ［春秋］管仲撰：《管子·度地》，国家图书馆出版社，2004年，第5页。

③ ［春秋］管仲撰：《管子·度地》，国家图书馆出版社，2004年，第7页。

流渠"。

为能够充分利用水资源，在《管子·地员》中还考虑了土壤水分与植物的生态关系。植物的生长需要水分，土壤水分的多少都直接影响着植物的生长。土壤水分过少，植物会受到干旱的威胁，同时，由于好气性细菌的氧化作用强烈，使土壤有机质含量贫瘠，造成植物缺养；土壤水分过多，常对植物产生毒害作用，只有排水良好，蓄水力强的土壤，才是适于植物生长的优良土壤。《地员》对土壤水分的保持、透水性能有着深入地分析，指出"五粟之土，干而不格，湛而不泽"，它"淖而不肕，刚而不鰲，不泞车轮，不污手足"，故被列为"群土之长"。"五谷之状娄娄然，不忍水旱……蓄殖果木，不若三土（粟土、沃土和位上）以十分之三"。这种土壤显然是持水性能差，而且十分贫瘠，所以被列为"下土"。

《管子·地员》还论述了土壤的水泉深浅与植物生长的关系。五施之土，"渎田息徒，五种无不宜"；三施之土，"黄唐无宜也，唯宜黍秫也"；一施之土，"黑埴，宜稻麦"。这说明地下水位适宜，土壤质地良好，宜于土壤中空气流通，适于种植五谷；而地下水位过浅，土质较差，土壤中无足够的氧气供应，就只能种植适应力强或耐湿的植物。

## 二、《吕氏春秋》中的农田水利及水资源利用管理思想

除了记载抗旱保墒技术外，在《吕氏春秋》中其他各章节也谈及一些农业水资源利用管理的思想观点。《吕氏春秋》中表现出对农田水利极高的重视程度。书中数次提及传说中禹平水土的故事。如在《古乐》篇中讲到，"禹立，勤劳天下，日夜不懈。通大川，决壅塞，凿龙门，降通漻水以导河。疏三江五湖，注之东海，以利黔首"。《爱类》篇中说，"昔上古龙门未开，吕梁未发，河出孟门，大溢逆流，无有丘陵沃衍，平原高阜，尽皆灭之，名曰'鸿水'。禹于是疏河决江，为彭蠡之障，干东土，所活者千八百国。此禹之功也"。这实际上是借传说表明作者对治水而保护和改良耕地的高度认同。此外，在《吕氏春秋·乐成》中还对战国魏襄王时邺令史起引漳水来灌溉邺地的农田，冲洗土壤中的盐碱，使当地恶卤之地长出来粮食的做法大加赞颂。

《吕氏春秋·十二纪》在谈到各个季节农田水利需要进行的环节时提

出了一系列独到见解。例如，在《季春纪》中强调春季"时雨将降，下水上腾"，要"循行国邑，周视原野，修利堤防，道达沟浍，开通道路，毋有障塞"。《季夏纪》中强调夏季"土润溽暑，大雨时行"，须"烧薙行水，利以杀草，如以热汤，可以粪田畴，可以美土疆"。这句是说，由于夏季气候潮热，土地湿润，经常下大雨，应当充分利用这个季节来锄草，把草晒干后焚烧，再淋下雨水，等太阳曝晒后水温升高，有利于杀死杂草，是一种科学利用水资源的农业生产方式。《孟秋纪》中则强调了秋季，万物成熟凋落，雨水比较多，"农乃升谷……命百官始收敛，完堤防，谨壅塞，以备水潦"。从这些见解中也凸显了该书作者已深刻认识到农田水利在农业生产全过程中都不可荒废。

## 三、《齐民要术》中的农业水资源利用管理思想

水利灌溉在于保障作物生长所需的基本水分。若能够保证土壤中水分尽可能不流失，就可以替代部分水利灌溉的功能，这其实也是抗旱保墒的出发点。同时，古人也考虑到若能够保证植物体内水分尽可能不流失，也能够保证作物所需水分而减少灌溉。《齐民要术》中所提出的观点便是这方面的代表。

《齐民要术》首先观察的植物生理需水情况，并深刻认识到不同作物长期生活在不同的生态条件下形成不同的生活习性，它们对水分的要求和消耗、吸收水分的能力是各不相同的。《齐民要术》中常常提到某一种作物"宜水"，某种作物"性炒"。这里的"性炒"实际上指的便是耗水量大，这些反映了古人对作物的需水特性的认识。在此基础上，根据不同的作物采取不同的土壤耕作和灌溉措施，以保证各种作物生长所需要的水分。例如，在介绍种大豆时，便提到"大豆性炒，秋不耕则无泽也"。实际上就是因为认识到大豆耗水量大，所以要求秋收后要迅速秋耕保墒。

《齐民要术》成书前，古人也已认识到植株中的汁液与植物生命力之间的密切联系。例如，《论衡·无形》中就提到"更以苞瓜喻之。苞瓜之汁，犹人之血也；其肌，犹肉也。试令人损益苞瓜之汁，令其形如故，耐（能）为之乎"。在这一认识基础上，《齐民要术》提出在修剪植物要在植

物的休眠期其体液停止流动时进行，否则就会"白汁出则损叶"①。扦插时插条要在下面的一头烧二三寸，以免汁液的流失。例如，《齐民要术·安石榴第四十一》记载，"栽安石榴法：三月初，取枝大如手大指者，斩令长一尺半，八九枝共为一窠，烧下头二寸。不烧则漏汁矣"。借助大豆为瓜苗起土，当瓜苗出土后，豆苗要掐掉，则用其汁液润泽瓜苗。

《齐民要术》还记载了古人已认识到在植物移栽、修剪等工作中要注意保持植物体内的水分平衡。例如，在旱稻移栽时，"其苗长者，亦可捩去叶端数寸，勿伤其心也"②。这是用减少叶面积的方法，来降低水分的消耗，保持植物体内水分的平衡，提高移栽的成活率。茄苗的移栽，要趁下雨时，"合泥移栽之""若旱无雨，浇水令彻泽，夜栽之，白日以席盖，勿令见日"③。尽量吸收和保持水分，尽量减少因蒸腾作用而造成的水分损失。桑树修剪时，"秋斫欲苦，而避日中；触热树焦枯，苦斫春条茂。冬春省剥，竟日得作"。因为秋天修剪时，天气尚热，如果在中午进行，剪口受到日晒，会丧失过多的水分；冬春气温较低，修剪则可全天进行。可以看出，这些措施是试图最大限度保存作物体内的水分。

## 四、北宋对引黄淤灌的深入认识

北宋时经历了大规模引黄淤灌的实践后，人们对于引黄淤灌的认识较之前代有了更为深入的认识。尤其是对淤灌的运动规律有了更深入的认识。突出表现在两个方面。

第一，更加注意对放淤区域进行人为控制。即便到北宋初年，让河流自然泛滥淤灌农田还比较普遍。这样，一些不需放淤的好农田也会被淹浸。熙宁年间的放淤已开始注意兴建斗门、涵洞、溢流堰、引水渠等工程设施来加强放淤管控。在勘测基础上，对放淤范围做到心中有数；然后利用地形筑堤修堰开渠，使放淤有控制有顺序地展开。时人在汴河两岸就创

① ［北魏］贾思勰原著；缪启愉校释：《齐民要术校释·种桑柘第四十五》，农业出版社，1982年。

② ［北魏］贾思勰原著；缪启愉校释：《齐民要术校释·旱稻第十二》，农业出版社，1982年。

③ ［北魏］贾思勰原著；缪启愉校释：《齐民要术校释·种瓜第十四》，农业出版社，1982年。

造了"随地形筑堤，逐方了当"的施工方法，"以此免潦浸之患，遂有成功"①。也就是把放淤区用堤分隔成方格状，有计划地逐格放淤。

第二，开始从黄河泥沙成分的变化入手，来确定放淤时间，以达到更有效地改良土壤的目的。宋人在长期观察中发现了黄河水质与季节、水情、泥沙成分三者的关系，指出黄河泥沙的性质是随着季节转换的。如果将其用于改良土壤，就存在这样一个有规律的现象；夏季淤淀的是"胶土"，土质肥腴；初秋则是"黄灭土"，黏度小，有机物质含量低；深秋的泥沙为"白灭土"，霜降以后就会变成一滩沙②，不仅不能改良土壤，反而会加重土壤沙化程度。用现代土壤学术语：胶土即为黏土，黄灭土即为粉沙壤土，白灭土应为沙质壤土。季节变化，水情变化，沉积的土壤成分发生相应的改变，与现代土壤物理分析中所谓沉降法不谋而合。因此，放淤的最好季节是夏季六月中旬，引灌"矾山水"③ 使之淤淀后留下胶土，更有效地压盐碱肥田地。其次在初秋。过了这两个季节。就不易干开闸引水放淤了。这是古人对淤灌认识的一大进步。熙宁年间的放淤大多就是在这两个季节进行，所以才有汴河停航的出现。为此，还专门在开封西，系魏楼、荣泽、孔固、孙贾四处设置了分水闸。

---

① ［宋］李焘著；［清］黄以周等辑补：《续资治通鉴长编 卷二百六十四 熙宁八年五月甲戌》，上海古籍出版社，1986年。

② ［元］脱脱等撰：《宋史 卷九十三 河渠志》，中华书局，1977年。

③ 因水流携带泥沙中含有较多的矾石成分故名"矾山水"。

# 第五章 治黄事业中的黄河流域水生态文化

黄河是黄河流域生态系统中的主体，黄河是否得到有效治理对黄河流域经济社会发展至关重要。又由于黄河流域长期是国家的政治、经济、文化中心，所以黄河治理又关系国运。黄河流域尤其是黄河中下游地区水利工作的核心任务便是治黄，这与其他流域有很大不同。

## 第一节 历代黄河治理活动

治理与利用黄河是历代治国兴邦的大事，在我国史书上有关河渠、沟、五行、地理志等的记载中，多是关于黄河治理与利用的，所涉及典籍之多，为世界各大河之冠。尤其是在防洪等方面的创造，在世界水利史上可谓独具特色。由于早已意识到治理黄河的重要性，所以历朝历代都留下了治黄的墨迹。

### 一、古代治黄事业所孕育的水生态文化

华夏祖先治黄活动起始于共工治水的传说，相传共工氏族居住于共，可能是今河南辉县一带。这里濒临黄河，但由于黄河经常发生洪水泛滥，因此，共工氏族便承担起了治水任务。据说他们从高处把泥土石块运来，填在低处，又筑起堤坝抵挡洪水，还取得了成效，因而受到各氏族的赞扬。此后，共工成为治水世家，"共工"也成为水官的代名词。由此看出，中国早期先民的治水最初是从"堵"开始。

到了传说中的尧帝时代，黄河流域依然是"汤汤洪水方割，荡荡怀山襄陵，浩浩滔天。下民其咨""洪水横流，泛滥天下"的景象。尧首先派鲧治水。鲧依然沿用共工"障"的老办法。据说他筑起三仞高的城，大概是要把居住区和田地用堤岸围起来，以隔绝洪水。但由于那时洪水更大，所以鲧治了多年还是没有成功，因治水失败被杀。尧随即任用鲧的儿子禹继续治水。

禹吸取鲧治水失败的教训，治水的方法不同于共工和鲧，采用疏导的办法，"高高下下，疏川导滞"。即根据水从高处向低处流的自然趋势，顺着地形把积聚的洪水引入经过疏通的河道或低地，然后再引向大海。在疏通河道、增加河流的泄洪能力的同时，禹也充分利用湖泊和低地分洪，将一部分洪水拦蓄起来，以减轻对居住区和河道的威胁。经过禹的治理，洪水全部归入河槽，原来洪水泛滥的地方又适宜从事农耕和蚕桑了。

大禹治水成功后，又历经几千年，到春秋战国时在黄河下游两岸修筑堤防，是治黄史上的第一项重大工程。《国语·周语》中记录了周厉王时的大臣邵公的一段话，"防民之口，甚于防川。川壅而溃，伤人必多。民亦如之"。这说明在公元前9世纪中叶，堤防已经出现了。齐桓公三十五年（前651年），当齐桓公与诸侯在葵丘会盟时，就把"无曲防"作为盟约的一项内容。由此可见，至迟到公元前7世纪中叶，黄河下游沿岸筑堤已经相当普遍了。

到了西汉武帝元光三年（前132年），黄河在濮阳瓠子堤决口，溃水流向东南，注入巨野泽，与泗水汇合后流入淮河。汉武帝"瓠子堵口"就是在这种背景下发生的。元封二年（前109年），汉武帝下决心堵塞决口，命令汲仁、郭昌主持，动用几万民工参加，自己亲临现场。斩伐淇园（今河南淇县西北）的竹子编为容器，盛石子堵塞决口，使黄河恢复故道。据《史记·河渠书》记载，汉武帝"沉白马玉璧于河。令群臣从官自将军以下，皆负薪填决河。是时东郡烧草，以故薪柴少，而下淇园之竹以为楗"。决口被成功堵塞后，汉武帝下令在决口之上修建了宣房宫以示纪念。

到王莽篡汉时，河南郡荥阳县境内的河道发生重大变化，导致黄河与济水分流的地方堤岸严重坍塌，造成黄河、济水和汴水各支流乱流的局面。至东汉光武帝建武十年（34年），黄河以南漂没的范围已达数十县。

直到永平十二年（69 年），汉明帝才接受王景的治河建议，开启了史料中所记载最早的一次大规模治河工程。据文献记载，"永平十二年，议修汴渠""遂发卒数十万，遣景与王吴修渠筑堤，自荥阳东至千乘海口千余里""永平十三年夏四月，汴渠成……诏曰：'……今既筑堤、理渠、绝水、立门，河、汴分流，复其旧迹'""景虽节省役费，然犹以百亿计"。从这些记载可看出，王景带领士卒开凿阻碍水道的山阜，破除河道中原来有的阻水工程，堵截横向串沟，防护险要堤段，疏浚淤塞的河段和渠道。既治理了黄河，修筑了自荥阳至千乘海口的千里长堤，又治理了汴渠，即"理渠""决水立门"和"十里立一水门，令更相洄注"[①]。该工程不仅遏制了黄河南侵，还恢复了汴渠的漕运，取得了良好的效果。东汉王景治河以后，黄河进入了一个相对安流的时期，一直到唐中期。

到了隋唐时期，由于黄河中游人口增多，土地大量开垦，森林植被遭到破坏，黄河泥沙量大大增加，进入第二个泛滥期。

关于隋唐时期的黄河治理，隋代缺乏记载。但是隋炀帝开凿的大运河就是对黄河的最有效治理。引黄河支流沁河水通往北京的永济渠和引黄河水通往东南去的通济渠实际上都是让黄河水分流，自然可以减少下游水患。史书记载的唐代治河活动也是屈指可数，但从这些治河活动中可窥见最高统治者对黄河治理的高度重视。开元十年（722 年）六月的博州（今山东聊城东北）治河，朝廷派博州刺史李畬、赵州刺史柳儒、冀州刺史裴子余"乘传旁午分理兼命按察使萧嵩总其事"[②]。派大臣统领此事，又令附近三州最高长官协助办理，可见这次治河工程规模之大。

五代时，后唐、后晋和后周都有治河活动。尤其是后周世宗柴荣即位后，面临黄河"连年东溃，分为二派，汇为大泽，弥漫数百里""屡遣使者不能塞"的严重局势，派宰相李谷亲至澶、郓、齐（今山东济南）等州，"按视堤塞，役徒六万"[③]，用了一个月时间，堵住了多处决口。

---

① ［宋］范晔撰；［唐］李贤等注：《后汉书 卷七十六 王景传》，中华书局，1965 年，第 2465 页。

② ［北宋］王钦若等编：《册府元龟 卷四百九十七 邦计部·河渠二》，中华书局，1960 年，第 5951 页。

③ ［宋］司马光编著；［元］胡三省音注；"标点资治通鉴小组"校点：《资治通鉴 卷二百九十二 后周纪三》，中华书局，1956 年，第 9519 页。

　　宋元时期，由于黄河流域的生态环境持续恶化，河流湖泊淤塞湮废，土地沙化、盐碱化，导致黄河中下游河患频繁。面对日益加剧的黄河水患，宋、金、元统治者视治河为治国理政的要务之一，非常重视，但是治河效能迥异。北宋时由于治河问题争而不休，结果虽兴河工甚多，但成效很小。其中以北宋后期的三次回河之役为当时最大的治河工程，这三次回河之役都没有成功，劳民伤财。其主要原因有二：一是只看到北流出现的灾害，没有看到北流地势比较低的优点，执意逆水之性，使河水回到已经淤高的故道中去；二是回河时没有对故道进行全面的疏浚，所开凿的河道又过于浅狭，不能容纳洪水，造成不断决溢。金朝沿袭宋制，在治河方略上仍以防御为主。

　　宋元时期的治河应数元代贾鲁治河成效最大。至正十一年（1351 年）四月，在丞相脱脱的支持下，贾鲁调动黄河南北沿岸的汴梁（治今河南开封）、大名（治今河北大名南）二府民工十五万人以及庐州（治今安徽合肥）等处驻军两万人，投入治河工程。至当年九月黄河回归故道。贾鲁在短短的五个月里，一举堵塞泛滥七年的决口，解除了当时的黄河水患。

　　明清两代定都北京，由于贯通南北的京杭大运河与黄河形成交叉状态，使黄河易溃决与运河易淤塞交织在一起。因此，明清两代治黄的目的就是保障漕运的畅通。

　　在明代前期（1368—1505 年），为解除黄河北岸决溢冲向山东张秋运河，这一时段的主要治河措施是自永乐年间河南府黄河北岸的孟县沿黄河向东大修堤防，尤其是景泰年间的治河专家徐有贞筑起了沙湾（今山东张秋）堤，弘治年间的治河专家白昂、刘大夏二人在黄河北岸筑起了数百里的被称为"太行堤"的长堤，与永乐年间在河南孟津县、武陟县、阳武县的滨河大堤连接起来，张秋运河遂无溃决之患。到明代后期（1506—1644 年）黄河决溢直接影响到济宁至淮安段运河的畅通，治理黄河的重心也转移到济宁至淮安段运河。这一时段的主要治河措施是在黄河下游两岸"筑堤束水，以水攻沙"①。万历十五年（1587 年），潘季驯对南直隶、山东、

---

　　① ［明］潘季驯撰：《河防一览 卷二》，《文渊阁四库全书 史部第 576 册》，台湾商务印书馆，1986 年，第 171 页。

河南等地堤防闸坝进行一次全面整修加固，修筑了自创的遥、月、缕、格等堤与旧堤相结合，扭转了弘治以来河道"南北滚动、忽东忽西"的混乱局面，使运道畅通。

到清代康熙年间，黄河下游几乎无岁不决口，对漕运造成严重威胁。康熙十六年（1677 年），康熙皇帝任命靳辅为河道总督，并把"三藩、河务、漕运"①列为三大事，书于宫中柱上，用以时时提醒自己。但到嘉庆道光年间，清政府腐败无能，黄河下游河道泛滥已到了不可收拾的局面。

## 二、近代以来治黄事业所孕育的水生态文化

道光十一年（1831 年），林则徐就任东河河道总督时发现在黄河上御水用的秫秸"埽工"之弊端，提出用石料修河工，在河南境内是首创。道光二十一年（1841 年），黄河在河南祥符（今开封）三十一堡决口，林则徐又奉旨，兼程前往祥符堵塞决口并获成功。这次堵口工程历时八个月，是当时河南境内较大的堵口工程。到咸丰五年（1855 年）黄河在兰阳铜瓦厢（今河南兰考东）改道东流前，京杭大运河已退出历史舞台，但黄河治理仍处于被动状态。

民国前期在河南、河北、山东三省设有河务局或河防局。到 20 世纪 30 年代成立了全流域的治黄机构——黄河水利委员会。但由于治河经费极为有限，全面的修治工程基本不可能，加之无法统一筹划，治河官僚中贪污腐化成风，造成黄河下游的河防年久失修、残破已甚。在民国的 38 年中，黄河堤防有 17 年发生溃决，给人民带来深重的灾难。

中国共产党彻底改变了历史上这种治理黄河的不利局面。1946 年，中国共产党领导成立了冀鲁豫解放区黄河水利委员会，翻开了人民治黄的新篇章。新中国成立后，毛主席发出"要把黄河的事情办好"的号召。沿黄军民和黄河建设者开展了 4 次大规模堤防建设，兴建了龙羊峡、刘家峡、小浪底等一批重要水利枢纽。取得了数十年伏秋大汛不决口泛滥的巨大成就。黄土高原的水土保持也有较大成效。实现了从被动治理到主动调

---

① 中华书局影印：《清圣祖实录·卷一五四·康熙三十一年壬申春正月辛亥朔》，中华书局，1986 年，第 701 页。

控并很好利用的重大突破。党的十八大以来，中国共产党重视生态文明建设、实现绿色发展是根治河患的治本之策。习近平总书记多次实地考察黄河流域生态保护和发展情况，在黄河流域生态保护和高质量发展座谈会上，习近平总书记提出，"共同抓好大保护，协同推进大治理，着力加强生态保护治理、保障黄河长治久安、促进全流域高质量发展、改善人民群众生活、保护传承弘扬黄河文化，让黄河成为造福人民的幸福河"①。

## 第二节　历代治黄思想

自传说中最早的共工治水至今，在长期的治河实践中，人们逐步认识了黄河的特性，在不断总结治河经验教训基础上提出新的治河思想，有些治河思想自古沿用至今，在治理和保护黄河的长期实践中一直发挥重要作用。

### 一、古代治河思想

从传说中最早的共工治水到鸦片战争前，古人通过展开一系列治河实践，不断积累经验，并不断提升治河思想和理念。

#### （一）先秦治黄思想

传说中的共工和鲧都曾组织部族民众铲高处之土垫低地，堵塞洪流的方式，想以此断绝水患。用土堤挡水而不疏通河川，水则漫流不遵其道，所以效果并不理想。但是在黄河文明发展之初，古人就能从被动的"择丘岭而处之"发展为主动的"壅防百川"；由消极逃避洪水，转向积极地堆土设围防治洪水。这是华夏先民对自然重力作用下的水体避高就下自然规律的第一次成功运用，是治理水患思想的重大突破，适应了当时原始状态下生产力的发展水平。

大禹正是吸取了共工和鲧的治水经验，认识到水的运行规律，避高就下是其基本规律，只堵不疏解决不了问题，必须采取侧堵下疏。提出"因

---

① 习近平：《在黄河流域生态保护和高质量发展座谈会上的讲话》，《奋斗》，2019 年第 20 期，第 7 页。

水之性""高高下下，疏川导滞"①"决九川，距四海，浚畎浍距川"② 的
治水方法，即"因水以为师"，利用水自高处流往低处的自然趋势，顺地
形疏通壅塞的川流，把洪水引入疏通的河道、湖泊及洼地，然后"合通四
海"，最终治理了洪水，平息了水患。此举开以疏治水之先河，取得成功。
这是对水体运动自然规律的又一次正确运用，是在原来治水办法逆向思维
的基础上，迈向了堵疏结合、人控河道排洪的新时代。但其治黄方式，仍
停留在线形，即河道治水的层面上，而且很不彻底，只治到九流入海。

### （二）西汉贾让的分流之法

西汉哀帝时的贾让，提出有名的"治河三策"，将治河思想又提升到
一个新的高度。

贾让提出的上策是人工改道，在遮害亭（今河南省安阳市滑县西南）
掘开河堤，让河水北流（实际上偏东北）入大海。他认为，由于西面有太
行山及其余脉在地形上的限制，东面有现成的金堤阻挡，河水不会泛滥得
太远，一个月之内就会形成新的河道。至于新河流经的冀州，当然要有大
批百姓迁移，但与其每年要在沿河十多个郡花大笔钱来修筑堤防，万一决
口损失更大，还不如将几年的修堤费用集中起来，用于安置移民。他认
为，如果实行这一办法，就能"河定民安，千载无患"。

贾让的中策是"多穿漕渠于冀州地，使民得以溉田，分杀水怒"。开
渠的目的一是为了灌溉，二是为了分洪。具体的计划是从遮害亭一带向北
新筑一条渠堤作为渠道的东岸，利用西面的山地作为渠道的西岸。然后用
石料加固黄河自淇口至遮害亭的堤防，在这段堤上建造若干水门。同时，
在新筑的渠道东堤上也开若干水门，这样在黄河干道和新渠之间就组成了
许多分水渠，早时打开渠道东南的水门引水灌溉，遇有洪水时就打开渠道
西面的水门分泄洪水。此外，还可以利用渠道发展水运。当时沿河负责守
护整修堤防的官吏士兵每郡都有数千人，采购草石料的费用每年也要几千
万，用这些人力物力就足够建成渠道和水门了。他认为，中策虽不如上策

---

① ［清］徐元诰撰；王树民，沈长云点校：《国语集解·卷三 周语下》，中华书局，2002 年，第
95 页。

② ［汉］孔安国撰；［唐］孔颖达等正义：《十三经注疏·尚书 第五 益稷》，上海古籍出版社，
1997 年，第 141 页。

那样根本解决问题，但也能"富国安民，兴利除害"，并可维持数百年。

至于继续以修缮堤防为主，致力于加高培厚现有堤防，即使投入再多的人力物力，还是免不了经常出问题。贾让认为这是下策，是不足取的。

总之，贾让的"治河三策"是我国现存最早的一篇比较全面的治河论文①，其中既有对当时黄河下游河患形势的分析，也有解决问题的不同对策；不仅考虑到了防洪，而且兼顾了灌溉、放淤、改土和通航。他的建议虽然未能付诸实践，其中显然也有不切实际或不尽合理的部分，但在2 000多年前就能如此全面地规划黄河下游的治理，充分反映了当时技术水平和观念的进步，是难能可贵的。三策中的合理成分至今仍有现实意义。

### （三）东汉王景的宽河行洪之法

东汉明帝（58—75年）时，黄河不断南侵，造成黄河、济水、汴河乱流的局面。直到永平十二年（69年）明帝召见王景后，才决定治河。王景受命治河，他治河的主导思想是开挖一条新河道，实行宽河行洪。首先，他选择了当时地势最低的天然洼地作为新河道的走向，"修渠筑堤，自荥阳东至千乘海口千余里"②，有利于排洪排沙。其次，他采用了具有广阔滩地的宽河道，可以调洪削峰，调整泥沙的淤积，起到滞洪落淤、淤滩刷槽作用。最后，王景对新河道进行了堤防修筑、河道疏深、水门建置、裁弯取直等彻底整修。最关键的"十里立一水门，令更相洄注，无复溃漏之患"，比较合理的解释是：在济水（此处即汴水）与黄河相交处除了原有的引水口（荥口）外，另外开一引水口（济口）。这样济水与黄河之间就有了两个引水口和两条引水道，都设置了水门，两个水门间相差10里。之所以要开两个水门，是为了适应黄河流域的变化，以便根据需要与可能作控制和调节，以保证正常引水。与旧河相比缩短了距离，河道比较顺直。这次整修也是黄河出现长期安流的重要因素之一。

### （四）元代贾鲁治河方针

元代贾鲁治河的方针是疏、浚、塞并举，即筑塞北流，挽河向东南归

---

① 葛剑雄，胡云生著：《黄河与河流文明的历史观察》黄河水利出版社，2007年，第131页。
② ［宋］范晔撰；［唐］李贤等注：《后汉书·卷七十六 王景传》，中华书局，1965年，第2465页。

入故道。为了使黄河能在向北的决口堵塞后顺利回到故道，作为第一步，他首先整治旧河道，疏浚减水河。从白茅口南的黄陵冈起开了 10 里新河道，至南白茅；又开了 10 里新河，至刘庄接入故道；从刘庄至专周一段的 102 里 280 步则利用旧河道加以疏浚从专固至黄固，又开新河道 8 里；最后一段是从黄固至哈只口的 51 里 80 步，疏浚利用了旧河道。同时，他预先考虑到堵口后堤防的安全，设计了分洪泄流的减水河，自凹里开了 3 里 40 步的新河，又疏浚了 82 里 54 步的旧河道；再从张赞店开 13 里 60 步新河至杨青村，接入故道。工程总共新开和疏浚河道 280 里 54 步。

总之，由于贾鲁治河对工程有全面的规划，堵口方式大胆且创新，为黄河的治理积累了经验，不失为一项重大贡献。

### （五）明代潘季驯的以堤束水和以水攻沙之法

直到 16 世纪后半期的明朝隆庆年间，治理黄河的方针还都是以治水为目标，无非是疏、浚、塞几种手段，都着眼于洪水的堵截或疏导。但人们逐渐认识到，黄河的根本问题是泥沙，不解决泥沙的淤积，再好的工程防治也难以持久。隆庆末年任总理河道的万恭在他的《治水筌蹄》一书中写道，"水专则急，分则缓；河急则通，缓则淤"。在这一认识的基础上，潘季驯抓住了黄河泥沙淤积这个根本问题，总结和运用了水沙运行规律，更明确地提出了"以河治河，以水攻沙"的治河方针。这是由于"黄流最浊，以斗计之，沙居其六，若至伏秋，则水居其二矣。以二升之水载八斗之沙，非极迅溜，必致停滞""水分则势缓，势缓则沙停（淤积），沙停则河饱（河床淤高），尺寸之水皆由沙面，止见其高。水合则势猛，势猛则沙刷，沙刷则河深，寻丈之水皆有河底，止见其卑。筑堤束水，以水攻沙，水不奔溢于两旁，则必直刷乎河底。一定之理，必然之势，此合之所以愈于分也"。

为了达到束水攻沙的目的，潘季驯主张将两岸的分水口全部堵住，改分流为单一河槽。要做到这一点，牢固稳定的堤防就必不可少。潘季驯十分重视堤防，把它比作军事上的边防，"防敌则曰边防，防河则曰堤防。边防者，防敌之内入也；堤防者，防水之外也。欲水之无出，而不戒于堤，是犹欲敌之无入，而忘备于边者矣"。他把所设计的堤防工程分为四种，即缕堤、遥堤、格堤、月堤。缕堤要筑在尽可能逼近河槽的地方，以便在洪水期间缩小河床的断面，加快主槽流速，提高水流挟带和冲刷泥沙的能力。因为缕堤就在河边，约束水道较紧，在湍急的水流冲激下会受到损伤，而且在洪水季节也难免不发生漫溢，因此在离河一里余或二三里处再筑一道遥堤，以备万一。缕堤束水攻沙，遥堤防止洪水，潘季驯认为采用这样的双重堤防，就能解决攻沙与防洪之间的矛盾。为了确保这一体制的安全，在缕堤和遥堤之间，每隔若干距离再筑一道纵向的格堤，万一缕堤决口，洪水遇到格堤阻挡，不至于冲击其他堤段。水在本格拦蓄，洪水退后就能流回主槽，还有淤滩固堤的作用。在特别险要的河段和弯道迎着水流一面，还在缕堤外面筑上一道月堤，起到双重加固的作用。

潘季驯感到仅仅依靠黄河本身的水量还不足以冲刷泥沙，特别是在下游水势平缓以后，所以提出在与淮河相交的清口以下利用淮河的清水来冲刷黄河的浊流。但在黄河洪峰产生后，淮河的水量就显得不足，会引起黄河的倒灌，为此他修了归仁堤和从清浦至柳浦弯的堤防，防止黄水南入洪泽湖和淮河；又在洪泽湖东岸筑高家堰，将淮河水全部拦蓄在洪泽湖中，抬高了湖内水位；再从清口注入黄河，以起到增加水量，加快流速，稀释泥沙的作用。

潘季驯的治河经验和具体措施在他第三、四次治河中得到了全面实施。在他第三次治河后，经过整治的河道在十余年间没有发生大的决溢，行水较畅。收到了"河道安流，粮运无阻"的成效。实现了治河由分流到合流、由治水到治沙这两个转变。在他第四次治河筑三省长堤后，黄河两岸的堤防已全部连接巩固，河道基本稳定。这些成绩都是同时代其他人所从未取得的。潘季驯的理论对后世也有深远的影响，300多年来一直为治河者所遵奉。清代治河就以"束水攻沙"为主要方针，康熙时的治河专家陈璜高度评价这一理论，认为是"自然之理""故日后之论河者，必当奉之为金科也"。近代水利专家李仪祉也赞扬他是"深明乎治导原理"。在西方近代科学技术传入我国以后，一些外国水利专家经过实地考察提出的治河意见，从本质上都没有超出潘季驯方案的范围。毫无疑问，潘季驯和他的治河理论在治黄史上和中国水利史上写下了光辉的一页，具有非常重大的意义。当今人们利用小浪底水库的蓄水对黄河进行调水调沙，其实就是对潘季驯以来"束水攻沙"理论的进一步实践。可见这一理论影响之深远。

但不得不承认，潘季驯的理论和实践存在很大的局限，他的治理只限于河南以下的黄河下游，没有注意下游泥沙的主要来源中游地区，更没有任何治理措施。由于中游的来沙源源不断，"束水攻沙"又不能将全部泥沙都排入海中，必定有一部分泥沙在下游河道中淤积起来，随着河床的不断淤高，河堤也必须越筑越高，形成高于两岸的"悬河"。因此，仅仅用这种治标的办法不可能从根本上解决黄河的水患，更不会就此长治久安，以后的事实已经证明了这一点。

### （六）明代周用和清代陈潢等的全流域治理思想

在长期的黄河治理实践中，明代人对黄河的水沙特性和规律有了更深入的认识，以总理河道周用为代表，提出沟洫治河说，认为人们只要在黄河流域遍修沟洫，便可利用沟洫的容水作用，达到滞洪减洪的目的。同时，周用也认为，要治理好黄河，仅凭政府的力量是不够的，需要发动天下之人，方能平治河患这一"天下之大患"。周用的沟洫治河说得到了同时代的徐贞明、徐光启等有识之士的赞同，他们进一步阐述和发展了兴修沟洫能变水害为水利的思想。

周用全流域治理的思想得到清人的继承和发展。清人陈潢、沈梦兰、许承宣等人主张治河不但要重视下游，也要重视中上游。但由于当时历史条件的限制，全流域治理的思想没有付诸实施，却对后世治河仍有一定的借鉴作用。

### （七）治黄思想中的各流派

从古代治黄思想中归纳总结，从治理河段上讲，有着眼于全局，即黄河流域，重点在下游口的"全河派"，以大禹为代表。也有专注下游疏浚河床，完善堤防的"下游派"，如西汉的贾让和明代潘季驯。从治理脉络上讲，又可分为"独流派"和"分流派"。

独流派以西汉张戎为代表，他主张利用河水本身的冲刷力自行刷深河床，确保黄河独流入海。宋代王安石提出用工具浚深河床，迫使黄河独流入海。明代潘季驯提出"坚固堤防，束水攻沙"，目的就是要让黄河独流入海的主河道得到治理。今天地图上流经黄淮平原北部的"废黄河"就是在他的努力下完成的，曾延续了三个世纪的黄河主干流。

分流派则认为，独流入海容易造成河床因泥沙淤积而抬高，导致黄河决口严重，因而提出分流治理。如西汉时代有济水、漯水诸河分流，明代嘉靖、万历年间黄河下游分流的河流有十几条。但这两朝的河患并未因此而减少，而且堤工比"独流"要大很多。原因是"分流"则水动力减弱，流弱沙淤；而"独流"则水动力强冲刷力大，沙随水去。

在治理对象上，又分为"治水派"和"治沙派"之说。"治水派"的重点是防止洪水漫决河堤。这种措施在西汉以前尚有一定的效果，因为那时黄河泥沙含量还不是很高。西汉以后，治河者认识到泥沙是河患的症结所在，因此提出"治水先治沙"。包括北宋王安石、明朝潘季驯提出的工具浚沙、束水攻沙等方案，然而，全力在下游治沙解决不了根本问题，要同时搞好中游的植树造林，水土保持才能达到标本兼治、事半功倍的效果。

## 二、近代治河思想

鸦片战争后，一些仁人志士在我国传统的治河思想基础上，吸收外国一些先进的治河思想和理论，提出一些治理黄河的新思想和新理论。

### （一）清末的治河思想

林则徐在任东河河道总督期间指出，"河工修防要务，关系运道民生，最为重大。河臣总揽全局，筹度机宜，必须明晓工程，胸有把握，始能厘工剔弊，化险为平"[①]。鉴于黄河埽工常被大溜淘涮，"埽前之水，辄至数丈"，造成防守困难，他提出以"碎石斜分入水，铺作坦坡，既以偎护埽根，并可纾回溜势"，以达到"工固澜安"[②]。为解除当时的江、淮之困，林则徐曾提出将黄河改道北流沿大清河入海（即现行河道）的设想。在他提出这一设想后不到二十年，黄河就发生了咸丰五年（1855年）的大改道，其行经路线与林则徐的设想完全相同。

魏源在对黄河下游的地理形势做了分析后，认为当时的旧河道已经难以为继，应该有计划地实行人工改道，否则黄河就会自行改道，给人

---

① 林则徐全集编辑委员会编：《林则徐全集·第1册》，海峡文艺出版社，2002年，第17页。
② 林则徐全集编辑委员会编：《林则徐全集·第1册》，海峡文艺出版社，2002年，第56页。

民带来巨大的灾难。可惜他的建议没被采纳。果然不出他所料，咸丰五年（1855年），黄河在河南兰阳（今河南省开封市兰考县）铜瓦厢决口改道。

### （二）民国时期的治河思想

随着西方水利科学技术的传入，民国时期的治黄思想也发生了重大变化，产生了诸如黄河治本论、中水位河槽说、综合开发利用等新思想。

黄河治本论是李仪祉是倡导的。李仪祉于1909年和1913年两次赴德国学习，回国后从事水利教学和研究工作。1922年，他就开始探索黄河水患发生的原因和根治的途径，写出了《黄河之根本治法商榷》一文。1932年夏至1935年，他出任黄河水利委员会委员长兼总工程师，进一步探讨了黄河的治本方略及治理措施。在此基础上，他提出了上中下游并重，防洪、航运、灌溉和水电兼顾的全流域综合治理的主张，把我国的治河思想向前推进了一大步。

中水位河槽说即固定河床说，这一主张是德国两位水利专家提出的。德国方修斯的"内外堤法，淤高两堤间滩地"以及恩格斯的"固定中水位复式河槽，使河流冲深，滩地升高"① 等都是想通过对下游河槽治理，以达到增加河流的挟沙能力，将泥沙送入大海的目的。还有李仪祉提出治黄的"小康"之策，和前人的"束水归槽"大致相同，主要是注重控制洪水流向。当时黄河水利委员会也提出了"固定中水位河槽"的下游治理计划，但是河床两岸的宽度不好掌握，实行起来难度较大。

综合治理开发的思想是著名的水利专家李仪祉、张含英等人倡导的。他们认为，单纯的黄河下游河道治理解决不了防洪问题，应该从发展社会生产、改善人民生活出发，对黄河上、中、下游统筹兼顾，综合治理，兴利除害，多方面开发利用水土资源。其中，李仪祉把西方近代技术和中国传统的治河经验结合起来，对黄河的治理进行了深入的研究。在这一基础上，他提出了在上、中、下游做全面治理的方案。主张在上、中游地区植树造林，减少泥沙的下泄量；同时在各支流上建拦洪水库，以调节水量，并且在宁夏、绥远（今内蒙古南部）、山西、陕西各省黄河流域及各省内

① 转引自程有为编：《黄河中下游地区水利史》，河南人民出版社，2007年，第309页。

支流广开渠道，以进一步削减下游洪水。对下游的防洪，他提出两点具体方案：一是开辟减河，以削减异常洪水；二是整治河槽。李仪祉主张采用德国水利学家恩格斯的办法，即固定中常水位河槽，按照各河段中常水位的流量，规定河槽的断面，按这一标准来修正主河道，规划各种工程设施，以达到冲深河槽、淤高滩地之目的。但由于当时黄河的水文资料很不完整，还不可能为确定中常水位提供可靠的依据。由于直到清代，我国的传统治河理论和方法都只注意下游河道的整治，自李仪祉开始提出上、中、下游全面治理的主张，意味着治河思想的一个重大进步，也是我国治河事业走向近代化的起点。

## 三、新中国治黄思想

人民治黄思想是在吸收古代和民国时期治黄思想的基础上，中国共产党人不断总结治河实践中的经验教训，逐渐摸索出一套保持黄河长久安澜的思想和方法。

### （一）黄河全流域治理计划的制定

新中国成立后，为了对黄河进行综合治理开发，国家专门的黄河研究组于 1954 年编制并完成了《黄河综合利用规划技术经济报告》。这次制定的黄河治理开发规划，是我国历史第一部全面、系统、完整的黄河综合规划，以后的规划大多在此基础上修改补充而成。它的实施，标志着人民治黄事业进入了一个全面治理、综合开发的历史新阶段。

### （二）新中国治黄思想的继承与创新

人民治黄思想的先驱和探索者是新中国成立后的第一任黄河水利委员会主任王化云，他汲取古代和近代治黄思想中的精华部分，在治理黄河四十余年的实践中，不断探索治河的有效途径，把治黄经验总结为"拦"（拦水拦沙）、"用"（用水用沙）、"调"（调水调沙）、"排"（排水排沙）四字，形成一套治黄方略，并在治河实践中逐步完善，成为人民治黄的指导思想。

第一是宽河固堤的思想。1947—1949 年，黄河下游连续三年发生洪灾，王化云带领同事们在防洪实践中，了解到当时的黄河堤防是在前代残留的堤身上修复的，堤身和堤基都存在不少隐患。基于以上认识，王化云决定对黄河下游采取"宽河固堤"的方略。在这一方略的指导下，实施加固培筑大堤，整理险工、废除民埝等防洪工程建设。

第二是蓄水拦沙的思想。1952 年全国水利建设的指导方针是由局部性的规划转向全流域性的规划，由临时性的措施转向永久性的工程，由消极性的除害转向积极性的兴利。王化云根据这一方针，在研究和总结中国古代治河方略的基础上，通过实地调查研究，初步认识到黄河"上冲下淤"的客观规律，提出"蓄水拦沙"的治河方略，把治理重点放到中上游。在这一方略的指导下，在黄河干流修筑了三门峡高坝大库。在渭河、北洛河、泾河等支流修筑十座水库，拦截进入三门峡水库的泥沙。为使上述水库使用寿命长久，同时在黄土高原进行了大规模造林种草的水土保持工作。

第三是上拦下排和两岸分滞的思想。三门峡水利枢纽建成并投入使用后，水库"蓄水拦沙"之后便发生了严重淤积。王化云从三门峡水库的失误中认识到"蓄水拦沙"治河方略存在的问题，提出了"上拦下排"的治河方略。他强调务必要大力加强水土保持工作，务必要充分利用下游河道的排沙能力。

第四是调水调沙的思想。调水调沙的治黄方略是在总结三门峡水库运用经验和泥沙科学研究的基础上逐步形成的。按照这一指导思想，他提出了依靠系统工程、实行调水调沙的治黄指导思想[1]。小浪底水库就是这一思想的产物，实现了水库高含沙水流排沙出库、减少库区淤积和冲刷了下游河槽，扩大了下游主河槽的排洪输沙能力。

第五是从"拦、用、调、排"调整为"拦、排、调、放、挖"[2] 的治黄思想。王化云于 1986 年 5 月概括提出了"拦""用""调""排"的四字治河方略。"拦"就是在中上游通过水土保持和干支流水库的死库容拦截泥沙；"用"即用洪用沙；"调"即调水调沙；"排"即排洪排沙入海。到 20 世纪末，将"拦、用、调、排"的方略调整为"拦、排、调、放、挖"的方略，即把"用"字换成"放"和"挖"二字。"放"，主要是在黄河下

---

① 王化云著：《我的治黄实践》，河南科学技术出版社，1999 年，第 253 页。
② 转引自河南黄河河务局编：《河南黄河志（1984—2003）》，黄河水利出版社，2009 年，第 69 页。

游处理利用一部分泥沙；"挖"就是挖河淤背，加固黄河干堤，逐步形成"相对地下河"。

# 第三节　历代治黄技术

面对黄河水患，后人在继承前人治河方法的基础上，吸取其治河成功与失败的经验教训，不断改进和提升治河技术。

## 一、古代治黄技术

### （一）筑堤技术的演进

修筑大堤是自古以来黄河治理的主要措施。传说中的共工部族最早修建原始的堤埂。鲧治水时，借鉴共工部族的堤埂，创制了筑堤障水。虽然鲧治水失败，但他开创的修筑堤坝治水的方法，对后世治理洪水产生了深远的影响。

在战国以前，黄河下游是漫流的，所以黄河在非常大的冲积扇中间不断地摆动。这样的好处就是在黄河下游不存在泛滥决口，因为它可以在不同的时期选择不同的河道，在相对宽广的地域里面自由流动。但是到了战国时期，一方面由于人口增加，居住和生产区域的扩大，已经不允许黄河下游继续保留大片的泛滥区了；另一方面，有的统治者以邻为壑，利用水来达到军事上所不能达到的目的。所以到了春秋战国时期黄河下游修筑了较大规模的堤防。

齐桓公在诸侯葵丘会盟时提出"无曲防"的禁令[1]，正是因为黄河下游的诸侯国以邻为壑，竞相修筑大堤。但将两岸的堤防连接起来，构成一个完整的系统，大概是在战国时期。

到战国时，黄河下游河道的堤防已有较大规模。西汉时贾让曾说："盖堤防之作，近起战国，雍防百川，各以自利。齐与赵、魏，以河为竟。赵、魏濒山，齐地卑下，作堤去河二十五里，河水东抵齐堤，则西泛赵、

---

[1] ［东汉］赵岐等注；［宋］孙奭疏：《四部要籍注疏丛刊·孟子 卷十二 告子下》，中华书局，1998年，第2759页。

魏，赵、魏亦为堤去河二十五里。虽非其正，水尚有所游荡"①。从中可以看出，齐国率先在黄河上修筑了堤防，导致洪水被齐堤挡住，结果洪水在赵、魏泛滥，赵、魏也相继修筑了堤防，这样河水就在约二十五千米宽的河床中游荡。显而易见，修筑堤防逐渐成了人们抵御洪水的主要手段。

两汉时期出现了石堤和八激堤，这使河堤更加坚固。当时在今河南境内的魏郡和东郡，将河堤临河的一侧用石砌护，人称石堤。它的作用是抵御水流的冲刷，防护堤身的安全，如同后世堤防的护岸或护坡。及至东汉中期，在卷县（今河南省新乡市原阳县西）又出现了"八激堤"。"八激堤"是当时的一大发明，它既能抵抗洪水的冲刷，又可推托溜势外移，比石堤的防护能力更强，如同后世河工上的短坝或垛。

西汉时期的黄河大堤"濒河十郡，治堤岁费且万万"，河防工程已达到相当的规模。据《汉书·沟恤志》记载，淇水口（今河南省安阳市滑县西南）上下，黄河已成"地上河"，堤身"高四五丈"（合 9～11 米），堤防也很高。

金元时期在修堤方面，人们开始注重土质的鉴别和选择，能够根据土色和土性把河土分为若干种类，认识到不同种类的河土有不同的用途，花淤土和沫淤土适于修堤，淤土适于覆盖堤面，这样保证了河堤的质量。

明代人在治河实践中，对修堤取土的地点有严格的要求，规定"必于（堤身）数十步外平取尺许，毋深取成坑致妨耕种，毋使近堤成沟，致水浸泛"②。这项规定既顾及堤防的质量，又不至于影响农业生产。明人对修堤所用的土质也有很高的要求，不但要选好土，而且土的干湿程度要得宜，以免因土壤过干或过湿而影响工程的质量；对修筑好的大堤要"用铁锥筒探之，或间一掘试"③，进行抽样检测，以确保大堤质量；修筑大堤要保持堤具有一定的斜坡度，"切忌陡峻，如根六丈，顶止须两丈，俾马

---

① ［汉］班固撰：《汉书 卷二十九 沟洫志》，中华书局，1964 年，第 1692 页。
② ［清］傅泽洪录：《行水金鉴 卷二十四 河水》，《文渊阁四库全书 史部第 580 册》，台湾商务印书馆，1986 年，第 386 页。
③ ［明］潘季驯撰：《河防一览 卷四 修守事宜疏》，《文渊阁四库全书 史部第 576 册》，台湾商务印书馆，1986 年，第 199 页。

可上下，故谓之走马堤”①，有助于减轻洪水对大堤的冲击力。

明代潘季驯对筑堤的质量要求很高，强调一定要用"真土"，不能混杂浮沙；一定要达到规定的高度和厚度，不惜工本。对筑成的土堤还要钻探取样，检查质量。清代在筑堤实践中，总结出筑堤的"五宜二忌"。"五宜"：一是"勘估宜审势"，要选择高的地方修堤，节省土方，堤线要顺直；二是"取土宜远"，要求在临河距堤二十丈以外取土，土塘之间要留土格，防止汛期堤根行溜；三是"坯头宜薄"，坯头薄了易于硪实；四是"硪工宜密"；五是"验水宜严"，硪实后以铁锥穿孔，依灌水多少确定合格与否。"二忌"分别是：忌隆冬施工，忌盛夏施工。兴修大堤应在春、夏之季②。在实践中运用这些筑堤经验，可以使堤防更为牢固。

## （二）黄河大堤的养护技术

古人不但在堤防修筑技术方面不断改进，而且也非常重视大堤的养护技术。

早在战国时，人们已经开始对黄河大堤进行养护。《管子》的《度地》篇中就提出了筑堤的最好时间是"当春三月"，因为这时气候干燥，气温适中，对施工有利，修成的堤防比较坚实，而其他季节都不大合适。又规定在河道旁筑堤时要顺着水势，堤底要宽，堤顶要窄。还规定对已筑成的堤防要派人看守，利用冬季加以整修。魏惠王时修堤专家白圭注意到大堤上的蚁洞的危害，提出要及时予以堵塞，以防"千丈之堤，以蝼蚁之穴溃"，并有一套堵塞的方法。

明代嘉靖年间出任总理河道的刘天和首创固堤护岸的植柳六法，即卧柳、低柳、编柳、深柳、漫柳、高柳，以防风固堤。根据不同堤段栽植柳树，成活后变为活柳堤岸，可维护堤身。培育成林，可作为河工料物。同时，在堤面和堤脚上，春初种上各种护堤杂草，这样整个大堤都处于柳树和野草的覆盖之下，起到了很好的保护作用。

清前中期沿黄河两岸按所辖地界分设管河的专职官兵和堡夫，运用签

---

① ［明］潘季驯撰：《河防一览 卷四 修守事宜疏》，《文渊阁四库全书 史部第 576 册》，台湾商务印书馆，1986 年，第 199 页。

② ［清］徐端撰：《安澜纪要 卷上 创筑堤工》，见任继愈主编：《中国科学技术典籍通汇》，河南教育出版社，1994 年，第 470 - 471 页。

堤发现大堤隐患，及时维修。每年初春"百虫起蛰"后，用长一米的尖头细铁签，上按丁字木柄，对大堤南北两坦进行签试，有南北相通的洞穴，名之"过梁"。大堤开挖以后，要分层行破填实，恢复原状[①]。同时还驯养猎犬和用火熏辣椒等办法，对獾鼠进行捕捉。还有在乾隆二十七年（1762 年）发明的大堤临河坦坡包淤之法，对保护堤身起到了良好的作用。当时黄河北岸的河南阳武一带堤防多为沙土筑成，由于多风扬沙，再加上风雨剥蚀，堤工遭到严重破坏。河督张师载提出用漫滩后的淤土在大堤的临河坦坡包淤，类似近代加固堤防所修的黏土斜墙。此后在多沙的地段，大多推广这一做法，对黄河大堤起到很好的保护作用。此外，清代还利用黄河水沙资源，采取放淤固堤。这种放淤的办法，不但加宽了堤身，还可降低临背悬差，减轻河水对大堤的压力。

### （三）堵口抢险技术

河水决口改道后，堵口归流就是一件大事。河工堵口技术始于西汉。当时黄河下游河工堵口有两种不同的方式：一是采用沿口门全面打桩填堵，瓠子堵口采用的就是此种方式；二是采用先从两边向中间进堵，待剩一缺口时，用两船夹载装石竹笼于一缺口一次堵合。这两种堵口方法在以后的河工中经常使用，在实践中不断得到改进和提高。

80 年后的建始四年（前 29 年），在河堤使者王延世的主持下在东郡堵口，声势虽没有瓠子堵口那次大，在技术上却有新的尝试。采取的方法是从决口的两端同时向中间堵，到最后一部分时，预先制成一个大的竹笼，其中填满石块，用两艘船夹着竹笼驶至缺，将船凿沉，与竹笼一起沉下，然后迅速充填泥土加以巩固。这与近代采用的立堵法已很相似。

到北宋时，在堵塞决口方面实现了立堵与平堵相结合的堵口方法。还在大堤上修筑木龙、石岸等护岸工程，并推广了埽工。石岸用来保护堤岸，可能类似石堤。埽工是宋代新兴的著名水工建筑物，既可以护堤，又能用于抢险堵口。

元代贾鲁在堵口技术上又有一定创新。在堵口安排上，贾鲁采取先堵

---

① ［清］徐端撰：《安澜纪要 卷上 签堤》，见任继愈主编：《中国科学技术典籍通汇》，河南教育出版社，1994 年，第 450 页。

小口、再堵大口的原则，先后筑塞了在专固的缺口，从哈只口至徐州路的300里间，修完缺口107处；接着又堵塞了凹里减水河南岸的豁口4处。与此同时，对北岸的250多里堤防作了全面的加固或重修。至此，就剩下堵口合龙一役了。

白茅口又名黄陵口，能不能将这口门一下子堵住，成了关键。因此，贾鲁作了相当周密的部署。他先修了三道刺水大堤，总长26里200步，用来分流减弱口门附近的水势。然后在黄陵口的南北两岸筑起截河大堤，一部分河水开始流入故道。但由于刺水堤和截河堤长度还不够，拦入故道的水量还太少，即将堵塞的口门还有"南北四百步，中流深三丈余"。由于此时黄河秋汛已到，贾鲁认为，如果再有迟缓，河水将全部涌入决河，故道会重新淤塞，前功尽弃，因此大胆设计了一个在水下做"石船大堤"的方案。在河上逆流排下27艘大船，每船前后都用大桅杆或长桩加上大麻绳、竹缆连接，组成一个方阵。又用麻绳竹缆将四周加固，防止散开。然后用大铁锚将船队泊定；并在两岸打下一批大桩，用七八百尺长的竹缆分别将各船拉住。船舱中稍铺些散草，再装满碎石，用合子板封闭；在合子板上排上两三层埽，用大麻绳缚紧。又在每船的头桅上缚上三道横木，用竹子编成高约一丈的篱笆，中间夹上草石，称为水帘桅。一切准备停当后，每船派出两名水手，手持利斧分别等在船的头尾。只听岸上鼓声擂响，水手们一齐将船凿漏，不一会儿船队沉下，堵住决口。船下沉后，立即加高船上的埽段，当出水部分稍高时，又在上面压上更大的埽段。前面一组船下水后，后面一组如法炮制，直到形成一条船堤，并在船堤加修了三道草塌。最后在口门处下两丈高的大埽四五道，彻底堵塞决口，终于合龙，决河断水，故道复通。

明代的堵口抢险技术在实践中不断得到改进和提升。明代人能够根据决口的具体情况，采用不同的堵塞方法。上段决口后新口门以下未大量泄水、正河尚未断流的情况称为"溢决"。此种决口可不必立即抢筑，等水势平缓后再进行堵塞；上段决口后新决处下泄之水已成河的情况称为"通决"。此种决口比较严重，必须立即进行抢筑，挽河水回归故道。当黄河初决时，为防止口门扩大而先在口门两堤头下埽裹护的称为"裹头"。待水势稍缓，再从两头进占堵合。如口门溜紧，裹护困难，于本堤头退后数丈挖槽下埽的称为截头裹，待水冲刷至此处时被截住。若仍不奏效，应在口门上首"筑逼水大坝一道，分水势射对岸，使回溜冲刷正河，则塞工可施矣"①。在合龙时，因龙口渐收，水势溢涌，应使龙口"上水口阔，下水口收"，再用头细尾粗的"鼠尾埽"，堵塞合龙。上述堵口方法是人们在长期的实践中总结、积累而来，且行之有效，直到近代仍在使用。

清代初期的堵口仍然使用卷埽，到清代中期以后，堵口工程由卷埽改为顺厢埽进堵。根据口门的情况，堵口选用单坝或双坝。小口用单坝，称作"独龙过江"；大口水势湍急，为掩护正坝挑溜，在正坝上、下游各添修边坝一道。正坝、上下边坝之间，分别用淤土填浇，高度与坝平。这种用正坝与下边坝配合堵口的方法，称作"双坝进堵"。另外堵口时还有运用正坝与上下边坝全用的，叫作"三坝进堵"。无论何种形式堵口，正坝均应沿预定坝基前进，一般向上迎，以防水溜冲击。这种埽工堵口法，近代称作立堵法，至今仍为截流堵口的有效方法之一。同时，在堵口时必须首开挖引河，以导溜入于正河，使水有出路，以利于进堵。引河挖成后，河口及河尾处要各留土格。当两坝进堵水位抬至一定高度，再借涨水之机，先掘开河尾的土格，开放引河，使大河一泻而下，回归故道，口门即可顺势堵合。

抢险堵漏主要是在黄河汛期发洪水时。清代堵漏有外堵、内堵等法。凡出现大堤漏水，首先要弄清"堤身是淤土是沙，离河远近，有无顺堤河性，测量堤根水深"。然后决定采取何种堵漏方法。能发现漏洞进水之口，采用外堵法；不能发现漏洞进水之口，采用内堵法。此外，如果堤顶宽阔，也可在走漏处的中心挖一沟，沟的坦坡要大些，见水后即用棉袄等物在进水处塞堵，也可断流，这是又一种堵漏方法。堵塞漏洞的关键是迅速，人力、料物必须凑手，方能一举成功。

## （四）埽工技术

战国时期在堵口工程上已用到"茨防"技术，所谓"治水者茨防决塞"应是最早的堵塞决口的草埽。两汉继续使用草埽堵塞决口，但有所

---

① ［明］潘季驯撰：《河防一览 卷四 修守事宜疏》，《文渊阁四库全书 史部第 576 册》，台湾商务印书馆，1986 年，第 200 页。

改进。

宋代新兴的著名水工建筑物称作"埽工"，既可以护堤，又能用于抢险堵口。它可以就地取材，材料有梢苓、薪柴、榫榇、竹石、茭索、竹索等。做埽时先选择一处宽平的堤面，在地面上铺一层梢枝和芦荻类的软料，然后压土一层，掺以碎石，再将大竹索横贯其间，称作"心索"。最后卷而捆之，再以较大的苇绳拴住两头。这种埽体积庞大。常需要成百上千人齐心协力，将埽推到堤身薄弱处，称作"埽岸"。埽下去以后，将"心索"系于堤岸的柱榇上，再自上而下在埽上打进长木桩，直透地下。

明代埽工在实践中不断得到改进和发展。明永乐年间对前代的"竹络"法进行改进，创制了"大囤"之法，用"木编成大囤，若栏圈然，置之水中，以椿木钉之，中实以石，却以横木贯于椿表，牵筑堤土，则水可以杀，堤可以固，而河患息"①。大囤比埽工更加坚固耐用，抗冲刷能力更强。明代的人们已经能够用秸、柳或草做材料，制成"埽由"（或名小龙尾埽），抵御黄河伏秋汛期的风浪，减轻风浪对黄河大堤的威胁。

明末清初，黄河埽工仍采用卷埽的办法。但这种卷埽的办法已与宋代有所不同，即以铺草为筋，以柳为骨，不加土石料，进行捆卷，将埽推下，然后缓缓压土，待埽渐次沉下，再下排桩。到乾隆四十三年（1778年），河南马家店堵口，改用兜缆软厢之法。即用大船一只横于坝头，名曰捆厢船。施工时，在船上挂缆厢修。这一方法，主要用秸料和土逐层加修，因料比水轻，在水中易于漂浮，但土比水重，可以借土增加重量，再加上桩绳的联系，就可逐层沉至河底，成为一个整埽体，以御大溜。兜揽软厢埽的修筑方法，有顺厢和丁厢两种。所谓"顺厢"，即秸料的铺放与水流方向平行；所谓"丁厢"，即秸料除底部平行于水流方向铺放外，其余皆与水流向垂直。由于秸料轻软，能够就地取材，在短时间内做成体积庞大的埽段，所以兜揽软厢埽对临时性的抢险和堵口截流很有效，比卷埽更为灵便、省工，是一大改进。乾隆后期，开始在埽前散抛碎石护根。凡

----

① ［清］傅泽洪录：《行水金鉴 卷十八》，《文渊阁四库全书 史部第 580 册》，台湾商务印书馆，1986 年，第 321 页。

抛碎石之处，工程倍加巩固；未抛碎石之埽段，流势淘刷，险工迭出。用石护埽也是修防工程的一大改进。

### （五）测量技术

大禹在治水过程中，开始运用测量之法。他根据水的流势，进行了原始的测量，以确定河道的流向。大禹"左准绳，右规矩，载四时""行山表木，定高山大川"[①]。"准绳"和"规矩"类似于今天的铅垂线、角尺和圆规之类的测量工具，"行山表木"或"随山刊木"，推测是原始的水准测量。因此，我国的水利勘测史也是从大禹治水开始写起的[②]。

两汉时期的测量技术有了很大进步。在勘测技术方面有所谓"表""准""商度"等。"表者，巡行穿渠之处而表记之，若今竖标"[③]，大概像今天标定方向和注记高度的标桩。准，就是观测高地。史载"景乃商度地势"[④]。此处的商度指的应该是丈量尺寸。

北宋在治河过程中，普遍采用定平之制测量地形高下，这种"定平"工具就是可以测出地形高下和水位高低的地平仪。能够为疏浚河道与修筑堤坝提供依据，对于修筑堤坝保护堤坝发挥了不同的作用。

清代前中期西方测绘技术在黄河上得到应用。乾隆三十年（1765 年）令陕州（今河南省三门峡市）、巩县（今河南省郑州巩义市）"各立水志，每年自桃汛日起至霜降止，水势涨落尺寸，逐日查记，据实具报"。黄河支流沁河也设有水志，"按日查报"[⑤]。但它没有固定基准面，无法取得系统的水位变化数据。光绪四年（1878 年），首次采用以海拔计高的测量技术观测水位涨落。这表明西方的测量技术已在黄河上得到应用。光绪十五年（1889 年），在河督吴大徵主持下，测量绘制了河南、直隶（今河北、北京、天津一带）、山东三省黄河图。这是首次以外国的测绘技术来绘制黄河下游的地形图。

① ［汉］司马迁撰：《史记 卷二 夏本纪》，中华书局，1959 年，第 51 页。

② 黄河水利委员会黄河志总编辑室编：《黄河志 卷 4 黄河勘测志》，河南人民出版社，1993，第 3 页。

③ ［汉］司马迁撰：《史记 卷二十九 河渠书》，中华书局，1959 年，第 1410 页。

④ ［宋］范晔撰；［唐］李贤等注：《后汉书 卷七十六 王景传》，中华书局，1965 年，第 2465 页。

⑤ ［清］李宏：《查办豫省泉源河道疏》，《续修四库全书 第 473 册 皇清奏议：卷五十六》，上海古籍出版社，2002 年，第 480 页。

### （六）黄河水势涨落的监测与预报

生活在黄河两岸的人们早已对黄河的河情、汛情特点有所认知。但是能够认识到黄河来水的规律，应是到北宋。当时的人们通过对黄河水势涨落的长期观察分析，能够依据物候和时令确定各种来水名称，诸如二三月的"桃花水"、四月的"麦黄水"、五月的"瓜蔓水"、七月的"豆华水"、八月"荻苗水"、九月"登高水"、十月"复槽水"、十一月和十二月的"蹙凌水"，这些依据物候和时令确定的各种水，正常年份基本上都能应验，称之为"信水"。"水信有常，率以为准；非时暴涨，谓之'客水'"①。这些对不同季节河水状况的认识，表明人们已经掌握了河水涨落的初步规律，在防御洪水方面有了一定的主动性。

明人能够监测与预报黄河水情。明代用"水汛"取代北宋信水的说法。为了及时掌握水情的变化，明初沿河各州县都有了雨情记录。明人也认识到黄河洪水周期性变化的某些特点。如总理河道万恭在他的专著《治水筌蹄》中写道，"黄河非持久之水也，与江水异。每年发不过五、六次，每次发不过三、四日"。而且多集中在夏秋两季，"吃紧在五、六、七月，余月小涨不足虑也"②。这为做好黄河每年的防汛工作提供了依据。

到清代，为了便于传递洪水情报，光绪二十五年（1899 年），山东河防局开始设置了电信机构，架设电话线路。到光绪三十四年（1908 年），两岸已架电线七百多千米。

## 二、近代治黄技术

近代以来，人们主张引进西方先进的科学技术，以改变中国积贫积弱的局面。西方较为先进的水利技术也陆续传入中国，在黄河治理上得到了一定程度的应用。

首先是引进西方的测绘技术应用于黄河治理。光绪四年（1878 年），首次采用以海拔计高的测量技术观测水位的涨落。光绪十五年（1889年），首次以外国的测绘技术测量绘制了河南、直隶、山东三省黄河图。

---

① ［元］脱脱等撰：《宋史 卷九十一 河渠志》，中华书局，1977 年，第 2265 页。

② ［明］万恭原著；朱更翎整编：《治水筌蹄 卷一 黄河》，水利电力出版社，1985 年，第 31 页。

　　其次是水利新技术的引进与采用。从清朝末年到民国初年，中国政府派出不少留学生从事水文、气象、水利工程等学科的学习与研究。他们在引进外国先进的水利技术方面，做出过许多努力，使得民国的治河技术发生了明显变化。在水文测验和水情传递方面，1919 年在河南陕县和山东泺口两地分别建立了水文站，开始测验流量、水位、含沙量和雨量。此后陆续于汾河、沁河流域设立雨量站，扩大降雨观测范围。

　　最后是河防工程开始进行水工模型试验。1921—1927 年，黄河下游"采仿欧美的成法"[①]，出现编箔工程。"编箔"就是今天所说的沉排，用以作为坝埽的根基，具有很好的抗冲刷作用。总之，西方水利科学技术的引进，特别是 19 世纪中期外国的水利科学和计算技术传入，中国的水利技术随之发生了新的变化。在吸收许多水利技术理论、水工建筑理论、分析方法以及计算方法之后，治河技术有了明显的进步。

## 三、新中国治黄技术

　　新中国成立后的治黄技术分为两个阶段：第一阶段从新中国成立到改革开放前，第二阶段从 1978 年到 20 世纪末。

### （一）新中国成立到改革开放前的治黄技术

　　新中国成立后，广大科研工作者以地貌、土壤侵蚀和洪水泥沙作为研究对象，揭示了黄河的特征，为黄河治理开发中的其他科学研究打下了坚实的基础。

　　首先，通过对黄土高原和黄河下游平原的实地考察，就黄土高原和黄河下游平原的形成和地貌开展深入的研究。其代表性的科研成果有 20 世纪 50 年代黄河资料研究组编写的《黄河概况》、钱宁和周文浩所著的《黄河下游河床演变》等，这些论著从不同角度对黄河中游的黄土高原和黄河下游的黄淮海大平原的形成与地貌展开了深入研究。

　　其次，为探求黄河流域不同地区的土壤侵蚀规律和防治措施，水利部黄河水利委员会（以下简称黄委会）和各省区先后建立了实验站，许多专

---

　　① 张含英：《黄河志 第 3 篇 水文工程》，转引自黄河水利委员会黄河志总室著：《历代治黄文选（下册）》，河南人民出版社，1989 年，第 205 页。

家学者参加实验研究工作。通过 20 世纪五六十年代现场径流实验场、站点定位观测和研究，摸清了小流域的侵蚀规律，认识到人类活动加剧了土壤侵蚀；同时也认识到人类活动能起到控制侵蚀的作用。

最后，黄河洪水与泥沙是造成黄河漫溢决堤的主导因素。新中国成立后的三十年中，黄委会等部门陆续布设雨量及水文网站，积极开展洪水调查，分析洪水泥沙来源和粗泥沙对黄河下游河道冲淤影响；并组织了水沙变化情况及预测研究，取得了一些专项研究成果。20 世纪 50 年代，黄委会对黄河的年输沙量进行了研究。20 世纪 60 年代，科技人员经过调查计算，绘出了黄河中游输沙模数图。他们的研究证明，下游淤积的泥沙主要来自粗泥沙来源区。主要在河口村至无定河区间的右岸支流以及白干山河源区。这一结论对黄河泥沙来源的认识是一个重要突破，对黄土高原重点治理范围的确定以及指导治黄工作都具有重要意义。

### （二）改革开放以来的治黄技术

从 1978 年的改革开放到 20 世纪末的 20 多年中，我国在流域环境、泥沙、水工水力学等基础研究方面取得显著成绩；在土工试验、工程材料与水工结构试验、岩基试验、农田灌溉试验等应用技术方面也取得了新进展。

首先，广大科学工作者继续置身于黄河形成和下游河道变迁以及黄河流域地貌问题的研究，取得了显著成就，为科学治理黄河提供了理论指导。其中代表性的论著有戴英生的《黄河的形成与发育简史》、李容全等的《共和至宁夏段黄河发育历史初探》等，这些论著对黄河水系的形成与发育做了系统论述。在黄河下游河道变迁方面，姚汉源、谭其骧、史念海等对历史上的黄河改道进行了深入研究。

其次，运用高科技手段对土壤侵蚀进行调查试验的代表性成果有由中国科学院自然资源综合考察委员会、遥感研究所和全国高校遥感技术应用研究中心主持，以陕西省延安市安塞区作为黄土高原的遥感试验区，进行的多学科遥感调查试验，最后将其成果汇编成《黄土高原遥感调查试验研究》。

再次，一些专家学者对黄河洪水泥沙的研究也进行了深入探讨。关于泥沙来源与特性的研究，人们特别关注粗泥沙的来源及其对河道冲淤的影响。进入 20 世纪 90 年代后，各项科研基金设立的有关黄河水沙变化的研究课题相继提出成果。此外，黄河泥沙来源、人类活动对泥沙减少的影响及效益的研究，黄河河口泥沙问题的研究，高含沙水流特性研究及应用，浑水动床模型试验等专业性泥沙问题的试验研究等各种研究试验都取得了新进展。

最后，改革开放后治黄技术最大的突破是将信息系统与工程技术应用于黄河治理中，也就是数字黄河建设和高新技术引进应用使黄河治理逐渐现代化。治黄科技的长足进步为黄河及其支流的治理开发提供了许多科学依据和技术支持。

# 第六章　黄河流域城市发展与人居环境中的水生态文化

黄河是中华民族的母亲河，她哺育了中华文明，也哺育了沿岸城市和民居。中国古都学会认定的中国八大古都有五个分布在黄河流域，古都蕴含着深厚的黄河文化底蕴和丰富的黄河文化遗产。黄河流域的城市及人居环境中也蕴含着丰富的水生态文化。

## 第一节　黄河流域城市选址中的水生态文化

《管子·乘马》中提到"凡立国都，非于大山之下，必于广川之上，高毋近旱而水用足，下毋近水，而沟防省"。可见对城市选址而言，水是一个前提条件，而且是一个非常重要的要素，甚至超过了山。充足的水源是城市选址最重要的必备条件之一，城镇发展一刻也离不开水，城市的历史文化也与水息息相关。黄河流域亦是如此。

### 一、早期城市选址所体现的水生态文化

在远古时代，黄河流域尤其是下游地区处在洪水滔天中，那个时候先民们筑城一个主要原因便是为了防洪。据《通鉴纲目》记载，"帝尧六十有二载。是岁洪水为灾""尧求能治水者，群臣四岳皆曰鲧可。尧封鲧为崇伯，使之治水，乃兴徒役，作九仞之城"。

关于这一点，在一些城市遗址中便可以看出。例如，偃师商西亳城遗址就是建在洛河北岸稍稍隆起的高地上，城中的商代宫殿更是高出平地约

0.8 厘米。除了沿洛河的城墙较厚，抵御洪水之需外，还在东二城门的路土下，发现了构思巧妙的石木结构排水沟，沟宽 2 米，全长 800 米，底用石板铺砌，自西向东呈鱼鳞状，与水流方向一致①。由西而东横贯商城的尸乡沟，宽 30～60 米，深 5.5 米以上，向东与城南的大水池相连。尸乡沟与大水池以及城内排水沟构成偃师商城的城市水系②。

　　有学者曾采用 GIS 空间分析方法，按照裴李岗、仰韶、龙山、夏商 4 个时期对史前聚落选址与水系关系进行研究，揭示了环嵩山地区史前聚落遗址点的空间分布特征，其中就包括聚落选址偏好最强的地区在距河流水平距离 200～300 米的地区，随着距水系水平距离的增大，聚落数量越来越少，说明古人为了生存，必须要紧靠水源，为了取水之便，聚落选址距离水系的水平距离基本不超过 3 千米；随着距离水系垂直距离的增加，分布的聚落数量逐渐减少，说明距水系垂直距离太大，不利于古人取水；距水系垂直距离为 0～20 米范围是聚落选址偏好程度最强的地区，对距水系垂直距离的偏好高度在 40 米以内，超过 40 米便不利于人类取水③。

　　后来，在黄河下游一些易于泛滥的江河流域城市，选址时的选择却表现出了特殊的畏水倾向，也就是远离河岸，避免洪灾。对于防洪的防治，也形成了一套选址避水害的具体完善的方法体系，包括城址的高下、临水的远近应当是"远不欲小，近不欲割，大不欲荡，对不欲斜，高不欲扑，低不欲领"；选择水情稳定之处；利用自然地物的阻隔减少冲刷甚至改变水流方向④。

　　随着技术的发展，黄河中下游地区城市与水的关系发生了重大转变，从原先的以避水、防水为主变为了依水、傍水，增加了更多人水和谐的理念。正是因为水在人类生存、发展乃至精神上有非常重要的意义，古代形成了影响深远的"得水"观，古代的城镇普遍显示出近水、亲水的环境特

　　① 赵之荃，徐殿魁：《偃师尸乡沟商代早期城址》，《中国考古学会第五次年会论文集（1985）》，文物出版社，1988 年，第 12-13 页。
　　② 吴庆洲著：《中国古城防洪研究》中国建筑工业出版社，2009 年，第 44 页。
　　③ 闫丽洁，石忆邵，鲁鹏，刘彩玲：《环嵩山地区史前时期聚落选址与水系关系研究》，《地域研究与开发》，2017 年第 2 期，第 169-174 页。
　　④ 马继武：《中国古城选址及布局思想和实践对当今城市规划的启示》，《上海城市规划》，2007 年第 5 期，第 18-22 页。

征。《管子》的城市规划建设思想强调了应充分结合地利条件，从客观实际出发，因地制宜，在利于生产、生活、生存的地理条件的地域上建城，其中主要考虑的因素便是用水足、水质良好以及便利的水运条件。

## 二、洛阳城选址所体现的水生态文化

洛阳被称为十三朝古都，作为都城的历史长达 1 500 多年，它被称为是"神都"。这里受到青睐的原因之一便是环绕洛阳城外的伊洛诸水。早在周代，周公为营建洛邑而占卜，形成了"风水"思想的雏形。《尚书》记载周公摄政的第五年，以占卜的形式相洛邑。"予惟乙卯，朝至于洛师。我卜河朔黎水，我乃卜涧水东、瀍水西，惟洛食，我又卜瀍水东，亦惟洛食"。所建成的成周洛阳是"南望三涂，北望岳鄙，顾詹有河，粤詹洛、伊"。可见当时洛阳地理位置的独一无二。

对于洛阳选址之妙，汉代之后人们也多有提及。朱熹云："前直伊阙，后据邙山，左瀍右涧，洛水贯其中，以象河汉，此紫微垣局也。"[1] 明人李思聪也曾描述洛阳为四山紧拱，前峰秀峙。伊、洛涧汇于前，此为龙之右界水；稠桑、弘农、好阳诸涧乃左界水，流入黄河，绕于北邙之后。洛河悠扬，至巩县而与黄河合。真可谓"一大都会也"[2]。

据说，隋炀帝对洛阳的地形也很欣赏，尤其看重其"得水为上"的特点。水和气是人类赖以生存的基本条件。洛阳城处于群山和多条河流环抱之中，四周分别有嵩山、熊耳山、鹿蹄山、崤山、秦岭、阳华山、邙山、首阳山、缑山 9 条山脉朝拱。又有黄、伊、洛、瀍、涧、谷、甘、姜、儒九道河流环绕，可谓是形势甲于天下，于是有了"八关都邑，八面环山，五水绕洛城"的说法。其气候温和，土质肥沃，物产丰富，为其城市扩容后的物质供应，提供了保障。

其中，汉魏洛阳城建在邙山以南、洛水以北，正处在伊洛盆地内，面水环山，地势险要。借助水陆交通便利，这座城得以繁荣一时，历经东汉、曹魏、西晋北魏四朝 333 年作为都城。为了抵御洪水威胁，汉魏洛阳

---

① 《图书编·论中龙帝都垣局》，见 [清] 陈梦雷编：《古今图书集成 "坤舆典" 第 60 册》，中华书局，1934 年，第 38 页。

② [清] 陈梦雷编：《古今图书集成：卷六百六十九 堪舆杂录》，中华书局，1934 年。

城在建造过程中有意与洛水相隔一段距离，例如北魏时，城南面的宣阳门距离洛水有 4 千米。在城外又修建了外郭城以抵御洪水。在城以西数里处修建了千金堨，从谷水引水供应城内所需，千金堨所形成的水库南面有瀍水故道并连通洛水，被用作水库溢洪道的尾渠，以备洪水的宣泄，使洛阳城免受洪水之灾。千金渠到城西北角与金谷水汇流后进入护城河，绕城四面后在城东的建春门汇合为阳渠东流而去。护城河又分三条渠道自西向东流入城内，形成了一个水系网络，而城内的天渊池、九龙池、翟泉等湖池与城外鸿池陂将相呼应。使得汉魏洛阳城的水系通畅，可蓄可泄。时人还在湖池附近进行溉田灌圃、水产养殖，造园绿化以及水上娱乐活动，既改善了城市环境也进一步提高了人水和谐生活水平。

相比而言，隋唐洛阳城有所不同。它在修建中采用了洛水贯城的选址和布局，因而有了"洛水贯都，有河汉之象"的说法。同时，把谷水、伊水也引入城内，并在沿岸修建了黄道、天津、垦津等桥梁，从洛水中分出瀍、通济、南运等水道，加强了人水和谐的程度。也是由于当时由自然水系与人工水系组成整套洛阳水系，带来了极大优势，使当时洛阳城是"北通涿郡之渔商，南运江都之转输"。但也是由于采用了洛水贯城规划，加重的城内水系的排洪困难使其洪涝不断。安史之乱之后，由于被切断了以洛阳为中心的大运河，运河淤塞，使其丧失了水运中心的作用，原先得天独厚的优越条件也被毁了大半。

## 三、邺城选址所体现的水生态文化

曹魏时期的邺城，位于今河北省邯郸市临漳县漳水之滨。这里分布着清河、滏水、洹水、漳水与沽水，均发源于太行山，自西向东、从南向北流过整个平原，使该地区河网密布，环绕邺城而过，汇入漳水，经滹沱河流入渤海。邺城西为太行山滏口径，自北向南绵延千里，其东为平原地区，地势较低，黄河自南而东流过，南有黄河黎阳津、淇水，北临漳河、溢阳河，中有洹水，《战国策·魏策》称其为"左孟门而右漳、滏，前带河，后被山""山川雄险，原隰平旷"[①]。这里先后有曹魏、后赵、冉魏、

---

① ［明］顾祖禹撰：《读史方舆纪要：卷四十九 彰德府（影印本）》，上海书店出版社，1998 年。

前燕、东魏、北齐等朝代在此建都。

据《水经注·洹水注》记载，"洹水出山，东迳殷墟北……洹水又东，枝津出焉。东北流，迳邺城南，谓之新河。又东分二水。一水北迳东明观下……又北迳建春门……其水际其西，迳魏武玄武故苑……其水西流注于漳"，这里的洹水枝津是曹操命人凿的人工河，谓之新河，将洹水连至邺城。因曹操营建邺城之时，社会动荡不安，为了便于物资转运，在邺城周围开凿了一系列的人工沟渠，既方便运输，又利于灌溉。如此便构成邺城南、东、北三面环水，西倚太行地理态势。

位于邺城西北部的铜雀、金虎、冰井三台是邺城的标志性建筑。其中的铜雀台在曹魏时期是引漳水入邺城的必经之路，这条引水渠被称为长明沟，比拟为银河，寓意水从天门来。所以在古人看来，邺城是位于北部漳水流域内的吉地。

## 四、开封城选址所体现的水生态文化

北宋东京城是在后周都城基础上扩建而成的。早在隋代由于开凿了通济渠，城又坐落在通济渠上游，水陆所凑，因而到了唐代就已经发展成为一座繁华的商业都市。到了宋代，东京城更是水运交通枢纽，有多条运河流经这里，使之成为当时全国运河网的中心。城内水系由三重城壕、四条穿城河道、各街巷沟渠以及城内外湖池组成。其中，穿城河道有汴、蔡、五丈、金水四河。这四条河以汴河最为重要，担负着最主要的运输任务，同时也是最重要的排洪河道。汴河在城内外的河道两边均筑有堤防，堤防上常年种树，既加固堤防又增加了绿化面积。濠池加上四条河道使得东京城的河道密度达到了 1.55 千米/千米$^2$。城内外另有凝祥、金明、琼林、玉津四个大池沼。在城内四条御路两旁都修葺了水沟，在"宣和间尽植莲荷，近岸植桃李梨杏，杂花相间，春夏之间，望之如绣"。既起到了排水功效，又起到了绿化效果。

北宋定都开封是基于"择天下之中而立国"的传统。在选址上，东京城一反长安、洛阳的背山面水、左右围护的格局，而是开挖、疏浚河道，营造围合态势。东京城北面是黄河，其他三面是汴河、五丈河、蔡河、金水河围绕并流经城内，金水河又叫天源河，象征着天上银河。这些穿城而过的河流，再加上城内的三重护城河，增加了城内的生气。东京城的皇城、内城和外城三重城墙与河道构成了东京城坚固的格局。可能是由于黄河多次泛滥波及开封城的缘故，为求得太平，古人把东京城外城比作是"状如卧牛"，外城的保利门是牛头，宣化门是牛脖子，试图从五行相克角度，利用牛属土的特性来克制水患，起到保卫东京城平安的心理作用。

## 第二节　黄河流域城市的兴衰与水运的密切联系

中国的地势西高东低，河流依势自西向东流。人工运河往往起到沟通南北间不同水系的作用。中国历史上经济、文化发展又是自黄河流域经淮河流域向长江流域扩散。一旦黄河流域领先于其他地区，地区之间联系应运而生，关中是重要的文化中心区，以河南洛阳为中心的河洛地区也是重要的文化中心区。西自关中东经河洛向东方辐射是早期重要的交通网络。其中，水运具有举足轻重的地位，而黄河及支流的航运扮演了重要角色，且扮演这一角色的历史悠久。在《史记·河渠书》中描述大禹"陆行载车，水行载舟"，"载舟"指的就是在黄河中行船。

### 一、早期黄河水运与城市发展

其实，早在《尚书·禹贡》中就记载了以黄河为中心的水运网络。具体包括冀州：北方的运道，"夹右碣石入于河"，黄河流经华北大平原在天津一带入海，附近有山叫碣石山。逆河而上以达中原。兖州："浮于济、漯，达于河"，济水大致相当今黄河下游，经过漯水进入黄河干流。青州："浮于汶，达于河"，即通过汶水到达济水，通黄河。徐州：由淮通泗，由济水通黄河。所以《禹贡》写道，"浮于淮、泗，达于河"。扬州在长江下游濒临大海，沿江入海到淮水入海处转入淮水，走徐州运道。荆州：由江水转入汉水，从陆路到达洛水，再进入黄河。地处中原的豫州，东境直接入黄河，西境由洛水进入黄河。梁州由汉水向北进入渭水，顺流而下进入黄河。雍州运道有两条，东北方向自黄河顺流而下，西南方面汇于渭水，在山、陕的龙门一带进入黄河。从《尚书·禹贡》所记述的全国水运系统来看，黄河是主干线，其主要支流是重要支干线。由此可见，黄河在内河航运上具有重要地位，也说明黄河流域当时是全国经济、文化中心区。

到了商代，殷墟城址的选择，也和黄河及航运有关。《战国策·魏策》对殷墟的选址有生动的描述，"左孟门而右漳滏"。这里是指黄河峡谷段（在今河南境内），漳河、滏阳河在其左右，背后是太行山，面前是黄河（当时黄河流经安阳附近）。殷墟恰位于太行山与华北平原交接地带。殷墟正在古代沿太行山东麓南北交通大道的中段，东南有黄河流过，河道运输条件优越。殷墟系沿洹水而建，其宫殿区外围有洹水与人工城壕相接，除防御作用外，也是对外通航的运道。没有洹水也不会有安阳。殷墟时期处于青铜时代的鼎盛时期，青铜的原料是铜和锡，铜矿区在今河南省济源市、辉县市、卫辉市，以及山西的中条山和湖北省大冶市。要把大量原料运到殷墟，需要涉过黄河，坚固的大船作为运输工具不可缺少。在《尚书·盘庚》篇中有"盘庚作，惟涉河以民迁"。"河"在这里指黄河，"涉"指以舟为涉。从奄（今山东省曲阜市）迁都到殷（今河南省安阳市）渡黄河利用水运。大规模的国都迁徙，反映了当时黄河在今鲁西、豫北间的航运能力。从鲁西经黄河支流转入干流再入支流。殷商时期，主要经济、文化中心区在沿黄河东西延伸方向上。

## 二、黄河水运与洛阳发展

洛阳的发展也得益于黄河水运的畅通。相传周公建城后，曾开渠，经洛水通黄河漕运。《诗经·国风·河广》篇中有"谁谓河广？一苇航之"。西周时期黄河的一些渡口，用船只摆渡，除黄河干流外，支流也通航。东汉迁都河南洛阳，漕运可不过三门之险。洛阳在洛水之滨，漕运由黄河入洛河，从洛河经阳渠到洛阳城。相传洛阳最早的人工漕渠始于西周时周公所修。建武二十四年（48 年）东汉王朝向洛阳引水。这条渠叫阳渠，起自河南省西南，引经洛阳东北流，穿过谷水后利用前次所开的旧道，绕过都城洛阳，经过太仓汇入鸿池陂，然后向东流经河南偃师东入洛水。在修渠过程中是充分利用洛水水量大的优势，漕渠的畅通使得洛阳可以"东通河济，南引江淮，方贡委输，所由而至"。所以开凿阳渠卓有成效。到了魏晋两代，洛阳转运四方，东南有两汉荥阳阳漕渠通江淮，西溯河、渭抵长安，东北由曹操开白沟、平虏、泉州诸渠直通幽燕。

在隋大业元年（605 年）开成的通济渠，其西段就是在东汉阳渠的基础上扩建而成，起于洛阳西南，以洛水及其支流谷水为水源，穿过洛阳城南，到偃师东南，再循洛水入黄河。可以说，洛阳在"北通涿郡之渔商，南运江都之转输"的隋唐运河体系中居于核心地位，在从东南漕赋之区向关中转输物资的过程中起着关键作用，仅通远市即"市周六里，其内郡国舟船舳舻万计"①。到了武周时，为了增加漕粮的运输量，特别在洛阳城开辟了洛漕新潭，可见洛阳对东方漕粮需要的迫切程度②。

## 三、黄河水运与西安发展

关中地区的繁荣同样离不开黄河水运。周秦汉唐定都关中，因此交通网络形成向关中辐聚也就是史书中所谓"辐凑"。自周平王东迁河南洛阳后，渭水流域广大地区渐为秦人占据。秦国都城在渭水流域数次迁徙。秦国都雍（今陕西省宝鸡市），后迁都栎（今陕西省西安市临潼区），最后定都于陕西的咸阳。都城的位置与自然环境条件、交通都有很大关系。秦国早期都雍，恰在渭水流域和去蜀中东西向与南北向交通的 T 形枢纽上。秦汉时期，无论是秦都陕西的咸阳还是汉都长安，都是利用渭河、黄河水上运输联系全国。在关中中心地带的一端，和东面基本经济区的联系只有依靠黄河水运。由此而知，只要定都关中，黄河航运就是王朝转输的重要经济命脉。

当年汉高祖刘邦在选择都城时，张良建议建都关中，原因既有"河、渭漕挽天下，西给京师；诸侯有变，顺流而下，足以委输……"后来建都长安后，果真是"陆行不绝，水行满河"，渭河、黄河漕运十分繁忙。汉高祖元年（前 206 年），汉朝专门设置了管理渭河、汾河、黄河水上交通的机构。汉武帝时，又修建了漕渠，起自黄河风陵渡经陕西华阴、华县、渭南、临潼，过长安直抵昆明池（图 6-1）。汉武帝时，漕运数量猛增到 400 万石，最高年限曾达 600 万石。元鼎四年（前 113 年），汉武帝乘龙

---

① ［唐］杜宝撰：《大业杂记》，商务印书馆，1930 年。
② 靳怀堵著：《中华文化与水（下）》，长江出版社，2005 年，第 421 - 422 页。

舟自渭河经黄河到汾河巡视河东时写了《秋风辞》来纪念这件事情，其中便提到"泛楼船兮济汾河"。从渭河到汾河可以通楼船。班固有《西京赋》中描绘长安漕运是"泛舟山东，控引淮湖，与海通波"。东汉初年，杜笃在《论都赋》中也有类似的描述，"鸿、渭之流，径入于河；大船万艘，转漕相过；东综沧海，西纲流沙"。河、渭航运的畅通，是建都关中的生命线。

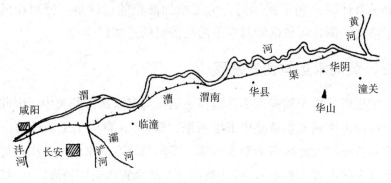

图 6-1　汉代漕渠示意图

到了隋代，宇文恺率水工凿渠，引渭水自大兴城，傍南山至潼关接黄河，名曰"广通渠"，"转运通利，关内赖之"。关内指关中，广通渠使用达七八十年之久。

天宝元年（742 年），唐王朝整治隋朝的关中漕渠故道。首先在咸阳以西的渭水上筑堰分水，再截灞水、浐水东流到潼关以西汇合渭水。又在长安东浐水上开辟广运潭作为码头，可以停泊漕船数百艘。汉、隋、唐三个朝代使用的关中漕渠，除渠首有变化外，渠的主干和尾闾基本没有大的变动。汉代的漕渠渠首在汉长安城西北，隋唐时则将渠首向西移到咸阳西面接近沣河汇入渭水的附近。渭河摆动向北迁徙，为了引渭济漕，渠首向西移动，加之地近沣水，可以利用沣水以便漕运。

五代十国后，北宋迁都汴京，自秦汉以来千余年间沿黄河经三门、渭河输送至关中的每年大规模、长时间、很少间断的漕运活动，因无必要而放弃。从此，黄河河运的重点转向汴梁（今河南省开封市）以东的广大地区。

## 四、黄河水运与开封发展

黄河流域众多古都当中，开封可以算作最具代表性的靠水运发展起来的城市。到战国中期，魏国不安于偏于晋南一隅，为便于向东发展，将首都由汾河流域东迁至大梁（今河南省开封市），魏惠王十年（前360年）开挖了中国古代最早沟通黄河和淮河的人工运河——鸿沟，一举沟通了黄河与淮河的联系。奠定了大梁作为"天下之中"的一个重要大都会的交通条件。大梁的位置选择，明显地受黄河航运的影响。

尽管在秦统一六国时，秦将王贲引水灌大梁使之毁灭，但是，开封借沟通淮、河之间的联系又使它复生。所以汴河对开封至关重要。随着中唐以后，东南的经济、文化发展逐渐赶上并超过黄河流域，国家对东南日益重视，连接江淮与国家政治中心的交通也就日趋重要。

后晋、后汉、后周和北宋几个王朝或政权之所以在此建都，主要是因为开封位于华北平原的南端，周围一马平川，河流成网，湖泊密布，水路交通四通八达，得天独厚。大运河的开通，更为汴州（开封）的发展创造了有利条件，使汴州有了"当天下之要，总舟车之繁，控河朔之咽喉，通淮湖之漕运"[①]的优势。自隋唐至北宋，开封一直以汴河为漕运的主要通道。五代后期到北宋，开封周围又增加了惠民河、广济河等人工水道，开封遂成为水道"四达之会"，漕运更加发达。所以，北宋定都汴梁，利用汴河通漕是重要原因。

虽构成北宋开封城市水运体系的河道不仅有汴河，但汴河对作为全国政治中心的开封所起的作用却最为关键。至道元年（995年）九月，参知政事张洎在对宋太宗讲述汴河疏凿之因时，认为"今天下甲卒数十万众，战马数十万匹，并萃京师，悉集七亡国之士民于辇下，比汉、唐京邑，民庶十倍"，仅仅为庞大的人口提供生活资料亦成为难以解决的问题，但"甸服时有水旱，不至艰歉者，有惠民、金水、五丈、汴水等四渠，派引脉分，咸会天邑，舳舻相接，赡给公私。所以无匮乏"，其中"唯汴水横

---

① 周绍良总主编：《全唐文新编 第1册 卷七百四十 汴州纠曹厅壁记》，吉林文史出版社，2000年。

亘中国，首承大河，漕引江、湖，利尽南海，半天下之财赋，并山泽之百货，悉由此路而进"①。

即使不说其他物资，仅漕粮一项也使汴河成为北宋开封城市命运所系的关键，宣徽北院使、中太一宫使张方平在神宗熙宁五年曾对之进行过论析，"国初浚河渠三道，通京城漕运，自后定立上供年额；汴河斛斗六百万石，广济河六十二万石，惠民河六十万石。广济河所运，止给太康；咸平、尉氏等县军粮而已。惟汴河专运粳米，兼以小麦，此乃大仓蓄积之实。今仰食于官廪者，不惟三军，至于京师士庶以亿万计，太半待饱于军稍之余。故国家于漕事至急至重。然则汴河乃建国之本，非可与区区沟洫水利同言也。近岁已罢广济河，而惠民河斛斗不入太仓，大众之命，惟汴河是赖。今陈说利害，以汴河为议者多矣。臣恐议者不已，屡作改更，必致汴河日失其旧。国家之计，殊非小事"②。由此充分说明了，汴河是开封维系生命之河，但这条生命之河在黄河的影响下却终趋衰微并彻底消失。

汴河在北宋初期所引水流占黄河总流量的三分之一③，黄河的泥沙淤积对于汴河而言同样也是难以克服的问题。但到仁宗天圣三年（1025年），已有"汴流浅，特遣使疏河注口"的记载，到皇祐四年（1053年）八月，已是"河涸，舟不通"了，不得不"令河渠司自口浚治，岁以为常"，淤塞问题已经比较严重。到嘉祐六年（1061年），商丘至汴口之间仍是"汴水浅涩""岸阔浅漫"而"常稽运漕"，只好采取"木岸狭河，扼束水势令深驶"④的办法来抬高水位提高流速，但这并不能使问题得到根本解决，并且还使开封与睢县之间的河段形成地上河，自"京城东水门下至雍丘、襄邑，河底皆高出堤外平地一丈二尺余。自汴堤下瞰，民居如在深谷"⑤。以后尽管多次疏浚，"大抵皆无甚利"，没办法，只好堵塞黄河水入汴之口而引含沙量较小的洛河水入汴。所以在元丰二年（1079年）

———————————

① ［元］脱脱等撰：《宋史 志第四十六 河渠三》，中华书局，1977年。
② ［元］脱脱等撰：《宋史 志第四十六 河渠三》，中华书局，1977年。
③ ［元］脱脱等撰：《宋史 志第四十七 河渠四》，中华书局，1977年。
④ ［元］脱脱等撰：《宋史 卷九十三 河渠三》，中华书局，1977年。
⑤ ［宋］沈括著；侯真平校点：《梦溪笔谈 卷二十五 杂志二》，岳麓书社，2002年。

开启了引洛通汴工程。

但是引洛通汴也并不能完全解决黄河给汴河带来的问题，因为"广武山之北，即大河故道，河常往来其间，夏秋涨溢，每抵山下"，即会冲及新开之渠以北的堤坝，导致"河、洛为一，则清汴不通矣，京都漕运殊可忧"，而且有可能"涨溢下灌京师"①。尽管北宋时期，黄河对汴河水运也存在着较大威胁，但因为国本所系，"东南之漕，大都由汴以达于畿邑，故汴河之经理为详"②，以此水流尚能维持不绝，以至于北宋灭亡。

到了明代，开封城往昔的通航河道多已失去水运功能，但此时尚有南北二河流经开封附近，南河由淮溯颍，经周家店（周口）、李方店、西华县、李家谭而至朱仙镇，然后"起车，四十里至汴城"③，北河由淮安起船，经宿迁、邳州、徐州、旧丰县、单县河口，然后又经黄岗楼、马家口等地而至开封附近的王家楼，最后"陆路四十里至汴城"④。南北二河在开封的商业转运中还起着重要作用，"陕西河南二省，大同、宁夏等边，苏杭客货，皆由南、北二河而上，至汴城王家楼或孙家湾起旱至陕西省"⑤，再经洛阳、三门峡陕州区等地而至西北地区。因开封仍具有一定的水运条件，所以尽管明时的开封已远不能与北宋时期相比，却还是中原地区的区域经济中心和规模最大的城市。明末清初时，开封人周亮工记载，"相传周宪王时，客有以京口老酒献者，王饮而甘之，岁命载数瓮来，民间竞尚之。后予乡人婚嫁宾筵，非此不足鸣敬矣。予至京口，沽之无一滴。盖京口人岁治数万瓮，溯黄流而上，尽以供汴人，呼曰汴梁酒"⑥。

可惜最终还是在黄河泛滥的影响下，到清朝初期，开封失去了联络其他区域的水运河道，甚至因多数河道都被黄沙淤塞以致城内排水泄洪都成了问题。乾隆四年（1739年）夏秋大雨，开、归、陈、许六十余州县湮

---

①　[元]脱脱等撰：《宋史 志第四十七 河渠四》，中华书局，1977年。
②　[明]顾祖禹著：《读史方舆纪要 卷四十六（影印本）》，上海书店出版社，1998年。
③　[明]黄汴；杨正泰校注：《天下水陆路程》，山西人民出版社，1992年。
④　[明]黄汴；杨正泰校注：《天下水陆路程》，山西人民出版社，1992年。
⑤　[明]黄汴；杨正泰校注：《天下水陆路程》，山西人民出版社，1992年。
⑥　[清]周亮工著：《书影》，上海古籍出版社，1981年，第114页。

为巨浸，平地水深数尺，开封城中之水亦是积月不退。为了排泄开封城内的积水及导流周边地区的汛水，时人认为"开封城中积水，第浚乾河涯可泄，而将使开、归、陈数十州县永免水患，莫若分贾鲁河以厮其流。请于中牟西，贾鲁河北岸，别疏一河，道入祥符之浅儿河，接浚至高家楼，则乾河涯之水入焉。又东汇于沙河，即循古汴、蔡河入涡故道，湮者瀹之，浅者深之。又东过陈留、杞县，经睢州之挑河，柘城之永利沟，淮宁、鹿邑之老黄河，抵安家溜以入涡而归淮。则贾鲁河势得减，而濒河各州县潦水有归，均免旁溢"①。只有开新河才能让"商船亦可直抵汴梁，是不惟祛水之患，而兼可收水之利"②。河于乾隆六年（1741年）六月竣工，赐名惠济河，广十丈、深一丈，经今韩庄、杏花营、太平岗、葛岗、杞县、睢县、柘城，注入涡河。但惠济河的通航能力相当有限，深甚至需要分贾鲁河水以为济，在黄河的影响下，其淤塞之速也就可想而知。惠济河竣工仅十余年，便于乾隆十五年（1750年）和乾隆二十二年（1757年）两次进行"挑浚深通"。乾隆二十六年（1761年）惠济河原在中牟县十五里堡从贾鲁河分水的分水河因黄水漫溢已淤成平陆。其后虽屡经浚治，到嘉庆时，睢州以南至柘城一段函能断续通航③。但迨至黄河"道光二十三年（1843年）中牟决口，而惠济贾鲁一塞，同治荥泽决口，而惠济贾鲁再塞，光绪郑州石桥决口，而惠济贾鲁三塞"，到民国时，终至于"自亳州以上惠济河节节断流，而河身堤址遗迹尽存"④。自此之后，开封城市再无通航河流存在。

## 第三节　天人合一的人居环境

人对于水的需求造就了黄河流域的人居环境具有亲水性特点，加上黄河流域独特的自然环境，使得黄河流域民居带有了天人合一的特质。

---

① ［清］宋继郊编撰；王晟等点校：《东京志略》，河南大学出版社，1999年，第665－666页。

② ［清］宋继郊编撰；王晟等点校：《东京志略》，河南大学出版社，1999年，第667页。

③ 河南省交通厅交通史志编审委员会编：《河南航运史》，人民交通出版社，1989年，第169页。

④ 陈善同等编：《豫河续志 贾鲁惠济等河与黄河有无关系之案》，1926年。

## 一、黄河流域人居环境的亲水情缘

亲水，首先反映的是一种心理诉求，然后才表现为亲水行为。然而，并不是具备亲水本质属性的人都能表现出亲水行为来。这是因为人生理上的需求是本能的、先天的、狭窄的、单个的，而思想则是后天的，是随着物质、心理、社会的变化而变化的，它必然带有强烈的自私和功利性色彩。因此，必然会出现与亲水行为相对应的恶水行为，如对水的过度开采、向水体排放污染物以及其他破坏水生态环境的行为。亲水行为走过了一个复杂的历史过程。

在远古时期，人类"择丘陵而处之"，既需要水又害怕水，在把水当神灵一样供奉的同时，又像躲避吃人猛兽一样躲避着水带来的灾害。这个时期的人们对于水还没有完全认知，表现出来的只有亲水的本能。

随后的古代社会，最普遍也是最能反映亲水需求的行为就是积极营造亲水生活环境，改善和提升家居文化品位。汉代仲长统《昌言》中所云："使居有良田广宅，背山临流，沟池环匝，竹木周布，场圃筑前，果园树后。舟车足以代步涉之艰，使令足以息四体之役……蹰躇畦苑，游戏平林，濯清水，追凉风，钓游鲤，弋高鸿。"[①] 由此看出，仲长统也是把山水、游鱼等作为自己居所环境的一种追求。晋代陶渊明偏爱自然，放弃彭泽令一职，钟情于山水中。他在《归田园居》中自述说："少无适俗韵，性本爱丘山。误落尘网中，一去三十年；羁鸟恋旧林，池鱼思故渊。"

北朝时的住宅很讲究环境的优雅，创造人与自然和谐的感受。北周萧大圜认为田园环境可以陶冶情趣，《周书·萧大圜传》载其自咏，"面修原而带流水，倚郊甸而枕平皋。筑蜗舍于丛林，构环堵于幽薄。近瞻烟雾，远睇风云。藉纤草以荫长松，结幽兰而援芳桂。仰翔禽于百仞，俯泳鳞于千寻。果园在后，开窗以临花卉；蔬圃居前，坐檐而看灌畎……斯亦足矣，乐不可支"。在萧大圜看来，水环境对于陶冶内心很重要。

其实，亲水而居是人类最初的选择，也是最终的选择。自古以来，中

---

① ［清］严可均校辑：《全上古三代秦汉三国六朝文 全后汉文 卷八十九（影印本）》，中华书局，1958年，第956页。

国人择居的一个重要原则就是依山榜水，尤其是傍水而居。先秦时期人们对于自身所处的环境就做出了客观的认识与描述。先秦时期人们对自身所处的环境及其要素就有了客观的认识与描述。《黄帝内经·素问》云："地气上为云，天气下为雨。雨出地气，云出天气。"是讲水如何蒸发而又成云致雨的。《管子·地图》曰："轘辕之险。滥车之水、名山、通谷、经川、陵陆、丘阜之所在，苴草、林木、蒲苇之所茂，道里之远近，城郭之大小，名邑、废邑、困殖之地，必尽知之。"说明人们对与其生存活动紧密联系的生态环境尤其是水有了较为深刻的认识。在此基础上人们进一步地认识到水对于人类的重要性。

考古发掘表明，黄河流域先民在仰韶文化和龙山文化时期，选择居住地主要取河道比较稳定的大河支流的两岸阶地，采光较好，土壤疏松肥沃利于农作；靠近水源便于生产生活以及交通运输；地势相对较高，既避免了潮湿伤身，又可防犯敌侵或水患。有学者将先民对居住地自然环境的选择归纳为五种情况：一是选在河边台地或河流转弯处及支流交汇点高于四周的岗上，二是水泉近旁，三是依湖而居，四是近水区域高出周围的土墩上，五是沿海地区的贝丘上[①]。可以看出，早期先民对居住地的选择，均考虑到靠近水源[②]。尽管由于凿井技术的出现，人类对河流水源的依赖性降低，但无可否认，靠近大江大河仍然是先秦时期特别是新石器时代的黄河流域先民选择居址的首要条件。这当然也说明了先民在居住环境上所表现出的亲水情怀。

到了夏商周三代和春秋战国时期随着建筑和城邦的出现，水与人居之间的亲密程度更显突出。例如，公元前1900—公元前1500年的偃师二里头建筑遗址就坐落在洛河南岸。遗址中还发现有水井、陶质水管和以石板砌成的方形水道。

随着文化的发展，民居形制虽不断发生变化，亲水之情却没有因此改变。

隋唐时的黄河流域民居，多数为"四合院"形式，具有明显的中轴线

---

① 王志俊：《史前人类对自然环境的利用与改造》，《环境考古研究 第1辑》，科学出版社，1991年，第31页。

② 刘有富，刘道兴主编：《河南生态文化史纲》，黄河水利出版社，2013年，第74页。

和左右对称的平面布局，而一些文人和达官贵人的宅第往往与园林融为一体、他们寄情山水，向往自然，建立许多富有"诗情画意"的园林别墅。如以官僚兼诗人的白居易暮年建宅园十七亩、房屋占三分之一，水面占五分之一，竹林占九分之一，池岛桥石相映、亭廊台榭错落、树木花卉争艳，漏窗借景成趣。

宋代官僚和士大夫阶层不少建私家园林式别墅住宅。如据《洛阳名园记》载北宋洛阳的这种私家园林式别墅住宅规模较大，而且往往是引水凿池，累土为山，巧于因借，妙在组合，极富自然情趣。充分将文人"仁者乐山，智者乐水"的美学思想融入园林式别墅的建筑风格中。

到了封建社会末期的明清两代，民居中所体现的亲水情怀依然保留着。被誉为是17、18世纪华北黄土高原封建堡垒式建筑代表的康百万庄园位于河南省巩义市，始建于明末清初。依据"天人合一，师法自然"的传统文化选址，背依邙山，南面则紧邻洛水。主宅区共四个四合院，其中三个利用邙山余脉筑窑洞为主房，最东一间四合院主房则为三间高大瓦房，和自然浑然一体。

## 二、黄河流域代表性民居

由于黄河流域地理地貌环境以及黄河多灾的特点造就了很多独特的、极具地域风格、又能降低灾害威胁的民居建筑。其中以黄土窑洞和各种防洪房屋为代表。

### (一)黄土窑洞

黄土窑洞广泛流行于黄河中上游的陕北、陇东、晋中、豫西等黄土高原地区，是黄河流域最古老、最有特色的民居类型之一。窑洞的问世，与黄土的特性直接相关。由于黄土高原上的黄土覆盖深厚，土质疏松，垂直节理发育，非常便于开掘。因此，从远古时期起，生活在黄土高原上的先民们就已经开始掏土为居了。窑洞的形式多种多样，按照地形、用材等不同情况，大致可分为靠崖窑、地坑窑、锢窑三种类型。

其中，靠崖窑是山区、丘陵地带常见的一种窑洞形式，陕、甘、晋、豫四省都有分布。它除了利用现成的沟坎断崖与古河道岸壁外，更多的是将山坡垂直削齐，形成人造崖面，然后向内横挖洞穴。靠崖窑的位置与坡向选择非常重要，干燥向阳是首先需要考虑的；其次是土质要坚硬细密，如果土层很薄并有砂砾、卵石等夹杂物，则不能开挖；窑洞的地势要适中，太高了生活不便，太低则易受洪水侵袭。靠崖窑只能平列，不能围聚成院。当需要多室时，一是向深处发展，中留横隔墙，深可达二三十米。二是向两侧发展，常数洞相连，一般正中的一孔称正窑，两侧的称边窑。窑的平面大都呈长方形，顶为拱券形。

在没有山坡的高原平原上，直接建造横向窑洞是不可能的，于是人们采取将竖挖洞穴与横挖洞穴相结合的方式，创造了别开生面的"地坑窑"。窑洞挖成后，深坑就成为庭院，坑院的各面有单孔、二孔或三孔窑洞，依朝向不同分出主次，一如地面的四合院。由于院落陷入掘下，就需要解决人员进出和防备雨水灌入的问题。出入口主要由 4 坡"窑漫道"来解决，也有的以一孔窑洞为进出口，外连一独立的折尺形坡道。防备雨水的方法，一是在院落方坑的上部边缘起垄，防止雨水灌入；二是在坑院低处挖掘地沟排潦，或凿一干井，使降落在院中的雨水流入井内，再慢慢渗入土中。这样就在一定程度上防止了水涝灾害的威胁。

## （二）各种防洪房屋

黄河下游洪水一旦泄出，则势如破竹、瞬息千里，田园村舍立刻化作汪洋一片。频频的黄河决溢，使沿岸居民也形成了一套独特的居住方式，能够以一种简易、有效的自救方法，在洪水中求得生存。

其一是高筑房台。水性就下，低洼之处或平坦无碍的地面最易灌入洪水，把房屋建于高埠就可以降低灾害的发生，因此便有了房台。房台一般用土筑成，高约 1～2 米。为加强防护，村民们还在房前屋后栽种一些树木，不仅能固基，还能绿化院落。据沿河老人们说，在距河较近的地方，特别是河滩中，这种房台随处可见，俨然成为壮观一景。

其二是遇水不倒屋。在黄泛区内，民间还多建一种被称之为"遇水不倒屋"的住房。就是以石作为墙基，用砖和木做房柱，中间镶以土坯、草把，檩梁之上覆以苇箔、草泥或再抹以石灰为顶。苇箔以苇制成，"沿黄一带芦苇丛生，土人但编制苇箔，作为建房之具"[①]，非常方便。这种房

---

① 孙秀塈，皓金章纂；杨豫修等修：《民国齐河县志 卷十七 实业志》，凤凰出版社，2004 年。

屋遇洪水冲刷后，墙虽易倒，但石基不怕水浸，柱与房顶尚存，避灾而返的民众以此为基础，再以土坯、草把等筑墙，仍可居住。

其三是一次性住房。黄河沿岸还有更为简易的房屋。与墙倒房在的"遇水不倒屋"迥然不同。这是居民就地取材而造的非永久性住房。经洪水一冲，整屋离散无存，但由于造价低，灾后很快又能重建，称之为"一次性住房"。

# 第七章　黄河流域生态环境保护中的水生态文化

生态环境保护是黄河流域水生态文化的核心内容。历史上有关这方面的内容既包括了生态环境保护的措施，也包含水生态保护思想。

## 第一节　生态环境保护措施

黄河流域在对水生态环境的保护措施主要体现在对植被的保护以防止水土流失，以及对水资源的保护两方面。

### 一、植被保护措施

多数学者的研究已表明，历史时期黄河频繁泛滥源于水土流失所造成的河道泥沙淤积，而通过保护和栽种植被以加强水土保持是从根本上解决黄河问题的关键。在古代就有了一整套关于植被保护的措施。

早在先秦时期，人们就通过"以时禁发"的措施来保障森林资源的安全。所谓"以时禁发"，就是规定允许在一定的时间内砍伐林木。《逸周书·文传解》中就有"山林非时不升斤斧，以成草木之长"的记载。但关于"以时禁发"的明确则记载于《管子》中。《管子·八观》提到，"山林虽近，草木虽美，宫室必有度，禁发必有时"。认为封禁与开发，须有时间间隔，反对过度利用森林资源，使之达到持续利用。古代对森林实行禁发的时间，是林木旺盛生长的春季、夏季。在《礼记·月令》中提到，孟春之月"禁止伐木"，仲春之月"毋焚山林"，季春之月"毋伐桑柘"，孟夏之月"毋伐大树"，季夏之月"毋有斩伐"。由此可见，"以时禁发"成为我国保护植被的重要传统。这一传统在后世得到发展，并以鼓励栽种植被为辅。例如，北周时期除禁止乱伐乱砍树木外，还提倡种树。538年，周文帝在战败北齐之后，准兵士人种树一株，以旌其功。此外，历代也重视在河堤上种植植被。一方面可以加固堤防，另一方面又可以绿化。例如，隋炀帝诏令百姓在汴渠堤上植柳，"植柳一株赏一缣"①。

到了宋代，官方也比较重视大量栽种和保护植被。宋太祖即位后就诏令，鼓励植树。例如，建隆二年（961年）令长吏"课民种树，每县定民籍为五等。第一等种杂树百，每等减二十为差，桑枣半之"②。建隆三年（962年），又"令诸州长吏劝农课桑，自后或因岁首，必下此诏"③"又诏黄、汴河两岸，每岁委所在长吏课民多栽榆柳，以防河决"④。这样一来，不但把种植桑树形成一个制度，而且还把植树与巩固堤防结合起来。宋神宗在位时也是鼓励栽种树木⑤。熙宁二年（1069年），神宗指出，"农桑，衣食之本。民不敢自力者，正以州县约以为赏，升其户等耳。宜申条禁"。熙宁六年（1073年），宋神宗再次"劝民栽桑，有不趋令，则仿屋粟、里布为之罚"⑥。北宋充分利用经济手段促进植树造林，促成造林绿化的范围十分广泛。

即便到了封建社会末期的清代鼓励植树的风气依然未变。例如，在顺治十三年（1656年），朝廷规定"滨河州县，新旧堤岸，皆种榆柳，严禁牧放。各官栽柳，自万株至三万株以上者，分别叙录，不及三千株，并不栽种者，分别参处"⑦。康熙年间，皇帝数次下旨，要求"于沿河州县，择闲散人，授以委官名色，专管栽柳，三年分别奖惩""河官种不及数者，免其处分，成活万株以上者，纪录一次；二万株以上者，纪录二次；三万株以上者，纪录三次；四万株以上者，加一级；多者，照数议叙。分司道

---

① ［清］陈梦雷编纂：《古今图书集成·博物汇编草木典 卷二百六十七》，中华书局，1934年。
② ［元］脱脱等撰：《宋史 卷一百七十三 食货上一》，中华书局，1977年，第4158页。
③ ［清］毕沅撰：《续资治通鉴》，中华书局，1957年，第40页。
④ ［清］毕沅撰：《续资治通鉴》，中华书局，1957年，第48页。
⑤ ［元］脱脱等撰：《宋史 卷一百七十三 食货上一》，中华书局，1977年，第4167页。
⑥ ［元］脱脱等撰：《宋史 卷一百七十三 食货上一》，中华书局，1977年，第4168页。
⑦ 吴筼孙编：《豫河志 卷一〇至卷一三》，1923年。

员，各计所属官员，内有一半叙议者，纪录一次；全议叙者，加一级。均令年终题报"；武职栽柳，照文官例议叙；河官栽柳以成活率之高低分别考绩，"成活二万株以上者，纪录一次；四万株以上者，纪录两次；六万株以上者，纪录三次；八万株以上者，加一级；多者，照数议叙"①。到雍正年间，朝廷仍要求直省州县，劝民于村坊树枣、栗，于河堤种杨柳，每岁地方官将村坊种树之数，申报上司。对于路旁、沟旁、堤旁、宅旁植树也较看重，务使野无旷土，家给人足。同时，清廷又议准"管河之分司道员、同知、通判、州县等官，于各该管沿河地方栽柳"，并以成活率进行奖惩。此后又要求河营官兵，"每年种柳百株"，完不成任务还要受到罚俸的惩处。直到乾隆朝，皇帝非常重视堤柳种植，写下了"堤柳宜护理，宜内不宜外，内则根盘结，御浪堤费败"的 20 字植柳护堤口诀，直至今日仍有借鉴意义。

在毁林与护林斗争中，清代沿黄一些沙区还出现了民间组织的集资造林育林活动。如在咸丰五年（1855 年），巩县桃园乡五指岭立《公议断坡碑》。上书"盖草木之植，皆缘人为盛衰，养其根则实遂，伤其木则枝亡。即如平定寺官坡，林麓荟蔚，昔日固尝美矣。但剪伐不以时，则山虽犹是，而今与昔异焉。何也？根宜修也，而人偏斩其根；木宜植也，而人辄拔其本"②。开门见山指明造成该地区林木今非昔比的罪魁祸首是滥砍滥伐，并采取措施保护平定寺附近林木资源。武陟、中牟、商水等县还出现了"树艺公司""农林会"组织，私人集股造林。延津县小卫村保存的一块《森林会碑》，记述该地区种植防护林的经历：清同治九年（1870 年），村民自发组织"森林会"造林护林，农林均有收益；后来人心涣散，会散林毁，风沙较前更甚，全村糊口无资者十有八九；不得已，宣统三年（1911 年）复会订章，重新开始造林。历代这些措施也为黄河流域内局域水土流失问题的缓解做出了贡献。

---

① ［清］会典馆编：《钦定大清会典事例 卷九百一十八》，见《续修四库全书》编纂委员会：《续修四库全书》，上海古籍出版社，1996 年。

② 孙宪周：《巩县现存最早的护林碑》，《中州古今》，1986 年第 1 期。

## 二、水资源保护与水污染处理措施

有关古人对水资源保护的历史由来已久。早在传说时代，黄帝便要求部落成员在"江湖陂泽山林原隰皆收采禁捕以时，用之有节，令得其利也"[①]。对江湖陂泽以及其中的水产有一定的保护。

北朝时期，北魏虽曾数罢山泽之禁，开发资源。但北魏在开发的同时，也关注资源的保护。北魏初年，朝廷曾下敕，"教行虞衡，山泽作材，教行薮牧，养蕃鸟兽"[②]。要求管理山川水泽和管畜牧的要各司其职，各自管好山川水泽、鸟兽的繁殖、畜养。北齐也十分注意保护自然资源，如天保八年（557 年）夏四月诏，"诸取虾蟹蚬蛤之类，悉令停断。唯听捕鱼。乙酉，诏公私鹰鹞俱亦禁绝"[③]。

在五代时期，对自然环境的保护也有一些记载。后晋石敬瑭曾下诏书，"岳镇司方，海渎纪地，载诸祀典，咸福蒸民，将保丰穰，宜申虔敬……其岳镇海渎庙宇等，宜令各修葺，仍禁樵采"[④]。意为在国家法定的祭祀山川及庙宇附近，禁止采伐树木。后晋统治者也重申了这一规定，对保护地方自然资源、生态环境起了一定的作用。

在北宋时期，对于水资源等自然资源的保护仍然采取较为积极的态度。宋太祖于建隆二年（961 年）下禁采捕诏，"鸟兽虫鱼，俾各安于物性，置罘罗网，宜不出国门，庶无胎卵之伤，用助阴阳之气，其禁民无得采捕鱼虫，弹射飞鸟。仍永为定式，每岁有司具申明之"。由此看出，朝廷是想让禁采捕诏以固定形式延续下去，每年都要重申。加强对于水资源的持续保护力度。

到了明代初年，朝廷也是比较重视保护自然环境中的水资源，曾多次下诏令禁止到川泽中捕捞水生生物，《明史·职官志》中记载为"冬春之交，罝罛不施川泽；春夏之交，毒药不施原野"。

除了保护水资源，古人对于水污染尤其是城市水污染的治理工作也是

---

①　[汉] 司马迁撰：《史记 卷一 五帝本纪》，中华书局，1959 年。
②　[北齐] 魏收撰：《魏书 卷一百一十 食货志》，中华书局，1974 年。
③　[唐] 李百药撰：《北齐书 卷四 文宣帝纪》，中华书局，1972 年。
④　周绍良主编：《全唐文新编 第 1 部第 2 册》，吉林文史出版社，2000 年，第 1312 页。

比较重视。因为在城市中往往铺设有排水沟，如果排水设施被污秽堵塞，城市环境也将不堪。所以在唐代，"京洛两都，是唯帝宅，街衢坊市，固须修整。比闻取穿掘，因作秽污阮堑，四方远近，何以瞻瞩？顷虽处分，仍或有违，宜令所司，申明前敕，更不得于街巷穿坑取土……"①

元代对于城市用水的卫生问题已十分重视。元世祖曾下令不得污染水源。英宗至治二年（1321年）五月，针对金水河水污染问题下敕，"昔在世祖时，金水河濯手有禁，今则洗马者有之，比至疏涤，禁诸人毋得污秽"②。

明代也非常注重维护城市水环境。《大明会典》载：明宪宗曾多次下令修理京城沟渠，成化二年（1466年），"令京城街道、沟渠，锦衣卫官校并五城兵马，时常巡视，禁治作践，如有怠慢，许巡街御史参奏拿问。若御史不言，一体治罪"。成化六年（1470年）、十年（1474年），朝廷又针对沟渠淤塞再下诏令修理，并增加管理人员定期对于淤塞的排水沟进行疏浚。

到了清代，京城排水设施时有损坏，皇帝经常询问，清几乎各代均为此下过诏令。如顺治元年皇帝下令"街道厅管理京城内外沟渠，以时疏浚。若旗民淤塞沟道，送刑部治罪"。此后康熙、乾隆、嘉庆、道光等朝，均对京城排水系统修缮疏通问题下过诏令。

# 第二节　水生态环保思想

早在先秦时代末期，随着人类破坏性的经济活动所造成的恶果出现，一些有识之士已经意识到人与自然关系处理不当将会给人类带来灾难。面对这种情况，人们从思想层面也在寻求人与自然和谐相处之道。

## 一、对植被保护与水土保持认识

古代先民对于植被保护与环境变迁关系的认识，基本上是以"保持水

---

① ［宋］王溥撰：《唐会要 卷八十六 街巷》，上海古籍出版社，1991年。
② ［明］宋濂撰：《元史 卷六十六 河渠志》，中华书局，1976年。

土"的思想为基础。在大禹治水的时代，"平治水土"的就是全部治水目标的核心所在。《尚书·益稷》云："洪水滔天，浩浩怀山襄陵，下民昏垫。予乘四载，随山刊木，暨益奏庶鲜食。予决九川距四海，浚畎浍距川。暨稷播，奏庶艰食鲜食。懋迁有无化居。烝民乃粒，万邦作乂。"这里的"决九川""距四海""浚畎浍"及"川距"等水利工程就是"平治水土"的基本方法。这可谓是我国最早的水土保持思想①。另据《国语·周语下》载，灵王二十三年（前549年），太子晋谏曰："古之长（君也）民者，不堕（毁也）山，不崇（填也）薮，不防（障也）川，不窦（决也）泽。夫山，土之聚也；薮，物之归也；川，气之导也；泽，水之钟（聚）也。"②"不堕山"，不破坏山林；"土之聚也"，水土不会流失。说明了古人对山林和水土关系认识已比较深刻。

《左传·昭公十六年》记载，"郑大旱，使屠击、祝款、竖柎有事于桑山。斩其木，不雨。子产曰：'有事于山，蓺山林也，而斩其木，其罪大矣。'夺之官邑"。对于干旱的状况，郑国的子产果断采取了"蓺山林"的做法，而不是"斩其木"，说明子产对森林植被与降雨量大小的关系有了一定的认识，意识到通过种树能增加降水。

对于栽种堤岸防护林与水土保护的关系，在先秦时期也有了深入认识。《管子·度地篇》比较详细地论述了堤岸防护林的作用，并对如何在河堤植树作了颇具科学性的说明。"树以荆棘，以固其地，杂之以柏、杨，以备决水"。指出在江河堤岸要种植荆棘之类的灌木，以固堤基；栽上柏树和杨树，以防洪水到来时决口。这种堤岸防护林，实际上是一种比较先进的乔木与灌木相结合的复层林带，开我国植树固堤、发展护岸林的先河。

到了宋代，面对自然环境遭到破坏的现实，使得宋代学者对于无视自然规律的严重后果有了较深刻的认识。当时一些学者十分沉痛地指出，"昔时巨木高森，沿溪平地，竹木蔚然茂密"很少有水土流失情况。由于山民追求木材价值，滥砍滥伐，造成"靡山不童。而平地竹木，亦为之一

---

① 刘忠义：《我国古代水土保持思想体系的形成》，《中国水土保持》，1987年第6期，第58-60页。

② ［清］徐元诰撰；王树民、沈长云点校：《国语集解 卷三 周语下》，中华书局，2002年。

空"。生态环境遭到破坏，一遇暴雨，造成严重的水土流失，从而导致"舟楫不通，田畴失溉"。

清学者梅曾亮在其《书棚民事》中，对森林的作用以及破坏森林所造成的水土流失留下了深刻的印象，他介绍，"未开之山，土坚石固，草树茂密"，下雨时，"从树至叶，从叶至土石""其水下也缓，又水下土石不随其下""故低田受之不为灾，而半月不雨，高田犹受其浸溉"。然而开山造田后，"一雨未毕，沙石随下，奔流注壑涧中，皆填汙不可贮水，皆至洼田中乃止，及洼田竭而山田之水无继者。是为开不毛之地而病有谷之田"。

## 二、将水体作为重要资源

古人早已深刻认识到水的重要性。《管子》中提到，"是故具者何也？水是也。万物莫不以生，唯知其托者能为之正。具者，水是也。故曰：水者何也？万物之本原也，诸生之宗室也，美恶、贤不肖、愚俊之所产也"。这是我国最早一篇论述水之特性的文字，将水提高到"万物之本源"的地位，并敬之为"神"，可见我国古代人们对"水"在人类生存中的意义，已有十分深刻的认识。《吕氏春秋·尽数》云："轻水所，多秃与瘿人；重水所，多尰与躄人；甘水所，多好与美人；辛水所，多疽与痤人；苦水所，多尪与伛人。"认为不同的水环境对人们生理特点有很大的影响，甚至具有决定性的意义。

在对水重要性深刻认识基础上，古人也开始将水体作为国家重要资源。战国时期成书的《管子》便认为，山林草泽是"地利之所在也"。只有保护好山林湖泊，才能使衣食之源用之不尽。

在汉代，文人学者普遍认可水体是国家重要资源的观点。司马迁、班固等史学家在写史料的过程中，均将水资源作为重要的物产和国家财富。《盐铁论·刺权》所云："今夫越之具区、楚之云梦，宋之钜野、齐之孟诸，有国之富而霸王之资也。人君统而守之则强，不禁则亡。"显然是将拥有、保护泽薮与政权的生存联系在一起。在《淮南子·本经训》中，甚至把滥用森林资源、水资源、土地资源、矿产资源以及火资源提高到事关天下兴亡的高度，谓之"此五者，一足以亡天下矣"。

清代则继承了前代的认识。乾隆七年（1742 年），在严令保护山泽林川时，乾隆皇帝说："国家承平日久，生齿日繁，凡资生养赡之源，不可不为亟讲""至于竭泽焚林，并山泽树畜一切侵盗等事，应行禁饬申理之处，转饬地方官实力奉行，该督抚不时稽查，务令从容办理，以期实效。"[1] 体现了清帝对水资源等自然资源的重视。

### 三、对水资源节约利用的思想

随着对于水资源重要性认识的加深，华夏先民也越发意识到要在遵循自然规律基础上保护水资源，反对急功近利，主张对水资源的利用应该有时有节，以求水资源的永续利用。

《管子·八观》中指出，"江海虽广，池泽虽博，鱼鳖虽多，罔罟必有正，船网不可一财而成也。非私草木、爱鱼鳖也，恶废民于生谷也。故曰，先王之禁山泽之作者，博民于生谷也"。《孟子·梁惠王上》中有同样的认识，即"数罟不入洿池，鱼鳖不可胜食也"。

荀子则进一步认识到了水生态环境与水生生物之间的依存关系。"川渊深，而鱼鳖归之"，破坏了水生态环境，就会出现"川渊枯，则龙鱼去之"的结局。因此，荀子主张"山林泽梁，以时禁发而不税""鼋鼍鱼鳖鳅鳣孕别之时，罔罟毒药不入泽，不夭其生，不绝其长也……污池渊沼川泽谨其时禁，故鱼鳖优多而百姓有余用也"。这样也就达到了荀子所追求的理想状态，"强本而节用，则天不能贫，养备而动时，则天不能病"。从而形成人水和谐关系。

另有甚者把水资源是否有节制的使用与国家命运相联系。《国语·周语上》云："夫水土演而民用也。水土无所演，民乏财用，不亡何待？昔伊、洛竭而夏亡，河竭而商亡。今周德若二代之季矣，其川源又塞，塞必竭。夫国必依山川，山崩川竭，亡之征也。川竭，山必崩。若国亡不过十年，数之纪也。夫天之所弃，不过其纪。是岁也，三川竭，岐山崩。十一年，幽王乃灭，周乃东迁。"这说明时人认为水资源枯竭，将导致国家衰亡。

---

[1]　中华书局影印：《清实录 第 11 册 高宗纯皇帝实录 3 卷一百六十九》，中华书局，2012 年。

先秦时期所生成的这种对水资源节约利用的思想也一直影响着后世。汉代成书的《淮南子·主术训》云："故先王之法，畋不掩（尽）群……不涸泽而渔，不焚林而猎。"北宋时，时人对水资源的利用依然非常重视。宋神宗曾说："灌溉之利，农事大本。"[①]

清初学者顾炎武曾针对生态环境恶化的问题，系统给出了解决出路，即"古先王之治地也，无弃地而亦无尽地。田间之涂九轨，有余道矣。遗山泽之分，秋水多得有所休息"。因此，顾炎武认为开发水资源等自然资源必须要适度[②]。

值得一提的是民国时期对渔业资源的保护已受到人们的关注。由于当时过度捕捞，造成我国沿海鱼群日渐稀少，所捕到的鱼也日趋短小，鱼苗资源受到严重破坏。20 世纪 30 年代，有人就一针见血地指出渔业管理存在的许多弊端，没有系统的政策，政府没有完整统一的渔业行政，管理者甚至"不知渔业为何物者"[③]。

---

① ［元］脱脱等撰：《宋史 卷九十五 河渠五》，中华书局，1977 年，第 2369 页。
② 罗桂环，王耀先，杨朝飞，唐锡仁主编：《中国环境保护史稿》，中国环境科学出版社，1995 年，第 41 页。
③ 李士豪著：《中国海洋渔业现状及其建设》，商务印书馆，1936 年，第 190 - 191 页。

# 第八章　黄河流域管理制度中的
## 水生态文化

　　水生态文化的制度层面既包括了人对水的管理与分配，也包括了兴修水利以及协调水与整个社会的关系。由于黄河流域处于干旱或缺水环境中，即便在人口稀少的历史时期，也需要通过建立法律法规、乡规民约等加以约束，还需通过相应的管理机构来保障。对于河防工程等水利的修缮也需要有完善的管理制度来维系。这些管理制度的产生、发展都有其历史文化背景。由此看出，黄河流域水生态文化的制度层面绝不是简单的制度，而是一种文化。

## 第一节　法规条例

　　自大禹治水开始，各时期都制定了一系列水利法律法规制度。如齐国管仲的《管子》、秦国的《田律》、东汉的《疏导沟渠诏》、唐朝的《唐律疏议》、北宋时期的《宋刑统》、民国时期的《河川法》《水利法》。20 世纪 80 年代以后建立起相对完整的水利法律，《中华人民共和国水法》《中华人民共和国防洪法》《中华人民共和国水污染防治法》《中华人民共和国河道管理办法》《水土保持工作条例》《河道采砂收费管理办法》等一系列具有国内外水法共性和本国特色的法律相继出台。尤其是新中国成立以来，开展了维护黄河健康生命的探索与实践，在我国大江大河中率先开展水量统一调度，出台了《黄河水量调度条例》，确保了流域及相关地区供水安全，化解了严重的黄河断流危机。

## 一、防洪工程管理类法规条例

中国历史上关于防洪工程管理类法规条例早在春秋时期就已出现。《礼记·月令》载，"命司空曰：'时雨将降，下水上腾。'循行国邑，周视原野，修利堤防，导达沟渎，开通道路，无有障塞"。这可以算是春秋末年国家大法中的水利条款①。到了战国时期，为了堤防保证修筑的质量，有了详细的施工制度。秦统一中国后，制定了与黄河防洪有关的条款，"决通川防，夷去险阻"。即要拆毁战国时期以来诸侯各国修建的阻碍水流的工事和妨碍交通的关卡，使整个黄河堤防有连起来的可能。此外，《秦律十八种·田律》中规定的"春二月，毋敢伐材木山林及雍堤水"②，就是为迎接雨季的防洪而做出的规定。

尽管如此，对于防洪刑律，唐代以前依然鲜有记载，到唐代才开始对防洪的违法者才有了定量的处罚。《唐律疏议》中的第 424 条、第 425 条包含了对防洪刑律和对该律条的解释，对不修或不及时修筑堤防而导致灾害的主要责任者，按情节严重程度量刑，对掘堤盗水灌溉而引发的决溢者、故意破坏堤防者都有相应的治罪条文。

《唐律疏议》第 424 条律文是"诸不修堤防及修而失时者，主司杖七十；毁害人家、漂失财物者，坐赃论减五等；以故意杀人者，减斗杀伤罪三等。即水雨过常，非人力所防者，勿论"。后文解释为"依营缮令，近河及大水有堤防之处，刺史、县令以时校验。若须修理，每秋收讫，量功多少，差人大修理。若暴水泛溢，损坏堤防，交为人患者，先即修营，不拘时限。若有损坏，当时不即修补，或修而失时者，主司杖七十。毁害人家，谓因不修补及修而失时，为水毁害人家，漂失财物者，坐赃论减五等，谓失十四杖六十，罪止杖一百；若失众人之物，亦合倍论。以故意杀伤人者，减斗杀伤罪三等，谓杀人者，徒二年半；折一支者，徒一年半之类"。其 425 条，对盗决堤防者，制定了详细的量刑标准。如因取水灌溉等缘故而导致大堤溃决者，不论因公因私，都要杖脊一百。如有故意破坏

---

① 周魁一著：《中国科学技术史·水利卷》，科学出版社，2017 年，第 427 页。
② 睡虎地秦墓竹简整理小组编：《睡虎地秦墓竹简》，文物出版社，1977 年。

堤防而导致人员死伤者，主要责任者比照故意杀人罪论处，造成财物损失者，主要责任者比照坐赃罪论处，严重者按盗窃罪论处。即使损失较轻，最低也要判3年徒刑。《唐律疏议》中的水利条款对后世影响是比较大的，《宋刑统》和《明会典》中有关不修堤防和盗决堤防致灾的量刑都与《唐律疏议》基本相同①。

尽管有诸多防洪法规散见于文献中，但直到金代，才出现了我国历史上较为完整的防洪法规——《河防令》。《河防令》颁布于金泰和二年（1202年），现存于《河防通议》一书中为10条。这10条主要内容如下。

（1）每年户、工两部要派出一名政府官员，沿河巡视，以监督、检查中央派出机构和地方州县的河防修守工作。督促水利主管机关和地方政府落实防洪措施。

（2）分治都水监统管河防河务工作，传递防汛信息。

（3）州县主管防汛的官员，每年从六月初一到八月底，必须轮流上堤指挥防汛，九月一日再还职。

（4）沿河兼管河防的知县，非汛期也要定期上堤，指挥辖区境内的防汛工作。

（5）必须及时奏报沿河州县官员在防汛中的功过。

（6）河工埽兵平时可按规定享受假日，若河防情况紧急可取消假期。

（7）沿河州县河防危急，防守人力不足时，可由州府官员、都水监官员及都巡河官员共同商定所需数量并临时征派。

（8）河防士兵、河工因病需要医治时，由都水监向近京各州县按量支取药物，费用由政府拨给。

（9）当埽工、堤岸出现险情时，由分治都水监、都巡河官负责指挥官兵，进行修护和加固，以杜绝危害。对堤防、埽工情况，要每月上报工部，再由工部转呈尚书省，以便上级及时掌握情况。

（10）除了滹沱河、漳河、沁河之外，其他有洪水灾害的河流出现险情时，河务主管机关和地方政府要派出人力进行紧急维护。卢沟河由县官

①　［宋］窦仪等撰；吴翊如点校：《宋刑统 卷二十七》，中华书局，1984年；申时行等重修：《万有文库 明会典 卷一百七十二》，商务印书馆，1937年。

和埽官共同负责防守，汛期派出一名官员进行监巡和指挥。

由上可以看出，《河防令》对河防要事都做了明确规定，使黄河流域的河防工作有了具体的执行依据，为各级政府和百姓依法有序地做好河防工作提供了保障。

明代的防洪法规进一步完善。一方面为了保护水利工程，明代官府法律条规明令对盗决圩岸陂塘、圩岸或修而失时罪等依法治罪。如《大明律·河防》规定，"凡盗决河防者杖一百，盗决圩岸陂塘者杖八十，若毁害人家及漂失财物淹没田禾、计物价重者，坐赃论，因而杀伤人者，以杀伤论""若故决河防者，杖一百，徒三年。故决圩岸陂塘，减二等。漂失赃重者，准窃盗论免刺。因而杀伤人者，以故杀伤论""凡不修河防，及修而失时者，提调官吏，各笞五十。若毁害人家、漂失财务者，杖六十，因而致伤人命者，杖八十"。一方面对堤防守护也有明文规定，规定"每里十人一防""三里一铺，四铺一老人巡视"。尤其要求每年"伏秋水发时，五月十五日上堤，九月十五日下堤"[①]，做到堤不离人，人不离堤，严阵以待。同时，为了责任到位，明确划分防守堤段，令每铺备一面铜锣，一旦有警，彼此鸣锣为号，通力抢险。还制定了"四防二守"的修防法规："四防"，即风防、雨防、昼防、夜防，就是要求在汛期，无论风雨昼夜，都要严加防守；"二守"，即官守与民守相结合。

在汛期黄河水情的传递方面，明代官员还创立了快马报汛制度，从上游向下游依次迅速传递水情：规定"上自潼关，下至宿迁，每三十里为一节，一日夜驰五百里，其行速于水汛，凡患害急缓，堤防善败，声息消长，总督者必先知之，而后血脉通贯，可从而理也"。这项制度为及时了解黄河的汛情，部署防汛，争取了主动。

清代防洪刑律基本沿袭明律，如《大清律例》之《工律》中关于盗决河防项罪名及应承担的刑事责任与《大明律·河防》的内容基本一致。但清代河防法规较之前代还是有创新的地方。例如，在顺治初年，朝廷为了保障黄河等圩岸修筑质量，专门制定了《河工考成保固条例》。该条例主要内容包括一是一年内河堤冲决，管河同知、通判、州县等官各降三级调

---

① ［清］张廷玉等撰：《明史 卷八十三 河渠一》，中华书局，1974年，第2041页。

用；分司道员降一级调用；总河降一级，留任。异常水灾冲决，专修、督修官员停俸并修复。二是堤防被冲毁，但隐匿不报的，管河同知等官员官降一级，分司道员降一级调用，总河罚俸一年。三是冲决少而上报多，分别降三级调用，分司降二级，总河降一级。四是有冲决必须在十日内上报，超过规定期限的降二级。五是沿岸修防不及时，以致漕船受阻的，经管官降一级调用，并罚俸一年，总河罚俸六个月[①]。到了康熙十五年（1676 年）对条例进行了修改，规定凡是堤防被冲决，责任由修守双方共同承担。尽管这个条例还有很多不完善的地方，但是从条例上制度化了处罚规定，并对失事责任和相应处罚上提出了量化的依据，这是一次巨大进步。

## 二、农田水利灌溉专门性法规条例

农田水利法规的产生，是在灌溉及兴修农田水利工程基础上诞生的。据《中国科学技术史·水利卷》载：有记载的灌溉法规始于西汉[②]。元鼎六年（前 111 年），左内史倪宽建议开凿六辅渠，灌溉郑国渠旁较高的农田，"定水令，以广溉田"[③]，制定了灌区用水法规，以扩大灌溉面积。这部水令后来被称为《汉水令》。《汉水令》主要是解决用水的先后次序问题，即下游先灌溉，上游后灌溉，这样做的好处是避免上游灌溉无节制，导致水资源的浪费，从而节约了水资源。《汉水令》也被视为是我国最早的有关水资源保护和利用的法律制度。

唐代比较典型的农田水利法规在《水部式》和《唐六典》中均有明确叙述。其中，《水部式》中有保证适时灌溉、节约用水的详细规定。如对于灌溉用水问题，规定"京兆府高陵县界，清、白二渠交口著斗门，堰清水，恒准水为五分，三分入中白渠，二分入清渠。若水量过多，即与上下用处相知开放，还入清水。二月一日以前，八月卅日以后，亦任开放""用水溉灌之处，皆安斗门""斗门不得私造""不得当渠造堰"。官田"计

---

① ［清］会典馆编：《钦定大清会典事例 卷九百一十七》，见《续修四库全书》编纂委员会：《续修四库全书》，上海古籍出版社，1996 年。

② 周魁一著：《中国科学技术史·水利卷》，科学出版社，2017 年，第 432 页。

③ ［汉］班固撰：《汉书 五十八 倪宽传》，中华书局，1964 年。

营顷亩，共百姓均出人功，同修渠堰""凡浇田，皆仰预知顷亩，依次取用"。这是一种可达到节约用水目的的轮灌方式。对灌溉与碾硙的关系，"现尽百姓溉灌"。对地方官吏和渠长、斗门长等责任作了具体规定。对于渠堰的维修养护也有详细条例，"龙首、泾堰、五门、八门、升原等堰，令随近县官专知检校。仍堰别各于州、县差中男廿人，匠十二人，分番看守，开闭节水。所有损坏，随即修理。如破多人少，任县申州，差夫相助""蓝田新开渠，每斗门置长一人，有水槽处置二人，恒令巡行。若渠堰破坏，即用随近人修理。公私材木并听运下。百姓需溉田处，令造斗门节用，勿令废运。其蓝田以东，先行水硙者，仰硙主作节水斗门，使通水过"。

《唐六典》中也对渠堰管理人员的职责和考核作了相关规定，"凡京畿之内渠堰陂池之坏决，则下于所由，而后修之。每渠及斗门置长各一人……至溉田时，乃令节其水之多少，均其灌溉焉。每岁，府县差官一人以督察之；岁终，录其功以为考课"。对于灌溉与水碾关系的处理，《唐六典》中明确规定，"凡水有溉灌者，碾硙不得与争其利"[①]。

宋代对农田水利很重视，所以农田水利法规亦相当完备。天圣二年（1024年）颁布的《疏决利害八事》规定，排水工程必须"商度地形，高不连属，开治水势"，由"州县计力役均定，置籍以主之"。施工后出现"水壅不行、有害民田者"，由有关官吏赔偿。不得"敛取夫众财货入己"。严禁在河渠截水取鱼。开沟占田，按面积减去田赋。

在熙宁变法期间所颁行的《农田利害条约》（又名《农田水利约束》）则是一部更为完备的农田水利法规。《农田利害条约》的内容主要包括四个方面：一是鼓励兴修水利。无论平民还是官绅，只要谙熟农田水利，都可以向各级官府提出自己的意见。经审核后，如确属有利，便由州县主持实施。特大工程要上报朝廷批准。竣工收益后，论功行赏。创利大者，可量才录用。二是规范上报及审批制度。各县要上报境内荒田面积、所在地点和开垦办法；各县要上报应修浚的河流，应兴修或扩建的灌溉工程。并做出预算和施工安排；河流涉及几个州县的，各县都要提出意见，报送主管官吏；各县的堤防、应开挖的排水沟要提出计划、预算和施工办法，报

---

① ［唐］李林甫等撰：陈仲夫点校：《唐六典 卷七》，中华书局，2016年。

请上级复查后执行。各州县的报告，主管官吏要和各路负责官员、提刑、转运使协商，复查核实后，委派州县施工；牵涉几个州的大型工程，要上报朝廷批准兴办。三是规定了施工前决策程序。任何水利工程都必须先做实地详细勘察，绘制成图，制定施工方案，呈报上级官府审批。以充分的准备来尽量避免人力物力的浪费。四是制定了兴建水利工程的原则和方法。任何居民都有出力出物出资兴建农田水利工程的义务；对大型工程，官府应予优惠条件的借贷，以补民力之不足；官府财力如不足，鼓励殷富人家借贷，依例出息，官府负责催还；私人出资兴建水利者，按其功利大小行赏。

在元代，关中地区为了实现水利灌溉高效利用，于大德八年（1304年）制定了"岁时葺理"制度。至元正年（1339年）后，又制定了一套管理规章制度。如在渠道的要害处洪口石堰，规定要抽调可靠人员，"若有微损，即使修补"，立闸门以分水：在各支渠上逐级立斗门以均水；设置退水槽，凡"遇涨水，泄以还河"，避免泛滥冲毁渠道，以保证农田正常供水。为避免引水灌溉混乱，还制定了《用水则例》。另外，元代《通制条格·田令》对农田水利的规定较为详细。《田令》共有《理民》《立社巷长》《农桑》等17项条律。与农田水利密切相关的《农桑》中，涉及对区田灌溉事宜的有关规定；在渠道上设置水碾磨、建造水车，灌溉用水与水碾磨用水的次序关系等相关规定；各级农田水利官员的职责及违反规定的处罚办法等内容。

到了明代，对于大型灌溉渠道，制定了更为详细的管理法规。如在万历三十年（1602年），时人为了保护广济渠渠道畅通，专门制定管理了条款。条款一共有6条，涉及工程、用水、生产等各方面管理内容，后为当地所推崇。这6条规约是：①"明河基，以防侵占"；②"定渠堰，以均利泽"；③"泄余水，以免泛滥"；④"设闸夫，以便防守"；⑤"分水次，以禁揽越"；⑥"栽树木，以固堤岸"。清代黄河流域农田水利法规不多，但有的地方也有所发展。如制定的管理制度中涉及有浚渠、岁修时间、要求及用水制度等方面的条款。

由于黄河流域灌溉工程的维修侧重于清淤，各灌区定有岁修制度和固定经费。经费来源，或由受益户按亩交纳作为常规维修之用，或由官府拨款以供重大疏浚、扩建、改造开支。维修规则也较完善。在众多灌区中，工作做得最细致的当属宁夏前套灌区。该区为了保证清淤质量，在建造灌渠时，就在渠底敷铺有上刻"准底"两个大字的底石，并制定条例要求每次清淤必须使之重见天日才可验收。

明代以来，随着社会基层组织管理的多元化，一些地方性的农田水利条例以及乡规民约相继出现。例如，在山西洪洞县 40 多个大小灌区都有自己的管理条例，即由基层民众制定的适合本灌区的《渠册》。都是受益业户对运行过程中出现的各种情况、矛盾提出的解决办法，约定俗成的总结，从而成为日后处理同类事宜的准则。"然同渠之人，无不奉为金科玉律焉"①。这些来自基层的《渠册》较好地体现了规则的稳定性和灵活性。一旦有新情况出现，如水源变迁、工程改造、产权变化等，受益户就会很快拿出共同接受并遵守的办法，使规则能及时得到充实修改，适应变化了的情况，更好地保持《渠册》的严肃性。大量《渠册》的出现，为地方性、流域性管理法规的制定提供了基础，有助于推动管理制度的进步，保障灌溉事业的发展。

另据民国《洪洞县水利志补》记载，《渠册》中讲浇灌的条例就有 19条。其中，关于灌溉用水的流程明确规定：用水的基本程序大致是先下游后上游，先远田后近田，先高田后低田，周而复始，轮流灌溉。实行轮灌的前提是摸清受益田亩数和作物种类。即由斗门长据此算出所辖范围内用水量上报社长，领取用水凭证，告知用水时间和用水量。斗门长不得擅自多放或迟放。干渠枢纽管理人员则严密注意干渠过水界，控制支渠用水。每到用水季节，主管机关都要派员到灌溉枢纽、斗门等处巡视督察，以防管理人员滥用职权。私自开渠筑堰建闸，节流用水，都视为违法；无视用水则例，早放晚闭偷水也同样会受到惩罚。情节严重者，可处以刑事处罚。

## 三、环保类法规条例

黄河流域的环保类法规条例也是历史悠久。传说中，"禹之禁……夏

---

① 孙焕仑纂：《洪洞县水利志补》，山西人民出版社，1992 年。

三月，川泽不入网罟，以成鱼鳖之长"①。开启了国家成立前的水资源保护法规的先河。定都黄河流域的周王朝于建立之初所颁布的《伐崇令》被誉为"世界最早的环境保护法令"。

在《国语·鲁语上》的规定中包含了水陆资源交替取用的意思，"古者大寒降，土蛰发，水虞于是乎讲罶，取名鱼，登川禽，而尝之寝庙，行诸国，助宣气也。鸟兽孕，水虫成（此谓春时），兽虞于是乎禁罝罗，猎鱼鳖，以为夏槁，助生阜也。鸟兽成，水虫孕，水虞于是乎禁罜䍡，设阱鄂，以实庙庖，畜功用也"②。这里体现了古人试图通过法规条例约束水陆资源交替利用以防止资源耗尽。

值得注意的是，在先秦时期，国家为保护水资源所设的厉禁往往执行得很坚决，上自国君，下至万民，谁也不得例外。《曲礼下》记载，"国君春田不围泽，大夫不掩群，士不取麛卵"③。《国语·鲁语上》记载，'宣公夏滥于泗渊（渍罟于泗之渊以取鱼），里革断其罟而弃之。曰：今鱼方别孕，不教鱼长，又行网罟，贪无艺也。"宣公闻之，居然说："吾过而里革匡我，不亦善乎！"④ 如此上行下效有助于水资源保护法规的深入执行。

秦代的《田律》《厩苑律》《仓律》《工律》《金布律》中都有一系列的按照季节合理开发、利用和保护森林、土地、水流、野生动植物等自然资源的规定。1975年出土于湖北省孝感市云梦县的《田律》包括了古代生物资源保护的各个方面，从水泽鱼鳖到苑池等各方面均有涉及。《田律》的规定，体现了"以时禁发"的原则。这部法律也是迄今为止中国发现最早的有关自然资源保护的法律文献实物⑤，在世界生态环境保护史上也具

---

① ［晋］皇甫谧撰；［清］宋翔凤，［清］钱宝塘辑；刘晓东校点：《逸周书 大聚解》，辽宁教育出版社，1997年。

② ［清］吴楚材，吴调侯编选；毕宝魁，君博译注评：《古今观止译注评 上》，现代出版社，2017年，第107页。

③ 陈成国导读校注：《礼记·全本 上》，岳麓书社，2019年，第20页。

④ ［清］吴楚材，吴调侯编选；毕宝魁，尹博译注评：《古今观止译注评 上》，现代出版社，2017年，第20页。

⑤ 罗桂环，王耀先，杨朝飞，唐锡仁主编：《中国环境保护史稿》，中国环境科学出版社，1995年，第51-52页。

有重要的历史意义，其内容之细致翔实，说明其中的行为规范经历了逐步成熟完善的过程。

汉代的《四时月令五十条》则是一份以诏书形式向全国颁布的法律，该诏书共50条，关于生态保护的就有16条。不仅内容详细，而且还有大量的司法解释，是迄今所发现的最早最系统地关注人类生产生活与生态环境关系的法律文书①。其中规定，每年孟春（一月）禁止伐木（无论树木大小，都不得砍伐）。仲春（二月），不能破坏山泽，不能放干池塘，竭泽而渔，不能焚烧山林。季春（三月），要修缮堤防沟渠，以备春汛，不能设网或用毒药捕猎。孟夏（四月）不得砍伐树林。仲夏（五月）不能烧草木灰，季夏（六月）官员要派人到山上巡视。这些法令中包含明确的"物要因时禁发"思想，代表了当时生态保护意识的较高境界。

在唐代，朝廷对水资源保护也有较完善的立法。前文所提到的《唐律疏议》中所规定的偷挖堤防，窃取水资源的行为的处罚措施就是这方面的代表。此外，朝廷还出台了很多政令以加强对水资源、水产的保护。例如，开元十八年（730年）三月二十八日敕，诸州有广造籆沪取鱼并宜禁断。开元二十二年十月十三日敕，每年正月、七月、十月三元日起十三日至十五日，并宜禁断宰杀渔猎。天宝六年正月二十九日诏令，属阳和布气、虫物怀生在于含养，必期遂性，其荥阳仆射陂、陈留篷池自今以后特宜禁断采捕，仍改仆射陂为广仁陂，篷池为福源池。至德二年（757年）十二月二十九日敕，三长斋月并十斋日并宜断屠钓，永为常式②。大历四年（769年）"十一月辛未，禁畿内弋猎"。大历九年（774年）"三月丙午，禁畿内渔猎采捕，自正月至五月晦，永为常式"③。由此可见，由于受到了佛教勿杀生思想的影响，唐王朝对于水资源尤其是水产资源的保护力度较大。

宋代的环保类法规条例沿袭了唐代的传统。北宋建立之初，"太祖建隆二年（961年）二月十五日，诏曰：'鸟兽虫鱼，俾各安于物性，置罘罗网，宜不出于国门，庶无胎卵之伤，用助阴阳之气。其禁民无得采捕虫

---

① 刘有富，刘道兴主编：《河南生态文化史纲》，黄河水利出版社，2013年，第110-111页。
② ［宋］王溥撰：《唐会要 卷四十一》，上海古籍出版社，1991年。
③ ［后晋］刘昫等撰：《旧唐书 卷十一 代宗本纪》，中华书局，1975年。

鱼、弹射飞鸟，仍永为定式'"[1]。天禧元年（公元1017年）十一月壬寅再次出台律令"禁渔采"[2]。

明清两代的环保类法规条例中则有更多关于保护植被以防止水土流失的内容。例如在明万历三十年（1602年），河内县令袁应泰专门制定管理条款并勒之以碑，警戒地方各色人等遵守。万历三十九年（1611年）主持制定了《三院禁约》，并刻成碑文立在县衙。内有禁规四条，其中一条是砍一棵树就砍一颗人头，试图用极刑峻法制止民众滥伐林木[3]。清咸丰五年（1855年），巩县桃园乡五指岭所立的《公议断坡碑》中明确写道，"于是公议立一罚规，以勒诸石。使后之人目触心惊，不敢私意妄取……立碑后，如有筑官坡圪搭者，罚钱五千文充公，放荒亦如此"[4]。

# 第二节　管理机构及职官

为法规条例的贯彻实施，历朝历代也都设立了对应的机构及职官加以管理。

## 一、治水管理机构及职官

我国历朝历代都在中央机构设置管理水利的部门、职官或专设机构。随着机构的发展，地方机构也开始设置水利职官，由地方长官、副职主管或兼管水利。古代的水政机构按管辖范围分，主要有两类：一类是行政管理机构，如工部、水部系统的管理机构。另一类是工程管理与施工机构，如都水监系统的工程实施机构。水政管理所涉及的范围较广，除了治河、防潮、航运、农田水利外，还兼有津、桥、渡、梁、交通水道管护及渔业、水生动物养殖等。按上下权限分，中央官吏直属工部或都水监管理，而地方官吏则相当于地方的长吏。刚开始，中央派出的官吏为临时性的，久而久之，渐渐变成了常职。如明清时期的总理河道、河道总督等。也有

---

① ［清］徐松辑：《宋会要辑稿 刑法二之二一》，中华书局，1957年。
② ［元］脱脱等撰：《宋史 卷八 真宗本纪》，中华书局，1977年，第2369页。
③ 张全明，王玉德等著：《中华五千年生态文化》，华中师范大学出版社，1999年，第606页。
④ 孙宪周：《巩县现存最早的护林碑》，《中州古今》，1986年第1期。

中央派到地方的专职水利官吏，如宋代的外部水监丞，明代派驻运河的郎中、主事等。也有非水利官员掌管水利的，如清代各省的道员就专管省内的黄河修防。也有地方官兼任本地水利官职的，如宋、金治黄官吏均带管河头衔，负有实际责任。亦有中央非水利部门官吏被临时下派地方管水利的，如兵部、刑部官员及监察御史等。也有武职官吏参与水政管理的，对像黄河这样的大河，在大规模整治时，常有武职官吏率军队参加治理或维持秩序。

由于历史较长，加上机构与官职变化大，水政机构与官吏演进过程错综复杂，现仅就主要机构和官职进行介绍。

## （一）司空

司空是古代中央主管水土的最高行政官员，相传公元前 21 世纪，舜即位，命大禹为司空，负责治水，中国水官自此始。西周时，中央主要行政官员"三有司"之一的"司工"即"司空"，《考工记》和《荀子·王制》指出这一官职的职责是"修堤梁，通沟浍，行水潦，安水藏，以时决塞"。到了春秋战国时期，诸侯各国多设有司空或相应官吏，负责全国的防洪、排涝、蓄水、灌溉等水利工作。当时增设川师、川衡、水虞、泽虞水官，隶属于司空，负责掌管水资源和水产等具体水政。

到了秦代，朝廷设都水长、丞，管理水泉、河流、湖泊等水资源，并隶属于太常、大司农、少府和水衡都尉等部门。西汉时期，司空职能发生变化，将御史大夫命名为"大司空"，至东汉，司空、司徒、司马并称"三公"，为最高行政长官。司空虽负责水利的修建和管理，但并非专官。隋代以后，中央设吏、户、礼、兵、刑、工六部。工部主管为尚书，亦通称司空。元代工部之下不再设水部，农田水利归大司农，河防则交督水监，农田水利工程的施工、维修、管理等职能划归流域机构，农田水利划归地方各个行省负责管理。所以，从元代以后司空这一治水官职就不再设置了。

## （二）都水监

都水监是古代中央政权主管水利建设计划、施工、管理的机构。此机构地位相对独立，与工部平行，工作内容差别较大，但行政上有密切关联。自春秋战国时期，就已有都匠水工等，负责治河开渠事宜。秦时各地山、泽、苑、池等里面的水资源，如河、泉、湖等都设有都水长、丞并由其管理。汉承秦制，中央仍设都水长、丞，并在太常、少府、司农、水衡都尉等官职部门属下，设有都水官，仍然专门管理河渠和陂塘灌溉的机构。由于水官数量较多，汉武帝特设左、右都水使者管理都水官，实行集中管理。至汉哀帝废除都水官和使者，并设河堤谒者。东汉光武帝时将"都水属郡国"，在郡国设置管水机构。东汉还设有都水使者，其属官有参军两人，相当于西汉的都水丞。

魏晋以来，机构仍承汉制。晋代中央机构称都水台，除设都水使者、河堤使者、河堤谒者及水衡都尉外，水部下又有都水郎、都水行事等，官职不高。晋武帝时，都水使者的属官为河堤使者，而在江左设置谒者，并在州一级地方政府中设置都水、从事各一人。都水使者、河堤谒者归大司农管辖，都水及从事隶属于地方政府。后魏、北齐有水部，属都水管辖；尚书掌舟船津梁之事，也设置都水台、二使者、参军。后周还设有司水大夫、小司水上士等①。北魏除了设有水部外，还设有水衡都尉、都水使者、河防谒者、监淮津都尉，并且级别也比较高。在永平二年（509 年），北魏朝廷设立了都水台，设有都水使者两人以及参军、谒者、录事、令、史等官员。

到了隋朝，工部下设都水台，后改台为监，又改监为令，主管为都水使者。唐代比较重视治河和水利工程，设都水监，"统舟楫、河渠二署"②，负责人为都水使者。唐代地方官员皆兼领河事，治河主要依靠地方政府。唐代工部所属的虞部"每岁春，以户小儿、户婢仗内莳种溉灌，冬则谨其蒙覆"③。唐代的都水监据《旧唐书》记载，"都水监使者二人，丞二人，主簿一人，录事一人，府五人，史十人，亭长一人，掌固四人……都水使者掌川泽、津梁之政令，总舟楫、河渠二署之官属，辨其远近，而归其利害；凡渔捕之禁，衡虞之守，皆由其属而总制之。凡献享宾客，则供川泽之奠。凡京畿之内渠堰陂池之坏决，则下于所由，而后修之。每渠及斗门置长各一人，至溉田时，乃令节其水之多少，均其灌溉

① ［清］傅泽洪录：《行水金鉴 卷 164 官司》，商务印书馆，1937 年。
② ［唐］魏征等撰：《隋书 卷二十八 百官下》，中华书局，1982 年。
③ ［宋］欧阳修，［宋］宋祁撰：《新唐书 卷四十六 百官志一》，中华书局，1974 年。

焉。每岁，府县差官一人以督察之；岁终，录其功以为考课"①。《新唐书》记载更为详细，"都水监使者二人，正五品上。掌川泽、津梁、渠堰、陂池之政，总河渠、诸津监署。凡渔捕有禁，溉田自远始，先稻后陆，渠长、斗门长节其多少而均焉。府县以官督察。丞二人，从七品上。掌判监事。凡京畿诸水，因灌溉盗费者有禁。水入内之余，则均王公百官。主簿一人，从八品下。掌运漕、渔捕程，会而纠举之……河渠署令一人，正八品下；丞一人，正九品上。掌河渠、陂池、堤堰、鱼醢之事。凡沟渠开塞，渔捕时禁，皆颛之……河堤谒者六人，正八品下。掌完堤堰、利沟渎、渔捕之事。泾、渭、白渠，以京兆少尹一人督视"②。

宋代工部所属的水部下设都水监，以监和少监为正副长官，属官有丞、主簿等官职。职能是防洪、防汛管理，以及对重要水利工程的督导。水部及都水监衙门权限也较历朝为重，水部下设六分案四司，一共涵盖官员三十多人。当时河患加剧，"廷臣有奏，朝廷必发都水监核议，职责十有八九皆在黄河"，都水监为黄河专设，沿黄各州县吏也都兼管黄河。宋初乾德五年（967年）"诏开封、大名府、郓、澶、滑、孟、濮、齐、淄、沧、棣、滨、德、博、怀、卫、郑等州长吏，使兼本州河堤使"③。五年后，宋太祖规定开封等沿河17州府各置河堤判官一名，以本州通判兼任。中央派驻地方或河道上的派出机构，称外监或外都水丞。

金时期将都水使者改称为都水监，隶属工部，副职称都水少监，并在工部设置侍郎一名、郎中一名，"掌修造工匠屯田山林川泽之禁，江河堤岸道路桥梁之事"，其派驻地方及河道上的派出机构叫分治监。

元代仍袭旧制，都水监仍主管河渠、堤防、水利、梁堰之事。另设河道提举司，专管治理黄河。元代派驻地方和河道的派出机构叫都水监，后改称行都水监。如至正六年（1346年），设山东、河南都水监。至正九年（1349年），设山东、河南行都水监。至正十二年（1352年），各行都水监又增设判官两名。宋、金、元时期，无论内外监都由官吏和技术人员担任。都水监是地区实际负责河道堤防的机构，兼领河道提举司。

① ［后晋］刘昫等撰：《旧唐书 卷四十四 职官志三》，中华书局，1975年。
② ［宋］欧阳修，［宋］宋祁撰：《新唐书 卷四十八 百官志三》，中华书局，1974年。
③ ［元］脱脱等撰：《宋史 卷九十一 河渠志一》，中华书局，1977年。

## （三）工部

唐代工部下设虞部和水部。其中，水部的职责据《旧唐书》记载是"掌天下川渎陂池之政令，以导达沟洫、堰决河渠。凡舟楫溉灌之利，咸总而举之"[①]。据《新唐书》记载，水部是"凡水有溉灌者，碾硙不得与争其利……溉灌者又不得浸人庐舍、坏人坟隧。仲春乃命通沟渎、立堤防，孟冬而毕。若秋夏霖潦，泛溢冲坏者，则不待时而修葺"[②]。由此看出，唐代水部具有负责堤坝修筑等职责。

较之唐代，宋代工部下属的水部没有太大变化。《职官分纪·水部郎中》记载，"国朝水部掌川渎、河渠、津梁、舟楫、漕运、水碾硙之事，凡水之政令"[③]。元代驻外的河渠司则参与地方水利工程。河渠司是工部屯田司派驻地方监管重要水利工程的机构，长官被称为屯田总管兼河渠司事。

明清时期，黄河流域由中央专门派设治理机构——总理河道管理。河工则隶属于工部。明代工部仍设水部，并设有"营缮、虞衡、都水、屯田"四清吏司。每司各设郎中一人，为正五品，后增设都水司郎中四人，再后来又增设都水司主事五人，其中"都水，典川泽、陂池、桥道、舟车、织造、券契、量衡之事"。由郎中、员外郎主管河渠水利。清代仍沿袭明制，设工部掌天下百官政令，工部之下仍然是"营缮、虞衡、都水、屯田"四清吏司。由于清代对水利工程的经费施行审计制，所以工部下设的都水清吏司就开始负责工程款的稽核估销，凡是河道、沟渠、水利、江防等工程经费，都在稽核估销之列。这种制度有助于强化中央对堤防等工程建设的控制。

## （四）河官

有关河官的设置最早可追溯到秦汉时期，当时的水官中就设有水衡都尉一职，其下属称都水官。都水官的主要职责就是负责渠道、堤防、闸门等水工建筑物的建设。水衡都尉，三国时魏人张晏说："主都水及上林苑，故曰水衡；主诸官，故曰都；有卒徒武事，故曰尉。"这是最早河官兼有

---

① ［后晋］刘昫等撰：《旧唐书 卷四十三 职官志二》，中华书局，1975年。
② ［唐］李林甫撰；陈仲夫点校：《唐六典 卷七》，中华书局，2016年。
③ ［宋］孙逢吉撰：《职官分纪 卷十一》，商务印书馆，1935年。

武职的一种①。

西汉时期，中央派驻黄河上的官吏都是临时性的，多以钦差大臣身份主持大规模工程，叫河堤遏者或河堤使者，还有以原官兼河堤都尉。河堤都尉是武职衔，仍是河官兼武职衔。在以后魏晋时期，河官中仍设有河堤都尉一职。至隋朝，中央将水利机构中的都水台改为都水监。都水监下设舟楫、河渠二署、其负责人还有都尉一职。

从唐代开始，通过御史台的外派，形成了跨行政区划的专业系统，以及水利的稽查系统。唐代，河堤使者仍专司河防，以下又增添典事三人、掌故四人。同时，地方官员也是兼领河事。唐朝中期，朝廷将全国设十方镇，各镇以节度使领兵镇守。后各节度使领兵自重，成为这一地方最高的行政和军事长官。黄河周边的水利工程便改由节度使主持。

五代时，黄河决溢频繁，治河机构略有加强。后唐时，除了河堤使者外，又设水部、河堤牙官、堤长、主簿等。后周显德年间（954—959年）又增设水部员外郎等官职。

宋代由于河患加剧，沿河机构更加完善。在宋初，工部下属的水部形同虚设，朝廷未设专职河官，每年只派出一些文武官员到黄河上河堤巡视和督促施工。宋太祖鉴于河堤屡有决口，即命沿黄各州县吏兼本州河堤使。至嘉祐年间才设置了专官。当时防汛除派遣民夫外，还经常调动军队参加。例如，在太平兴国八年（983年），黄河在韩村堤决口，第二年春，"发卒五万，以侍卫步军都指挥使田重进领其役"，这是武官兼有河官使命。

到金代，由都水监总管河防事宜。起初，河上每埽设散巡官一名，属下有6名巡河官，分管全河25埽（6埽在河南，19埽在河北）。每埽设"都巡河官"，下设"散巡河官"，每4~5埽设都巡河官1员，散巡河官若干，负责险工段的监管。全河共有埽兵12 000名，供河防调度之用。到大定二十六年（1186年）黄河在卫州决口后，金世宗看到河患频繁，过去所设埽兵数目满足不了需要，仿照北宋"河防一步置一人之制"，下令增加河防兵士数目。这里散巡官和巡河官也都是武职兼河官使命。兴定五

---

① ［汉］班固撰：《汉书 卷十九 百官公卿表》，中华书局，1964年。

年（1221年）另设都巡河官，掌巡视河道、修筑堤堰、栽植榆柳等职责。

元代另设有河道提举司、总治河防使，专管治理黄河。至正六年（1346年）设置山东、河南都水监，以专堵疏之任。至正九年（1349年）设置山东、河南行都水监负责治理黄河。

由此看出，在明代以前是不设治河专官的，当黄河上遇到重大事件，由朝廷临时派出主管官员处理。黄河管理制度较复杂，体制纷乱、变化大。到了明代，黄河总管叫总理河道，简称总河，兼有都御史（副都御史）、佥都御史衔。其下级管理机构中，除设有郎中、主事外，还有军队的锦衣卫、千户等职兼管河道工作。自成化七年（1471年）王恕任总理河道始，总理河道逐渐成为常设官。总理河道兼有提督军务衔，以河官兼有武职衔，可直接指挥军队治河。当然也有武职兼有河官使命的。如弘治六年（1493年）兵部尚书刘大夏任总河，隆庆六年（1572年）兵部侍郎万荣任总河。

到了清代，中央为加强对黄河的管理，专门设置了治河机构，最高长官叫河道总督。河道总督受朝廷派遣管理河务。多数河道总督加封兵部尚书或侍郎衔，也有兵部尚书（或侍郎）出任河道总督的。顺治元年（1644年）河道总督驻济宁，管理黄运河。康熙十六年（1677年）移驻清江浦（江苏淮阴市）。雍正二年（1724年）设河道副总督，驻河南武陟。雍正五年副河道总督分管河南、山东两省黄运河。雍正七年分设江南河道总督（仍驻清江浦）和河南山东河道总督（又称河东河道总督，驻济宁）。乾隆四十八年（1783年）改兼兵部侍郎、右副都御史衔。文职武职互兼，更便于以准军事化来管理黄河的河政与河务。如朱之锡在顺治十四年（1657年）以兵部尚书衔出任河道总督，齐勒苏于雍正四年任河道总督加封兵部尚书衔。

河道总督以下并设文、武两套机构。文职核算钱粮，购备河工料物，武职负责河防修守，两者职责互有连带，意在互相牵制。文职机构设有道、厅、汛。道设道员与地方相同；厅与地方府、州同级，官为同知、通判等；汛为县级，官为县丞、主簿、巡检等。武职机构设有河标、河营。河标官为副将、参将、游击等职。河营则由守备或协备充任；以下又设有千总、把总、外委等武官。清代虽有大量河工，但河兵较多，河工较明代少。咸丰五年（1855 年）黄河在铜瓦厢决口改退后，江南河道与河东河道先后被裁撤，河务文由三省地方管理，黄河下游河务又走向分散管理。

由上可以看出，历代河官基本上是兼有武职或是武职兼有河官使命。究其原因，在于历代大规模的治黄活动都有军队参与。例如，汉武帝在位时期的瓠子堵口，朝廷就发兵卒 10 万人堵口。东汉明帝在位时王景治河，也是军卒数十万人修汴渠治黄河。在元至正十一年的贾鲁治河，更是发民工 15 万人、士兵 2 万人进行堵口。自清代将河兵驻扎河防的制度固定下来。所以，便于管理河兵应该是历代河官兼有武职或是武职兼有河官使命的原因所在。

总之，中国古代的河官历经变迁。自新中国成立以来，为适应黄河特殊河情，人民政府建立了流域管理机构直管黄河下游河道和防洪工程的独特管理体制。体制机制法制的力量与流域实际相结合，走出了一条独特的河流保护治理之路，从根本上改变了黄河的面貌。

## 二、农田水利管理机构及职官

在水利灌溉层面，一个灌溉体系能够长期地充分发挥功效，一定有一套适合其特点的管理制度在背后发挥作用；反之，则一定是缺乏必要的管理保证，或者已有的制度不健全，无法解决新的矛盾。所以，从这个意义上讲，农田水利管理是黄河灌溉事业的灵魂。

关于古代灌区灌溉管理机构的记载，唐代以前较少，唐代以后较多。但历代中央都有专管或兼管农田水利的官员，地方各行政区一般也有专职或兼职的官吏。早在春秋战国时期，如前文提到的司空的职责中就包含了"修堤梁、通沟浍、行水潦"。具体管理沟渠的官职叫雍氏。

至秦汉，中央政府中与水政管理有关的官员为太常、少府、大司农。下属为都水官，名为都水长、丞。秦时称大司农为治粟内史，汉景帝后元元年（前 143 年）改名为大农令。大司农是管理国家经济、籍田、灌溉的重臣，但非专官。为了弥补不足，地方行政首脑也兼管农田灌溉事宜。

至唐朝，水部职掌国家水政，具体工作由都水监来做。都水监根据需要，派出官员，称堰监和渠堰使等，巡视和监督地方农田水利灌溉情况，处理水事纠纷等。地方也可根据情况在灌区设置渠长、斗门长等职务负责协调农田灌溉事宜。

北宋初年设置的三司（盐铁、度支和户部）相当于唐代的中书省。三司的河渠使、发运使、转运使，由皇帝任命外派，行使对农田水利建设方面管理的职责。

元代中央设司农司，后又改为大司农司，专管全国的农林水利。大司农司对水资源、重要农田水利工程拥有管理权。驻外的河渠司则参与对地方水利工程的监督和管理，它是工部屯田司派驻地方兼管重要水利工程的管理机构，长官称屯田总管兼河渠司事，官阶较低。中央对重大灌溉工程的管理主要是水资源分配。一般运作程序是：先由大司农提出用水方案，中书省批复后，再由河渠司监督执行。另外，还有一些临时的外派农田水利管理部门。例如，在至正十二年（1352 年）于汴梁立都水庸田使司，"掌种植稻田之事"。

到了明清时期，农田水利不归中央管辖，而划归地方管理。对于一些重要农田水利工程则专设府州县级官吏来管理。明代省设按察司，由其副使或佥事管理屯田水利，府州设有水利通判、同知、州同等，县设有县丞。如怀庆府水利属府通判、同知、县丞等分管。广济、永利、甘霖、广惠等渠的创修和疏浚，则由府县官吏亲自主持。

清代同明代一样，灌区水利仍归地方管理。但实际上形成了一个从中央到地方的灌溉管理体系。朝廷中由工部统一管理，省设水利道，府州设水利通判、同知、州同等（同治年间曾将水利同知改为抚民司知），县多由县令、县尹兼管。一些重要的灌溉工程另设专门的机构和官吏管理，其级别或同府州级，如水利同知；或同县。各灌区则有一个由受益民户推选的负责人，有的叫"社长"，负责这片区域水费的收取、管理，民工的征派，水利纠纷的解决等问题[1]。社长之下又设有渠长、斗门长。渠长负责渠道维护，斗门长专职用水管理。清代在沿黄一些地区还设有水利通判一职，负责管理流域内灌溉事宜。例如，对沁河流域管理，中央开始设黄沁通判一员，兼管水利。乾隆七年（1742 年）一度又改为黄沁同知；乾隆五十二年，又复为黄沁通判。此外，还设过粮捕水利通判，负责河渠事

---

① 程有为主编：《黄河中下游地区水利史》，河南人民出版社，2007 年，第 258 页。

宜。清代后期称广济河务局。上有总管，下有堰长、小甲、撅头、闸夫直至利户。总管由政府委任，总揽全局，堰长负责某一分水堰，堰长以下设小甲（大支堰上有），1 小甲大约管 10 个撅头。撅头直接管理到用水户，每个撅头大致管理 120～240 亩土地用水，据说堰长、小甲、撅头由受益村户轮流担任。

## 三、水环境保护机构及职官

水环境保护机构及职官设置至少可追溯至周代。随着对堤岸防护林对水生态保护认识的加深，周人就设立了相应职官加以管理。据《周礼·夏官》载，周代设有"掌固""司险"等官职，"掌固掌修城郭沟池树渠之固……凡国都之竟有沟树之固，郊亦如之"，即负责护城河两岸的植树工作。"司险"的职责是"掌九州之图，以周知其山林、川泽之阻，而达其道路。设国之五沟、五涂，而树之林以为阻固"（郑玄注：五沟，遂、沟、洫、浍、川也；五涂，径、畛、涂、道、路也），即负责田间沟洫和田间道路的植树工作。这些地方的人工植树，正是为了用来保护河岸堤防及道路。

为了加强植被在水土保持上的作用，历代也设立了很多机构予以管理。据《周礼》记载，周王室设有"山虞"，即"掌山林"的官员，其职责主要是掌管林木砍伐的日期和数量；"林衡"，负责"掌巡林麓之禁令"，即护林人员。唐代孔颖达疏说，山虞主管山上之林，林衡主管山麓之林。"司险"是管理地方山林的官员，其他还有"山师""周师""载师"等管理民林的职官，以及相应的专业管理人员。

周代还有负责水资源保护的职官。《周礼·地官·大司徒》记载大司徒的职责之一，就是管理河流、湖泊中的各种水生动物。其下属有"川衡"，"掌巡山泽之禁令而平其守，以时舍其守。犯禁者，执而诛罚之。祭祀、宾客，共川奠"。"泽虞"，"掌国泽之政令，为之厉禁区，使其地之人守其财物，以时入之于玉府，颁其余于万民。凡祭祀、宾客，共泽物之奠，丧纪，共其苇蒲之事。若大田猎，则莱泽野，及弊田，植虞旌于以属禽"。

此外，《周礼》中还记载了"雍氏"和"萍氏"两种职官。其中，"雍氏掌沟渎、浍、池之禁……禁山之为苑泽之沈者”。泽之沈者，郑注云：
“谓毒鱼及水虫之属。”贾疏云：“谓别以药沈于水中以杀鱼及水虫”“萍氏
掌国之水禁……禁川游者”。这样一套严密的管理机构和管理人员的存在
反映了当时人们对于环境保护已不仅仅停留在思想观念阶段，而是有了实
实在在的行动。基于水在人们的生产和生活中所占的重要地位，保护水资
源成为当时保护其他一切自然资源的前提和基础。

　　到了秦代，秦朝的国有土地由田啬夫管理，苑囿园池由苑啬夫管理，
他们分别是秦代的畴官和苑官。据金少英的《秦官考》记载，秦代还设有
林官、湖官、陂官，也就是管理山林川泽的啬夫。另外，在各地山、泽、
苑、池等里面的水资源，如河、泉、湖等都设有都水长、丞并由其管理。

　　在汉代，汉承秦制，生态环境方面的管理机构主要有两种：一种是管
水机构，即“都水”，另一种是管理苑囿园池的机构，即“水衡都尉”。
“都水”和“水衡都尉”都属太常管辖。此外，司空也承担一定的城市环
境管理的职责。其中，水衡都尉主要是管理上林苑的机构。《汉书·百官
公卿表》记载，“武帝元鼎二年初置，掌上林苑，有五丞”[1]。西汉时期的
水衡都尉权力很大，掌管上林苑中的“离宫燕休之处”和“诸池苑”等
业务。水衡都尉的下属还设有都水七长、丞，专门管水。王莽建立新朝
后，改水衡都尉为予虞。东汉光武帝时期，取消了水衡都尉，“并其职
于少府”。

　　魏晋南北朝时期仍然关注生态环境管理，并沿袭汉代的管理制度，设
立了生态环境管理机构。特别值得关注的是，这一时期，出现了水曹、水
部和虞曹、虞部等管理机构，这是一种新的变化，并直接影响了隋唐以后
生态环境管理机构的设置。据《晋书·职官志》记载，晋“置虞曹、屯
田、起部、水部曹郎及江左无屯田郎。康穆以后，又无虞曹……后又省主
客、起部、水部，余十五曹云”。虞部、水部的长官分别叫虞部郎、水部
郎。水部为相国或尚书管辖。

　　随后的北魏、北齐也有虞曹，北周仿效周礼设虞部。《隋书·百官志》
记载，后齐尚书省祠部统虞曹（掌地图、山川远近、苑囿、田猎谷膳、杂

---

① ［汉］班固著：《汉书 卷十九 百官公卿表》，中华书局，1964 年。

味等事）……都官统水部（掌舟船津梁、公司水事）。又据《通典》记载，北周置有"地官虞部下大夫""地官小虞部上士"以及"山虞、泽虞、林衡、川衡、掌禽、掌囿、掌炭、掌刍等中士"。这些职官对于黄河流域水资源保护起到了一定作用。

到了隋代，朝廷设立了专门的管理水资源的管理机构。虞部"掌地图、山川、远近园囿、田猎、殽膳、杂味等事"，水部也负责"公私水事"①。

唐代的官制设置与隋大体相同。其中，虞部的职责，据《旧唐书》记载，"掌京城街巷种植、山泽、苑囿，草木、薪炭供顿、田猎之事。凡采捕渔猎，必以其时"②。《唐六典·尚书工部》也有相似记载，虞部"掌天下虞衡山泽之事，辨其时禁。凡采捕畋猎，必以其时，冬春之交，水虫孕育，捕鱼之器，不施川泽"③。由此看出，虞部负责管理山泽等水资源。此外，唐代的水部除了有治水的职能外，也负责管理水资源。《旧唐书》记载了水部"掌天下川渎、陂池之政令"④。另据《旧唐书》记载，都水监使者责任也包含"掌川泽、津梁之政令""河渠令掌供川泽鱼醢之事"，都水监丞⑤。在《新唐书》中，阐明了河渠署令负责"掌河渠、陂池、堤堰、鱼醢之事，明确了河堤谒者负责"掌完堤堰、利沟渎、渔捕之事"⑥。《唐六典·将作都水监》中说明了都水监所辖"丞掌判监事。凡京畿诸水，禁人因灌溉而有费者，及引水不利而穿凿者；其应入内诸水，有余则任诸王公、公主、百官家节而用之。主簿掌印、勾检稽失。凡运漕及渔捕之有程者，会其日月，而为之纠举"⑦。由此说明了都水监使者、河渠署令、河堤谒者兼具管理、保护水资源的职能。

宋代虞部和水部依然是管理水资源的机构，隶属于尚书省下的工部。其职责，《宋史》记载，"虞部郎中、员外郎掌山泽、苑囿、场冶之事，辨

---

① ［唐］魏征等撰：《隋书 卷二十七 百官中》，中华书局，1982年。
② ［后晋］刘昫等撰：《旧唐书 卷四十三 职官志二》，中华书局，1975年。
③ ［唐］李林甫著；陈仲夫点校：《唐六典 卷七》，中华书局，2016年。
④ ［后晋］刘昫等撰：《旧唐书 卷四十三 职官志二》，中华书局，1975年。
⑤ ［后晋］刘昫等撰：《旧唐书 卷四十四 职官志三》，中华书局，1975年。
⑥ ［宋］欧阳修；［宋］宋祁撰：《新唐书 卷四十八 百官志三》，中华书局，1974年。
⑦ ［唐］李林甫著；陈仲夫点校：《唐六典 卷二十三》，中华书局，2016年。

其地产而为之厉禁"。《职官分纪》"水部郎中"条载，"国朝水部掌川渎、河渠、津梁、舟楫、漕运、水碾硙之事，凡水之政令"[1]。《元丰类藁·制诰》也记载了虞部、水部的职责：工部尚书制"至于垦地、山林、沟洫之政，莫不毕举，皆汝守也""虞部制。搜田有时，而泽梁有禁，虞衡之守，所以遂嘉生而参化育。中台典领，咸属汝材。其思顺鸟兽草木之宜，以称朕爱人及物之意""水部制，川渎堤防，宜其利而备其害，四方万里之远，郎实总领，秩甚宠焉"[2]。与唐代相比，对于水资源的管理职能未发生太大变化。

金代尚书省下工部，虞部与水部均未设置其中，生态保护的职责由工部、都水监、都巡河官分治。《金史》载，"工部尚书一员，正三品。侍郎一员，正四品。郎中一员，从五品。掌修造营建法式、诸作工匠、屯田、山林川泽之禁、江河堤岸、道路桥梁之事"[3]。据《金史》载，"都水监，街道司隶焉。分治监，专规措黄、沁河、卫州置司。监，正四品。掌川泽、津梁、舟楫、河渠之事。兴定五年兼管勾沿河漕运事，作从五品"。又载，"都巡河官，从七品。掌巡视河道、修完堤堰、栽植榆柳、凡河防之事。分治监巡河官同此"[4]。

元代山林川泽事务，工部、户部和大司农均有涉及。例如，山泽、川渎、陂池政令的颁发出自工部，"而辨其时禁""以导达沟洫、堰决河渠"[5]。

到了明清时期，工部掌管天下山泽之政令。《明史·职官志》中记载工部所辖虞衡清吏司负责"典山泽采捕、陶冶之事。凡鸟兽之肉、皮革、骨角、羽毛，可以供祭祀、宾客、膳羞之需，礼器、军实之用，岁下诸司采捕：水课禽十八、兽十二；陆课兽十八、禽十二，皆以其时。冬春之际，罝罛不施川泽；春夏之交，毒药不施原野；苗盛禁蹂躏，谷登禁焚燎。若害兽，听为陷阱获之，赏有差。凡诸陵山麓，不得入斧斤，开窑

---

① [宋] 孙逢吉撰：《职官分纪 卷十一》，商务印书馆，1935 年。
② [宋] 曾巩撰：《南丰先生元丰类藁》，上海书店出版社，1989 年。
③ [元] 脱脱等撰：《金史 卷五十五 百官志一》，中华书局，1975 年。
④ [元] 脱脱等撰：《金史 卷五十六 百官志二》，中华书局，1975 年。
⑤ [唐] 李林甫著；陈仲夫点校：《唐六典 卷二十三》，中华书局，2016 年。

冶，置墓坟。凡帝王、圣贤、忠义、名山、岳镇、陵墓、祠庙有功德于民者，禁樵牧。凡山场、园林之利，听民取而薄征之……"① 由此看出，工部以及其所辖虞衡司在水生态保护的作用是很大的。

除此以外，在永乐五年（1407 年），朝廷还建立了上林苑监，有左、右监正各一人，负责"掌苑囿、园池、牧畜、树种之事，凡禽兽、草木、蔬果，率其属督，养户、栽户。以时经理，其养地、栽地，而畜执之……凡苑地，东至白河，西至西山，南至武清，北至居庸关，西南至浑河，并禁围猎"。明确了这一官职对皇家园林内水资源的管理职责。

清代也设有虞衡清吏司，依然属工部统辖。有郎中五人（满四、汉一），员外郎十人（满四、蒙古三、汉三）。主要掌理山泽采捕等工作②。对于官属园林，清代改由内务府负责。内务府下辖的奉宸院掌景山、三海、南苑、天坛斋宫以及圆明园、畅春园、万寿山、玉泉山、香山、热河行宫、汤泉（今北京市昌平区东小汤山）行宫、盘山（今天津市蓟州区西北）行宫、黄新庄（今良乡北）行宫等宫府庭园内的水资源管理以及水环境维护。此外，都水司、户部等机构也均有管理全国水资源的职责。

---

① ［清］张廷玉等撰：《明史 卷七十二 职官一》，中华书局，1974 年。

② 罗桂环，王耀先，杨朝飞，唐锡仁主编：《中国环境保护史稿》，中国环境科学出版社，1995年，第 88 页。

# 第九章　黄河流域河神祭祀崇拜中的水生态文化

在人类的知识还不足以科学地解释自然现象时，很自然地将恐惧、敬畏、期盼、祈求变成为信仰和崇拜，从而产生诸多的水神、河神、海神、雨神。对于河流而言，最直接、最基本的，是河神，或是无名无姓的抽象的神，或是曾与此河或本地有一定关系的人格化的神。对各种与水有关的神灵的信仰、崇拜必定导致对相关水体的保护，产生一定的禁忌，形成一定的规范和传统，如要保持水体的清洁，不能改变水源地的环境，不能砍伐树木，不能随便动土。尽管这些传统利弊兼有，但总的来说，是有利于人与水、人与自然环境的和谐相处。

在中国，黄河、长江、淮河、济水被尊为"四渎"，都有相应的神灵，受到高规格的定期祭享。在发生重大灾害和特殊事件时，还会举行特别的典礼和祭祀。直到清代中期，人们还认为黄河河神应该居于河源，因而在河源建庙致祭，最能得到河神的接受和回报。在这种情况下，人们也不敢对黄河为所欲为，客观上有利于对黄河的合理利用，顺其自然。

## 第一节　河神祭祀的由来及发展

黄河以善决、善淤、善徙著称于世，它经常性地决口、改道，给沿黄地区的人民带来了深重的灾难。在科学并不昌明的年代，人们除了竭力修治黄河以外，还虔诚地祈求神灵的佑护。《庄子·秋水》中就写到了"河伯"。《庄子》里的河伯，就是河神，传说他姓冯，名夷，一名冰夷，又名冯迟，是华阴漳乡人，因修炼而得水仙之道。又有人说他在河中洗澡时溺死了，于是就成了河伯。

河神祭祀的习俗起源很早。这一传统可以追溯到史前时期。1923年甘肃省定西市临洮县马家窑村出土的马家窑文化遗址舞蹈纹盆描绘了一幅盛装女子在黄河岸边跳舞祭祀河神的场景。

到夏商周三代，黄河祭拜是国家政治生活中必不可少的重要组成部分。殷商甲骨卜辞中有大量关于黄河祭拜的记载。其指定的国家祭典中已经出现了专门的黄河祭祀日期和祭祀地点。殷商时期已经形成了一套集沈祭、舞祭、奏祭、酒祭等为一体的黄河祭拜系统。

西周时期并未形成有针对性的专门的黄河祭拜仪式，黄河祭拜散见于望祀、巡守祀等祭祀形式之中。望祀是帝王不亲临现场而采取远眺的方式祭祀五岳、四镇和四渎的一种仪式。西周时期黄河作为四渎之一在望祀过程中受到祭祀。此外帝王外出经过黄河之时也必须进行祭拜。西周祭祀系统等级分明，只有天子和诸侯才有资格对黄河进行祭拜。《礼记·王制》表述为"天子祭天地，诸侯祭社稷，大夫祭五祀。天子祭天下名山大川，五岳视三公，四渎视诸侯。诸侯祭名山大川之在其地者"。也就是说，只有天子和黄河经过其境内的诸侯国的诸侯才有权利祭拜黄河。

一直到战国时魏国的邺地（今河北省邯郸市临漳县西南）还流行着为河伯娶妇以制止水患的习俗，只不过后来这种淫祀被西门豹取缔了。

秦建立统一的封建帝国后，国家祭祀也渐有定制。根据《史记·封禅书》的记载，秦始皇定祭祀河渎之神于临晋（今陕西省渭南市大荔县），并于公元前221年命祠官祭祀河神。这应该是在封建社会时代首次大规模的国家级祭河活动。秦以后，黄河决溢次数明显增加，汉代的官方祭拜活动也愈加频繁。宣帝神爵元年（前60年），五岳四渎的祭祀正式列入国家祀典，建河祠，设祠官，指定专门的祭祀制度。河决瓠子后，元封二年（前109年）汉武帝亲临堵口现场向黄河河神献祭玉璧、白马，祈求黄河安澜。此后，东汉明帝时期也会在重大治河工程完工之时也多祭河礼神，求保太平。

在魏晋南北朝时期，正规的黄河祭拜活动极为少见，偶有祭拜也多与战争有关。秦汉时期延续下来的祭河传统此时多有破坏、衰败之象。

隋唐时期，随着大运河的修建，黄河在国家政治、经济生活中的地位进一步凸显，黄河祭拜活动也在魏晋南北朝后逐渐恢复发展。天宝六年（474年）唐玄宗亲赴南郊祭祀，下诏称"五岳既已封王，四渎当升公位，递从加等以答灵心。其河渎宜封灵源公，济渎封清源公，江渎封长源公，仍令所司择日差使告祭……并五岳及诸名山大川，并令所在长官致祭"，唐玄宗封黄河河神为灵源公，自此黄河河神有了固定的封号。

宋元时期是黄河水患又一高发期，黄河祭拜活动亦随之愈加频繁。北宋时期河祠由中州移至河中府。宋太宗太平兴国八年（983年），"河决滑州，遣枢密直学士张齐贤诣白马津，以一太牢沈祠加璧。自是，凡河决溢、修塞皆致祭"。宋真宗"车驾次澶州，祭河渎庙，诏进号显圣灵源公，遣右谏议大夫薛映诣河中府，比部员外郎丁顾言诣澶州祭告"。行至潼关，又"遣官祠西岳及河渎，并用太牢，备三献礼"。回到河中府又亲自谒奠河渎庙。唐玄宗时期曾册封五岳为王位，四渎为公位，仁宗康定元年，正式册封河渎为"显圣灵源王"，从此由公位晋升为王位。

也是在宋代，原来的河伯冯夷到此时逐渐不传，其河神的地位被新起的龙王所取代。宋真宗天禧四年（1020年），敕令祭河时需"增龙神及尾宿、天江、天记、天社等诸星在天河内者"，可能是龙王正式被祀为河神的开始。从此以后，江河湖泊，凡是有水的地方，都归龙神或龙王支配，龙王的族类也越来越多，黄河的水神亦不例外，呈现出群龙割据的局面。

元朝时期建立起统一的中央政权，为黄河的治理和开发创造了稳定的政治环境，传统的黄河祭拜文化也得到了延续和传承。元世祖中统二年（1261年）开始对岳、镇、海、渎实行代祀。代祀黄河时皇帝并不亲自前往，而是"遣使二人，集贤元奏遣汉官，翰林院奏遣蒙古官，出玺书给驿以行"[1]。元世祖曾对中书省言"五岳四渎祠事，朕宜亲往，道远不可。大臣如卿等又有国务，宜遣重臣代朕祠之，汉人选名儒及道士习祀事者"[2]。至元三年（1266年），定于立秋日遥祭河渎，并遣使祭祀。至元二十八年（1291年）春又加封河渎为"灵源弘济王"。

---

① ［清］朱孝纯辑录；郑澎点校：《泰山图志》，山东人民出版社，2019年，第64页。
② ［清］朱孝纯辑录；郑澎点校：《泰山图志》，山东人民出版社，2019年，第331-332页。

明清时期，漕运成了南北交通的大动脉，河运与漕运交织，黄河所挟带的大量泥沙经常将运河淤浅，影响了运河的航运，因此治黄济运就成为明清两代的要政。黄河在国家政治经济生活中的地位日益重要，传统的河渎祭祀在祈求安澜的基础上又多了一层保槽的意蕴。这也是河神由民间的神祇逐渐被官方所认同、转化为官方的神祇并不断地被追加封号的原因。例如，在明弘治二年（1489年），黄河于开封及金龙口决口，冲断张秋运河。黄陵冈河口完工之后，明孝宗"敕建黄河神祠以镇之，赐额曰昭应"。嘉靖三十一年（1552年）河决徐州房村集，屡堵屡决，"帝用严嵩言，遣官祭河神"。清廷对黄河祭拜活动更为重视，使得清代成为尊礼祭河的大成时代。例如，在顺治初年，"定岳、镇、海、渎既配飨方泽，复建地祇坛，位天坛西，兼祀天下名山、大川"。

总体而言，明清时期所祭祀的河神已在从民间神祇转化为官方神祇的过程中形成了一个庞大的体系。以明清时期黄河下游的河神祭祀为例。黄河下游沿岸的州县都建有河神庙。庙中供奉的河神，一种称大王，一种称将军。称大王的河神有六位：金龙四大王、黄大王、朱大王、栗大王、宋大王、白大王。

其中，《金龙四大王庙碑记》中称金龙四大王本名谢绪。相传谢绪是晋代谢安的后裔。宋朝将要灭亡时，他对自己的生徒们说："吾将以死报国耳！"据说谢绪赴蓿溪时，水势高丈余，汹汹若怒，人们都感到非常惊异。又传，他的尸体逆流而上，经旬不仆，面目如生，远近的人们都惊骇地以为他成神了。他的尸体被葬在了金龙山麓，因此明太祖封他为"金龙四大王"。明代关于金龙四大王的记载主要是一些碑记和传记。入清以后，情况发生了很大变化、上自实录、典章，下至方志、笔记，记载比比皆是。皇帝所加金龙四大王的封号也如雨后春笋般多起来。如顺治二年（1645年）十二月，封黄河神为显佑通济金龙四大王之神。康熙三十九年（1700年），加封金龙四大王为显佑通济昭灵效顺金龙四大王。乾隆二十二年（1757年），加封金龙四大王为显佑通济昭灵效广利安民金龙四大王。后来，各地的金龙四大王又得敕封，如同治二年（1863年）十月封宿迁金龙四大王"敷仁"，四年十一月、五年六月、七年八月、八年九月又封该地该王为"保康""赞翔""灵感""德庇"，光绪五年（1879年）

六月封山东张秋镇金龙四大王为"溥佑"等。这样，金龙四大王就有了一连串的封号。

黄大王名守才，河南偃师人。生于明万历三十一年（1603年），卒于清康熙二年（1663年）。相传黄守才12岁时，随舅船抵达虞城张家楼，恰好有运粮船被泥沙所阻，运粮官吴某夜晚梦见神明告诉他说："明日有活河神至。"次日看见黄守才与梦中所见没有差异，就诚恳地拜见了他。黄守才以黄纸作书后焚于水滨，片刻风起沙退，运粮船得以顺利起航。顺治七年（1650年）封丘金龙口黄河溃决后，运道淤塞，费金数十万都不能治理好。黄守才来了后，派人手持数株柳条插于决口处，3日后水归故道。他死后被人们称为河神，经常显灵效于河上。起初，黄大王只是民间的称呼，直至乾隆三年（1738年）三月二十五日经河臣奏请，才敕封为"灵佑襄济"。此后也是一大串的封号，如同治二年至十一年仅河南陈留二县黄大王封号就有"护国""普利""绥靖""溥化""宜仁""保民"等。光绪元年（1875年）三月、五年六月又加封山东黄大王封号曰"诚感"。

朱大王即清初河臣朱之锡。顺治十四年（1657年）朱之锡任河道总督，治河十载，他能够打破前任的规定，悉心筹划运河修守方案，使得沿河数省居民免于水患流离之苦。康熙五年（1666年）二月他去世后，被赠封为太子太保。徐兖淮扬间人盛传他死后为河神，称"朱大王"。对朱大王加封始于乾隆四十五年（1780年）。这一年清高宗巡视河工，准允大学士阿桂奏请，赐封"助顺永宁侯"，后又敷加"佑安"。同治二年至十一年加封陈留朱大王封号为"显应""绥靖""昭感""孚惠""灵庇"。

栗大王名毓美，山西浑源人。道光十五年擢升为河东河道总督，任内五年。"河不为患"。道光二十年去世后，吏民奉为河神，也称大王。到光绪元年二月，加山东栗大王封号为"普济"。三年二月、五年六月又分别加江苏、山东张秋镇栗大王封号为"显佑""威显"。

宋大王即明代的工部尚书宋礼。光绪五年"显佑潜船渡黄入运"，清督文彬奏请敕封大王。白大王为汶上老人白英。明代永乐年间，白英策划开运河有功，雍正年间敕封为"永济之神"。同治六年（1867年），河督苏廷魁奏敷加"灵感"。同治七年，自督李鸿章奏敷加"显应"。同治十三年，山东巡抚丁宝桢奏敕加"昭孚"。光绪五年四月也因"显佑潜船渡黄入运"，文彬奏请敕加大王封号。

河神中被称为将军的人数众多，据光绪十五年（1889年）朱寿铺在《敕封大王将军纪略》中说有64位。这些将军有封号，封号长短不一，如称陈九龙将军为"统理河道翼运通济显应昭灵普流衍泽显佑赞顺护国灵佑昭显普佑陈九龙将军"，称曹将军为"管理河道镇海威远金华将军灵佑孚惠护国显佑昭应曹将军"。另据《清德宗实录》，尚有元将军、五龙将军等。

由此看出，明清时期的河神并不仅仅限于单一的某个神灵，而是一个逐渐增加的群体。他们被尊为河神是因为"皆有功于河上"。神们被屡加封号，也是因为他们屡著"灵异"。当然河神并非全是黄河神，如宋大王等明显是运河神。对于黄河神，其"神力"所及也不仅限于黄河，也包括运河和其他河湖，如金龙四大王常在"江淮河汉四渎之间"显现"灵异"，以致商舶粮艘，舳舻千里，风高浪恶，往来无恙。

到民国时，由于受到西方思想以及新思潮的影响，民国政府将河神祭拜排斥于国家祀典之外，各地河神庙也列于废止之列。本于官民互动中建立起来的河神信仰不仅失去了官方政治权利的庇护，甚至被作为一种封建迷信明令加以废止，这对盛行千年的民间河神信仰无疑是一个沉重的打击。

不过，虽说民国时传统河神民间信仰有所回落，但也不可一概而论。在个别地区和个别行业，河神信仰仍然盛行，甚至更胜以前。例如，在1855年铜瓦厢决口之后，山东地区各地广建河神庙，河神信仰风行。在与黄河航运相关的行业中，河神作为行业之神仍然具有广泛的影响力。

## 第二节　河神祭祀活动的主要内容

有关拜祭河神的活动，起初大抵是由民间人士所发起并组织的，这样的活动，官方一般都表示支持，有时官员还出任主持。祭祀的费用则来自沿黄居民自愿的捐献，以地方士绅及船户所出资金为多。船户经常和水打交道，对河神更是深信不疑。为保出入平安，他们不但愿出酬神费，还在家里修有小木楼，供奉金龙四大王等河神。所立牌位多写有"五湖四海，九江八河，龙王神位"。据《金壶浪墨》记载，金龙四大王被视为北方舟子的保护神，船户见有金色方首之神游泳而来，"必以朱盘奉归，祀以香火"。

黄河沿岸一带，还普遍流行一种扶鸾的活动。所谓"扶鸾"，就是将一张黄纸铺在桌上，纸上洒满小米或沙子；另外用一个小箩筐绕上一根筷子，将箩筐在桌上，让一老人一小孩架箩，将筷子的一段置于小米或沙子中。准备工作就绪后，大家都虔诚地祈祷，河神就会显灵，在小米或沙盘上划出奇形怪状的符号。这些符号不为一般人所识，只有内行的老人才能分辨出，告诉人们有关黄河的汛情、是否会出现决口、决口在何处等。如果预测准确，人们必定会唱戏谢神。黄河在河南铜瓦厢决口后，山东段的黄河沿岸地区每年还要在河边唱两台戏：冬天大雪以后，称"关河门"；春天开冻以后，称"开河门"。戏期4天，所唱有山东梆子、河北梆子等。这段时间，人们会趁机做些生意买卖，甚至形成一些大的集会。

自从金龙四大王作为河神的封号出现以后、对河神的祭祀也渐渐由民间活动转为了官方行为。清代顺治二年（1645年）加金龙四大王封号为"显佑通济"，派总河臣致祭，祭文由内院撰给，祭品由地方官备办。顺治十一年（1654年），朝廷又遣太常寺少卿高景祭黄河之神。直到康熙年间，由于其他大王和众将军尚未产生，所祭黄河神主要为金龙四大王。乾隆以后，其他三位黄河神——黄大王、朱大王、栗大王相继出现，此时的祭祀就不限于金龙四大王了。乾隆帝辛未（十六年）、丁丑（二十二年）、壬午（二十七年）、乙酉（三十年）、庚子（四十五年）、甲辰（四十九年）六次下江南，路线都是直隶—山东—江南—浙江—江南—山东—直隶，每次往返江南过黄河，总要派遣官员祭祀当地河神。但一直到乾隆后期，江、淮、河、济四渎虽然各有专祀而黄淮河神在每年春秋的祭祀，还没有形成官方致祭的制度，所以在乾隆五十三年（1788年）七月，乾隆帝口谕"自宜特重明禋。以昭灵贶"。接着，他又制定了春秋祭神的制度，"所有江南及河东等处工次建立黄河神庙，并江南清黄交汇地方所建淮河神庙，俱著于每年春秋二季，官为致祭，交该部载入祀典。并著翰林院拟撰祭文发往，于致祭日敬谨宣读，以崇功德而报神庥"。

祭祀的地点，据《嘉庆会典》中记载，金龙四大王祭于江南、河南、山东滨河各州县；黄大王祭于河南陈留、阌乡等县及山东、江苏滨河各州县；朱大王祭于江苏、河南滨河各州县。农历每年的二月、十月之上午，各地方官员都要准备一羊、一豕（猪）供在河神前，行三跪九叩的大礼。另外，每逢大王神诞，也要给予祭享。

上面说的是一些特定日子的祭祀，而在一些非常时期，人们也要对河神礼敬如仪。黄河每至涨水之时，大王、将军往往纷集于河干。为保佑平安无事，这些卒吏、居民纷纷焚香烧纸。如堤坝有决口之险，地方长官往往在现场亲祭河神，实在守不住时，有的地方官就用跳河自尽的方式以祈水退。因为一旦河决口了，地方官自然逃脱不了受处罚的命运，而跳河自尽可使他们成为河神从而接受人们的祭拜。

在黄河决口以后，传说众河神也会亲临现场，辅佐堤工合龙。清代的薛福成在其著作中就记载了贾庄决口合龙时的情景，"同治甲戌、河决贾庄，山东巡抚丁稚璜、宫保亲往堵塞，以是年冬十二月开工，颇见顺手。而大王、将军绝不到工，至光绪乙亥二月间，险工叠出，用秸料至五千六百七十万斤、麻料至二百七十万斤。十三日后，停工待料，与埽或蛰或走，或似呕吐。连日西北风大作，大溜自引河直射口门，万夫色沮。十五日午刻、口门里许，河水清忽见底，毫发可鉴。十七日，栗大王至。越日，党将军至。又明日，金龙四大王至。自十六日至十九日，桃汛忽发，口门深至五丈四五尺，种种奇险，兵弁员役束手相向。二十一日，大溜忽入引河，口门水势日平。二十三日以后，蒜料大集，各大王、将军亦云集两坝。二十六日夕，南坝开工。二十八日，北坝开工。是日，金门中流忽浮黑鸭一对，游泳上下，几一时许，倏不复睹。河员谓系抱鸭将军，每遇堵口，出现最利。越日，复有虎头曹四将军端坐捆箱船上，形同绿蛙，而体较长，请入香盘，毫不惊跃。又有杨四将军者，状如蜥蜴，长只寸余，双眸怒突，遍体生花，从檐际跃入宫保帽中，遣官送至大王庙，行七八里伏不稍动，安坐供盘数日。三月初六日寅刻正，两坝合龙，然坝基尚未压到河底，河水自坝下溃涌而出，形势岌岌。初八日，雷雨大作，共言陈九龙将军至矣。是夜，雷雨不止，龙占打下丈余，随即添培高厚土柜，边坝一齐填压到底，即刻断流。盖人力无所不施，不得不借于神力也"。

为保堵口工程顺利，有时候在黄河堵口以前，人们会先对河神祭上一番。1925 年，山东连决李升屯、黄花寺等处，次年二月十五日开始兴工堵口。这天，山东黄河上游堵口工程处会办王炳增率众祭河神。祭文写道，"惟中华民国十五年二月十五日，炳率八县士绅文武职员三游兵夫谨昭告于皇天后土大王将军之前曰：山东黄河上游李升屯、黄花寺两处决口，八县成灾，今修堵李、黄两处口门，拯救灾黎，惟愿在工人员同心协力，竟此大工，如有从中渔利、妨害工程者，惟神鉴之"①。

正如上文所说，决口顺利合龙，被认为是神力所助，理应好好地酬谢神的帮助，因此就要举行庆功会、酬谢会。《鱼千里斋随笔》卷下曾记载了这样的一次活动，"堤工将竣，必有龙现，委蛇现化，甚驯不惊。河臣脱头上进贤冠迎之，即徐徐掉尾入，捧冠入靡，置大案，以香花礼之甚虔。蛇昂首傲然坐，受吏民北面拜。此时梨园已凤备，伶人以歌扇呈蛇前，鞠躬屏息伺之。歌扇上以楷字书戏名，朗如列眉，蛇目视，至一处，微以头触扇，凡三四触，伶人乃敬取扇下，宣示王命演何剧，须臾，管弦作矣。蛇之至，或三宿乃去，去则渺然，亦不知其何时行也"。"微以头触扇，凡三四触"表示河神在看戏单点戏。点中以后，戏子们就按此演出。同治十一年（1872 年）侯家林决口合龙后，薛福成《庸盦笔记》对河神点戏说得更详细，"侯家林之役，大王、将军来集工次，每日演剧敬神。有众蛇各就神位之前昂首观剧，优人或以戏单呈上，请大王、将军点戏。蛇以首触戏单，所点之剧往往按切时事，非漫无意味者也。而点第一曲者，必金龙四大王，其次第亦不稍紊"②。

当然，黄河并不是每年都会有水灾发生，如果黄河在汛期平安无事，有的大臣就会以黄河安澜为由奏报朝廷，激功取宠，皇帝一般会慷慨颁大藏香若干，交给地方巡抚，让他虔诚地到河神庙去祭祀叩谢，光绪年间这类情形经常发生。由此可见，上自皇帝，下至平民百姓，莫不对河神顶礼膜拜，诚心供奉，如果有谁对河神大不敬，立马会招致报应。

各行各业也有祭祀河神的习惯。例如，黄河流域的皮筏行业从业的筏客子们都很迷信，有许多"讲究""规矩"和"禁忌"。每次开筏漂流之

---

① 山东黄河上游堵口工程处编：《山东黄河上游堵口工程处记录》，1926 年。

② ［清］薛成福著；朱太忙标点；维公校阅：《庸盦笔记 文学笔记说部》，大达图书供应社，1934 年，第 89 页。

前，筏客子们都要沐浴净身，不得接近女色，选好黄道吉日，然后杀鸡宰羊，祭祀河神，祈求神灵保佑平安。说话时，他们十分忌讳讲"破""沉""撞""没"等字眼，只许乘客称呼他们"掌柜的"或"把式"，不许称呼"筏客子"或"船家"。在水深流急、滩险崖危、容易发生事故的地方，他们禁止乘客询问地名。漂流途中每见河神庙或龙王庙，都要停筏，进庙烧香磕头，祈求一路平安。如果漂流时筏子搁浅，就得赤身裸体下水，推动筏子，乘客中年轻力壮的也要下水推筏。虽然脱光了衣服，但筏子上的乘客不许讥笑，必须保持严肃镇静。此外，筏子绝不运载新婚夫妇，但对运送死者的灵柩十分欢迎，他们认为送殡是一种吉兆，而新婚夫妇会给他们带来灾难。筏客子的禁忌如此之多，目的都是祈求神灵给他们带来平安与幸福。

总之，古时人们对黄河的祭祀从一定程度上表现为人类对自然本该保持的适度敬畏，对还没有认识的自然现象应该留有余地。这种对河流的敬畏，尽管看来有些可笑，但是在当时是极其认真的。清代皇帝曾派专人去调查河源，不是为了科学考察，或者治理黄河，而是为了祭河神。正是由于人们的这种敬畏，使其不敢对黄河为所欲为。到了现代，人类尽管不需要再去宣扬迷信，但依然需要保有这种对自然的敬畏之情，要尊重黄河的自然规律，从征服自然的观念变为与自然和谐相处的态度，才能够真正促进人的全面发展。

# 第十章　基于哲学思考的黄河流域人水关系及黄河水生态文化再认识

水是生命之源，也是河流文明之源。只要河流不消失，她所创造的辉煌，就永远存在。就像不能征服一个民族一样，人类也不能征服一条河流，而只能与之和平共处。善待河流生命，就是善待人类自己的生命。把河流作为一个整体来研究，对文明的多元性、多样性会有更深刻的认识，为人类的和平、稳定和文明持续的发展做出贡献。

## 第一节　河流与人类的互动关系

河流是水资源的主要载体，是联系水与自然、人类关系的界面。河流与人类社会关系密切。河流把上游的泥沙输送到下游，促成下游冲积平原的形成；把河口的泥沙淤积在入海口，促成河口三角洲的形成。不论是下游冲积平原还是河口三角洲都是人类社会经济发展最迅速的地方。因此，许多国家、地区都把河流比做母亲。

对于人类社会的发展进步，河流发挥了直接的推动作用。在生物的演化和进化过程中，地球上出现了人类。与其他动物一样，人类生存离不开水，并和其他生物群体共享包括水在内的地球自然资源。人类和其他动物不同的是，人类利用和改造一些河流，发展生产，创造文明，从而逐渐支配了自然界几乎所有的资源，并以地球的主人自居。世界四大文明的埃及文明、两河文明、印度文明和华夏文明无不得益于河流的滋养，所以也被称为"大河文明"。

　　早期人类社会对以河流为主的先天环境有很强的依赖性，只有在基本生存条件有了保障之后，作为一种历史现象和社会现象的文化才可以在社会实践中产生，因此可以得出这样的结论：人类早期文化的产生和分布在相当程度上是以河流的分布为主体的，虽然水不是人类文化产生的唯一条件，但由于在早期社会人类的社会活动是以农耕为主的基本生存生产，因此无论从哪些方面讲，对于水的依赖都是不可替代的。

　　如果说早期人类有意识地寻求水资源丰富的地区作为一切活动的中心，这还只是初步认识到水对人类生存的必要性，那么在农耕生产得到稳定和发展之后，古代人类已不再满足于完成对生存的基本需要了，转而主动去认识水。也正是在这一转变过程中，水利在人类对水的认识不断加深过程中应运而生。

　　从单纯依赖自然赋予的水资源，到能动地改造利用水资源，反映了古人从生存到发展的文明历程。从利用自然、改造自然的社会实践中产生的生态文化正是基于文明的发展而得以产生且取得长足进步的。

　　回顾中国历史，以黄河为代表的大江大河是华夏文明产生的源泉，也是朝代不断变更的动力。流传至今最原始的文化形式当属神话传说。中华民族传说中的女娲补天，本质上就是防洪、抗洪。华夏先民把作为防洪、抗洪英雄的女娲推崇为人类始祖，说明华夏民族的形成与水不无干系。如果只说女娲补天的传说，可能有人会说证据不充分，但如果把精卫填海的传说与抗洪、与水利相联系，将夸父逐日、后羿射日与抗旱相关联，便可以看出水环境对华夏先民影响至深。

　　既然中国最古老的神话均是基于水，那么说水是华夏文明产生的渊源一点都不为过。中华民族最崇拜的图腾是龙，而龙的职责正是管水。可见，水对中华民族意识的影响程度早已上升到了具有神性的地步。

　　大禹治水被誉为是中华文明的肇始。大禹因治水有功而被"禅让"为部落联盟首领，反映了当时人们对于治水的重视。事实上，在治水过程中正是为了便于组织人力、物力、财力共同抗洪，才出现了国家的雏形。换句话说，中国作为国家实体的产生，最直接的原因就是水。之后，因为大旱大涝引起农民运动导致改朝换代，是中国封建社会变更中屡见不鲜的现象。由此可见，良好的水环境对社会的稳定是何等重要。

在漫长的自然进化中，人类得到了河流的巨大恩惠，并对河流的认识不断发生变化。研究表明，人与河流在"双向创造"的进程中，共经历了四个历史阶段。

一是河流的神话时代。人类早期所经历的大洪水，在各民族记忆中都留下了深刻烙印。无论东方还是西方。在难以理喻的大自然面前。人类童年的恐惧、崇拜和迷信油然而生，由自然崇拜诞生了最早的原始宗教。这一时期主导意识形态是非人类中心主义的泛神论和万物有灵论。

二是河流的妖魔化时代。当神化的结果屡屡不能奏效时，人类对河流的敬畏与仇视往往相伴而生。这时，人类对河流的情感模式发生了变化，时而把河流视为普度众生的神灵，时而把它看做青面獠牙的魔怪。继而导致河流的妖魔化时代的开始。

三是河流的工具化时代。面对严重的洪水泛滥威胁，使人类对河流的主宰意识与日俱增。随着科学技术水平的提高，人类逐步获得了与自然斗争的能力并意识到自己的主体地位，便着手对河流进行改造、利用进而"征服"。由此，人与河流关系史进入工具化时代。人们兴修水利工程，要管理水、利用水。人们修堤、筑坝、建水库、修渠道、开运河、建电厂，发挥防洪、灌溉、供水、通航、发电，至今该阶段仍未结束。但在取得巨大成绩的同时，也会因对自然规律认识不够造成失误，受到大自然的报复，甚至留下不可弥补的遗憾。

四是人水和谐共存的时代，人们在总结正反经验的基础上，对水进行更科学、合理的治理开发利用，做到可持续发展，实现人水和谐的最终目的。

## 第二节　从河流生命与水循环视角看河流与人

按照"河流生命"概念的理解，构成河流的生命要素有以下五个方面：一是河流都有一个完整贯穿的河道形态，并由众多支流和纵横水系汇集而成；二是由于大陆板块的构造运动，均表现为上中游断裂发育、地势高峻、峡谷众多，下游为冲积平原，因此呈阶梯形的地貌特征；三是大多河流往往与流域内的一些湖泊沟通串联，例如，黄河的扎陵湖、鄂陵湖、东平湖等；四是河流的变化与运动以流动为主要特征；五是河流水体与其间的生物多样性共存共生。

正是由于上述这些生命要素，在漫长的演变进程中，地球上无数的河川溪流才显示了它旺盛的生命活力。以其巨大的推动力维系了生态环境和能量交换的总体平衡，以其独特的生命方式哺育和滋养了各类生命。河流的外在形态是贯通，内在特质是流动。没有流动，河流就会丧失其在地表和地下进行水文循环的功能；没有流动，河流也就不再是河流。流动需要足够的动能，这种动能除了来自从上游到下游形成的落差势能之外，更重要的是产生水流动能的内因，即河流的水量。如果一条河流的流量急剧衰减，就会出现河道萎缩、泥沙淤积、河槽隆起等恶性循环问题，从而大大缩短河流的生命周期。因此，要维持河流的健康生命，必须首先保证能够维持进行其生命循环所必需的河流水量。河流的文化生命是河流自然生命的延伸。

据现代学者的研究，人类与河流的关系大体可以划分为三大类：第一类是人类被动适应河流型。这种关系存在于 17、18 世纪以前。典型的案例便是古埃及人利用尼罗河漫滩洪水发展农业的做法。在这种人—河关系中，最大的受益者不仅有河流生态系统，也包括人类本身。人类从河流中得到了河流生态系统提供的诸如粮食、水产等各种有形的价值，以及诸如航运、水景观等无形的价值。然而，在这种人—河关系中，人类时常受极端的大洪水、大旱灾侵害。因此总是梦想河流能够听从自己的安排。

人类社会进入 20 世纪以来，人—河关系进入了第二种新型的关系，即人类独占河流型。在 20 世纪近百年的时间里，全世界共计修建了约 50 000 座大坝。在世界上的 227 条大河中，60% 的河流已被大坝、引水工程及其他基础设施控制。尼罗河上的阿斯旺高坝修建之前后，峰枯流量之比由原来的 12∶1 变成 2∶1。恒河、印度河、阿姆河、锡尔河等在一年中的大多数时候都不能入海。这种人类独占河流型人—河关系的特点往往是人类为了自身的安全和幸福，最大限度地控制、利用河流，致使现在的河流不再保有水循环中的自然节律，河流生态系统遭到了极大的破坏。在水危机越发严峻的情况下，人们已经意识到，以牺牲河流生态系统换来的人类安全和幸福只能是暂时的，不尊重河流生态的自然规律必然导致人类最终灭亡。

第三种人—河关系，即人与生态共存。在这种人—河关系中，人不仅有权享用河流水资源，而且也要保证给河流生态系统分配所需的且能不危及河流可持续发展的水流过程。对这种人与生态共存的关系，有两点需要进一步阐明：一是保护的对象不仅有人类，而是整个河流生态系统；二是保证河流生态系统能够持续发展的方法是恢复河流的水流过程使之接近平均的天然河流水流过程，即生态所需的水是应有"大""中""小"各种成分，而且各种成分的出现应尽量接近天然的水流节律，因为河流中的动植物已经适应了千百万年来的水流节律。

# 第三节　河流问题的哲学思考

应当说，在漫长的历史时期内，由于河流的利用，原始农田灌溉逐步发展为传统水利，进而成为维系农耕文明的命脉。人类的这种实践与认识，对于社会发展的确曾经发挥了巨大作用。此后，水利水电资源被开发利用，更大大推动了科技进步和人类社会的发展。从某种意义上说，人类是通过改造河流才创造了今天的文明世界。但是，随着人类社会经济的发展，自然生态环境受到的人为干扰越来越大，河流的自然功能也受到严重损伤。由于认识上形成的人类中心主义，忽视了河流的本体价值，人类对河流盲目追逐和过度利用经济价值的行为也愈演愈烈。人类试图通过工业文明成果来驯服江河，对河流的自身规律产生了巨大的影响，导致众多河流都出现了空前的危机，而这种危机又反过来直接作用于人类自身。

首先是河流集水范围内的自然环境受到各种干扰。例如，黄河流域的森林和草地受到破坏，加重了水土流失；由于温室气体增加导致全球气温的变化，不仅对人类社会造成不利后果，也会对流域生态系统、河川径流和江河湖水造成不良影响。由于人类开发利用土地，并利用河水发展灌溉、航运、发电、城乡供水等各种功能，从而改变了河流的本来面貌。例如，历史上围垦黄河流域各支流两岸的洪泛土地，从而割断河流与两岸陆地的联系，并侵占洪水的蓄泄空间；引水到河道以外，从而减少河流的径流；筑坝壅高或拦截河水，从而阻拦或改变河水的流路；建造调节径流的水库，从而改变河流的水文律情；利用河流排泄废水，从而改变河流的水质。在改造河流的同时，也改变了河流所在地区的原有生态系统，并创造了城镇村庄、农耕地、人工湿地以及人工河流等各种人工生态系统。以上一系列改造，都不同程度地改变了河流天然的水文状况，干扰它的自然功能。河流是一个巨大的系统，具有较强的抵御干扰能力，但如果干扰超过它的自我调节和自我修复能力，其自然功能也将不可逆转地逐渐退化，最终将影响甚至威胁人的生存发展。

毫无疑问，河流作为流域的躯干和基本载体，应当拥有从自身获得保证生存水量的基本权利。然而，在人们的意识中，河流的这一基本权利，并没有得到承认和尊重。在地球生命体系中，人类是唯一拥有理性的物种。人类可以认知和欣赏自然，也可以利用和开发河流，但在人类面前，河流似乎只有义务没有权利。河流的水资源体系支撑着人类一代又一代繁衍生息，但这些水资源又是有限的。现实中，作为大气和陆地水文循环不可或缺的链条，河流的完整性权利屡屡被侵犯，其后果直接导致了流域生态系统的巨大断裂和民族文化心理的缺失。20世纪90年代举世震惊的黄河连年断流，就是一个最典型的例证。人类还常常侵犯河流的连续性权利。应该说，流域是一个连续的有机耦合的生态系统。流域的连续性表现为水域的连续性，包括地表水和地下水、水域和陆域的连续性。其中，河流无疑是流域生态系统融会贯通的最重要保证。人类活动如果无视河流的连续性权利，人为地切割水域、水陆之间的生命链条，把连续的生态系统分割成一个个孤立的区域，那么，河流必然走向枯萎和衰亡。面对当前黄河流域水污染、水资源短缺、水灾害等问题，亟须通过保护、合理开发等措施归还河流的基本权利。

## 第四节　黄河与河流伦理

透过历史的隧道，来审视黄河与河流伦理的时候，会发现一些深层次的问题。

## 一、基于河流伦理的人与黄河关系

在历史时期，人与黄河之间的关系经历了多个阶段。比如在战国以前，黄河下游是漫流的，所以黄河在非常大的冲积扇中间不断地摆动。这样的好处是在黄河下游不存在泛滥决口，因为它可以在不同的时期选择不同的河道，在相对宽广的地域里面自由流动。但是到了战国时期，一方面由于人口增加，居住和生产区域的扩大，已经不允许黄河下游继续保留大片的泛滥区；另一方面，当时有些诸侯国以邻为壑，利用水来达到军事上所不能达到的目的，所以各国纷纷在黄河两岸建筑堤防。建筑堤防固然有其合理性，但同时也造成对水道的约束，增加了决溢泛滥的风险。又比如黄河在东汉以后，曾经出现近 800 年的相对安流，谭其骧等学者认为这是因为中游地区由农变牧，相当多的土地恢复为牧区，或者荒芜了，所以水土流失变得相当轻微。尽管这个观点存在争议，但至少可以肯定，黄河中游的水土保持对下游的安流起了非常大的作用。又比如说南北大运河对中国做出了巨大的贡献，但其也有不利的一面，它影响了所有跟它相交的河流，客观上造成黄河与海河、淮河之间灾害的互相影响。在清代，为了保持漕运，经常推迟堵塞黄河的决口，因为黄河决口后运河的水量充足，便于航运。

由于忽视了黄河的河流伦理从而造成黄河流域水生态问题的状况各时期均存在，即便是在新中国成立初期，由于实行黄、淮、海流域分治，失去了三者优势互补、矛盾自消的基础条件，结果在投入巨大、付出巨大、成就很大的同时，也给后人留下了河口频繁摆动，缺水断流；高堤悬河等险情，影响了黄河三角洲的开发，制约了沿黄经济的发展。

造成这种情况的原因在于没能看到黄河的全程实际，没有始终按照黄河的自然规律办事，没有充分发挥黄河的自然地势和自然动力。黄河的实际是：发源于高山，流经峡谷、高原、平原，最后注入渤海。流入大海，即河口的一段是情况复杂、多学科交叉、科技含量密集的非常关键的一段。不对这一段进行深刻的研究，就不可能对黄河有全面的了解，也就不可能制定出符合黄河实际、满足时代要求、实现河口稳定，进而根除黄河水患的方案来。

又如历史上相继形成的堵、疏、洫三种治黄方式所用的力从本质上讲都是地球引力所产生的重力，由此产生的水体运动规律就是避高就下。河流的挟沙能力是由河道比降和自身流量所决定的。河道到达河口，融入大海，比降消失，河道自身的挟沙能力也随之消失，这是多泥沙的黄河河口淤积、摆动的根本原因，所以只靠重力治黄解决不了黄河口的稳定问题。在这种情况下，欲使黄河适应现代生产力的发展，实现其河口稳定，必须寻找和发现新的治黄力，这种力就是渤海海动力。渤海海洋动力是由天体引潮力、渤海湾形状和特殊的气候条件形成的。正确认识和充分利用河口海洋动力，就可以把河口泥沙运走，保持河口畅顺和稳定，从而有助于实现黄河安澜。

## 二、黄河河流伦理的启示

通过对黄河流域历史发展规律的探讨可以发现一些深层次问题。

第一，倡导尊重河流、善待河流的伦理态度将是今后河流文明持续的基础。人类必须清醒意识到，河流环境不是人们掠夺的对象，而是河流文明赖以生存的基础。中华民族与黄河流域河流环境之间有一条割舍不掉的纽带，当中华民族从黄河中汲取营养而创造文明时，我们不能忘记黄河的恩惠，更不能以怨报德。中华文明与黄河的命运已紧密交织在一起，密不可分。人们必须学会尊重母亲河、善待母亲河，自觉充当维护黄河河流健康与和谐的协调员。从对黄河发号施令，到善待黄河，这将是中华民族生态意识的一次深刻觉醒，也是一次角色的深刻转换。实现这一转换不仅需要外在的法律强制，更需要人们的良知和内在的道德力量。需要以黄河河流伦理学为理论支撑，使人们适应新的角色转换，建立起新的道德准则和行为规范。

第二，倡导一种尊重黄河、遵循黄河的自然规律的理性态度将是中华文明发展的不竭动力。历史上许多古河流文明从强盛走向衰落，是因为人类在河流文明发展进程中没有遵循河流规律和生态规律，对河流肆意开发和掠夺，从而导致河流生态系统的崩溃，最终导致河流文明的衰败。如果说，过去的农业文明和游牧文明破坏的只是局部的生态系统，最终会导致区域性的文明衰败。那么当今社会由于社会生产力的极大提升所产生的破坏对河流文明来说是史无前例的。任何河流失衡的生态环境都不可能支撑起河流文明的发展。因此，人们做任何事情都必须遵循河流规律和生态规律。

第三，倡导一种保护黄河的实践态度将是中华文明长盛不衰的根本保证。随着人类对于自然认知能力的提升，当今社会人们比此前任何时代都更能领略到河流生态环境变化所带来的威胁。例如，为了经济社会发展，人们不惜占用本来是河流行洪的滩地和低洼地带，把工厂和城镇布置在洪水高风险地区，而不去主动避让洪水。一旦遇到洪水，总是水来土掩，拼命加高加固堤防，反而带来更大的风险。又如，为满足高耗水产业的用水需求，用尽一切办法开发水资源，导致河流干枯、地下水严重超采，结果是越缺水越开发，越开发越缺水，形成了恶性循环。再如，面对严重的水资源污染和水土流失，人们最先想到的是对污染进行稀释，对流失进行治理，却忽视了正是人类活动本身才是污染和流失的根源。总而言之，当前水的问题实则在人本身。采取各种技术手段治理水问题固然重要，但终究还是治标，只有调整人水的关系，约束人的行为本身，才是治本之策。在这一认识前提下，人们必须采取坚实的行动，来弥补长期以来对黄河及其生态环境所犯下的错误。通过贯彻保护黄河、修复黄河的实践行为，来维护黄河河流生态系统的平衡与和谐。

# 第十一章 黄河流域水生态文化的
## 价值与现状

黄河流域水生态文化作为一种文化，既包含了中国传统的生态智慧也包含了人与自然和谐相处的先进理念。应充分挖掘黄河流域水生态文化的当代价值，把握好黄河流域水生态文化现状及问题，探讨造成问题的原因，为进一步保护传承弘扬黄河流域水生态文化提供依据。

## 第一节 黄河流域水生态文化的重要地位

黄河文明是世界古代文明中始终没有中断，绵延5 000多年发展至今的文明。黄河文明虽是一种地域文明，但在南宋以前它又是整个中华文明的缩影。由于长期以来的文化积淀，使黄河流域所拥有的人文资源、历史遗迹、文化精华，是长江流域及其他流域无法比拟的，在文化传承中所起的作用也是其他任何流域文化不能替代的。黄河文化堪称是集中华文明之大成的文化，而其中的水生态文化更是占有十分重要的地位，即便是放在当代仍具有巨大精神价值。

### 一、黄河文化在早期文明发展阶段的重要地位与作用

黄河文化是中华文明的根和魂，在中华文明的早期发展历程中发挥着关键性作用。

#### （一）黄河文化在早期文明发展阶段的重要地位

如果考察中国文明早期阶段的形成和发展历程，会发现当黄河流域开

始进入文明化时代的时候，在其外围，大多数地区的土著文明也开始了发展。文明时代是以一种"满天星斗"的方式出现在中国各主要原始文明分布区。正是这种多元的发展模式，使得中华文明从一开始就具有更多的表现形式和地域特征。在这个阶段，黄河文化并没有体现出中心作用。黄河流域的河南龙山文化也并不比山东龙山文化、良渚文化、石家河文化等地方文化更发达。但是，在其后的发展进程中，一些地区的文明整体衰落了，出现了有利于黄河文化发展的趋势，这种趋势的进一步强化，终于形成了以黄河为中心的国家政体。这种新的文化发展中心一经出现，便显现出巨大的能量，夏、商国家控制和影响范围的不断扩大充分说明了这一点。随着武王伐商的成功，周人在全面整合黄河上、中、下游地区各种文化传统的基础上，以更加包容的心态，在更大的范围内，统一了黄河流域和长江流域，以及处于两大文化中心边缘的其他地区的各种地方文化。从此，黄河文化在中国和东亚举足轻重的地位和作用也愈加凸显出来。

黄河文化这一特殊的地位和作用是多种因素构成的，特别是由黄河流域农耕文化的早熟性和发达性决定的。源远流长的文明史和农业经济丰富复杂的内涵，对较为低级简单的草原游牧文化和较为粗放的长江流域的稻鱼文化有着明显的优势。同时，也和黄河早期文化兼收并蓄的包容性有关。宽容大度地吸收，慷慨无私地输出，这是黄河早期文化的基本品格，也是中华主体文化的基本素质之一。黄河文化在形成和发展过程中，吸收了各方面的合理成分，有些甚至就是来自敌对一方或者是被征服者的文化因素。海纳百川，有容乃大。正是通过这种兼容并蓄，才使人们体会到黄河文化的博大精深。

早期黄河文化在中国和东亚举足轻重的地位和作用也可以通过其特殊的自然地理位置来考量。古代中国作为一个巨大的地理单元，与外部世界处于一种相对隔离和半隔离的状态，而黄河流域恰恰位于这个地理单元的中间地带，介于草原和长江流域之间。这种特殊的地理位置决定了早期黄河文化特殊的历史作用；不断接受融合北方的游牧文化，并持续向南方输出自己的文化。这种北受南进，一进一出，带动了中华古代文化的一体化进程。北方游牧文化的南下不是偶然的，由于游牧文化的单一性经营，决定了它对外部交换的需要，也就是说游牧文化对农业文化有一种先天的依赖性。北方牧民们对铁器、布帛、粮食的需求，都要仰仗黄河流域，造成了北方游牧民族共同的、重复性地对黄河流域的向心运动。游牧文化的这种依赖性，导致其在与黄河文化的较量中常被同化。黄河流域和长江流域大致相同的经济生活和自然条件，以及武力对比上的优势，推动了黄河文化在发展早期对南方地区的持续灌输。

黄河文化在文明发展早期的先进性、正统性、包容性及其所处的特殊的地理位置，使其高踞多元文化的领导地位，并由此产生出凝聚和辐射作用，造成了早期中华文明由多元文化不断走向大融合的历史趋势，进而影响了整个东亚的文明进程。可以说，在黄河流域开始进入文明化时代的初期，黄河文化更多地吸收了其他地区文化中的精华，逐步形成一套独特的价值观念体系。当在逐鹿中原的历史进程中，夏商王朝成为这一地区文明发展的最高代表形式后，黄河流域开始彰显它作为文明中心的辐射影响作用，这种影响的范围逐步扩大，到西周以后，遍及全国各地。在黄河流域作为文明中心不断发展和强化的同时，长江流域以及其他地区的早期文明逐步衰落，最终被统一到黄河文明圈之中。也正是在这种历史发展进程中，黄河文化的发展模式成为早期中华文化的基本模式。

## （二）黄河文化在早期中华文明发展中的作用

黄河文化在早期中华文明发展中的作用是不可低估的。其中最显著的作用就是它传播了黄河流域农耕文化中所蕴含的生产与生活模式。黄河流域的农耕文化主要是以粟、黍作为代表的旱地作物为特征的，黄河流域被现今学术界认为是中国的原始农业的起源区，其中早期农耕文明以河北武安磁山文化遗址和河南新郑裴李岗文化遗址所代表的农业为代表。据考古发掘表明，距今 1 万年时开始出现种植农业，范围集中在黄河中下游地区，说明黄河中下游地区是中国农耕经济的发祥地。黄河流域最终确立了其农业经济在中华文明早期经济中的核心地位，并为中华文明的发展不断输送物质基础。

另一方面，黄河的流向虽然天然阻断了东部与西部族系间联系，但治水却把东西部落又联为一体。大禹治水最重要的意义在于基本治理好了黄河中下游的水问题，让黄河中下游成为能稳定生活的地域，并逐步形成东西部部落联系与发展的主体地区。随后在这一区域发展起来了东西部融合互补的农耕经济，通过扩大金属农具的使用，提升生产力，进一步促进了华夏族系间的全面融合。古人通过治水行为不仅让华夏各部族紧密团结成为不可分割的整体，同时为黄河流域的农耕生产与生活模式的传播提供了条件。

黄河流域有着深厚的农耕文化基础。关于这一点可以从考古发现中切实感觉到。但是，由农耕文化基础而产生的一系列深层的文化内涵，观念形态等则是潜伏于物化的考古资料中的。这些文化内涵以及观念形态也是十分重要的，因为它们对整个华夏文明的发展影响是巨大的，所以更值得人们去发掘。例如，因对农业的依赖而产生的安土重迁的观念以及"应时、取宜、守则、和谐"的理念；由对农业丰收而对风调雨顺的祈求，而产生的对自然的崇拜等。定居农业以及由此产生的生活方式，还对人们的生活习俗产生深远的影响。为了农业的需要，人们对天文、物候十分关注。对农业丰收的祈求，转变为对天的关注；对天文的关注，又深刻地影响到人文观念，如取象于天、天人感应等。所以，深厚的农耕文化基础是黄河流域率先进入文明的先决条件。同时，也对后期华夏文明的发展有重要影响。各地的地方文明正是在接受了黄河流域的礼仪制度和等级观念后，才逐步开始按照黄河早期文明的发展模式向前发展的，西周的大分封和秦国的大统一，都是基于这种模式的一种发展结局。因此，可以说，黄河文化在华夏早期文明化进程中的作用和影响，是一个不断强化的过程。

黄河文化的作用及影响主要体现在文化和社会发展的深层次方面，即社会的意识形态和观念体系层面。但大多数情况下，这一作用及影响并不表现在物质文明产品的基本形态上。也就是说，当各地的土著文明在接受黄河文化的影响作用时，一般不需要改变自身的基本生活方式，而仅仅只是按照黄河文化模式重新组合各自的社会阶层，确认各阶层的等级秩序。正是由于黄河文化所蕴含的价值观念得到了广泛认同，才得以长期存在，并成为中国广大地域范围内各种不同文明背景和不同文明传统中的共有特性，成为华夏古代文明的基本内涵。

黄河文化作用还表现在它推动了华夏地域文明的形成。在早期文明进程中，黄河文化的先进性、正统性和包容性，造就了其非凡的同化力，使之在与多元文化的交流中，始终处于主导的地位，使进入这一地区的各种文化很快被融合、同化。与周边其他文化相比，黄河文化在这一时期不仅是当时处于中心地位的强势文化，而且在当时中国境内各类文明的发展态势中起着明显的主导作用。例如，黄河文化形成初期的仰韶文化，在其影响下，在渭水中、下游流域，豫西和晋中、晋南地区广大区域范围内形成具有比较统一文化面貌的文明区域。仰韶文化之后，黄河流域普遍进入龙山时代。其间，各种地方类型文化百花齐放，出现了前所未有的多元化发展趋势。到了"龙山时代"的后期，中原龙山文化已经构成当时华夏境内诸文化的核心，以中原为中心的文化发展态势和割据已经形成。早期黄河文化成为推动华夏境内各种早期文明交汇激荡产生的强大的动力，直接推动了华夏文明的形成进程，并带动周边地区一起迈入文明化进程。随着夏族的兴起，夏人很快统一了中原地区，建立起中央集权的世袭王朝。夏商周三代沿袭，中原王朝统一的范围逐步扩大，终于在秦帝国时期达到了整个黄河、长江流域的空前统一，奠定了今日中华文明的基本框架。

## （三）黄河文化在华夏文明中的主流地位

黄河文化虽然属于地域文化，但它不同于一般意义上的地域文化，它以其特殊的地理环境、历史地位、人文精神，在华夏文明中居于主流地位。这种主流地位首先表现在：黄河文化是华夏文明的源头和核心，在整个中华文明体系中具有发端和母体的地位。无论是在史前时期，还是有文字记载以来的文明肇造，都充分体现了这一点。

中华文明不仅其源头出现在黄河流域，在随后几千年发展进程中，其核心地区也在黄河文化圈内。这也是黄河文化区别于其他地域文化的最大特点。例如，在古代社会，国都一般是国家的政治、经济、文化中心。从五帝到三代再到秦汉以后，其邦国、王国、帝国的国都基本上都建在黄河流域。由此所形成的黄河流域都城文化成为中华都城文化的核心与代表。不同时期的都城以其不同的政治、经济、文化蕴涵统领中华民族的发展，使得黄河流域在几千年时间里长期处于华夏文明的政治、经济、文化中心，不可争辩地在华夏政治、经济、科学、文化发展中起到了中坚作用。

黄河文化在华夏文明的主流地位还表现在：黄河文化对构建整个中华文明体系发挥了开创作用。无论是元典思想和政治制度的建构，还是汉文字和商业文明的肇造，乃至重大科技的发明，黄河文化都留下了浓重一笔。黄河文化正以其无可比拟的系统性、丰富性、完整性以及其不断创新所形成的新思想、新知识、新技术为中华文明发展提供了不竭动力。

黄河文化不仅在华夏文明系统中居于主体和主干的地位，在与其他文化不断融合交流为方式的同心圆辐射过程中，作为同心圆核心的黄河文化自身的外延也在不断扩大，并由此催生了华夏文明的形成。黄河文化通过同心圆辐射和传播，不仅使华夏民族由野蛮走向文明，而且由松散的政治实体逐步走向统一和融合。

黄河文化在华夏文明的主流地位还表现在：黄河文化对华夏文明发挥着支撑作用，即黄河文化具有对中华民族共同精神的维系、智慧成果的传承功能。由黄河文化的同心圆辐射型结构已逐渐提炼出了黄河人极强的文化认同感与优越感。可以说，在漫长的历史发展中，黄河逐步成为中华民族的象征与旗帜，成为中华文化的象征与旗帜。在国人的心目中，黄河已经远远超过了一般意义上的自然河流。黄河以及由此衍生出的黄河文化，就如同维系所有中华文明脉络的主干，成为中华民族心理认知的最基本的参照坐标。

## 二、黄河流域水生态文化在黄河文化中的地位

在文明创始初期，黄河文化为中华文明提供了深刻的内涵。经过漫长岁月的浸染，黄河文化在思想意识和价值观念等方面都形成了独有的特征，并对早期中华文明产生了深刻的影响。其中，"天人合一""人水和谐"的理念思想是其核心。这种观念认为人类社会是自然界中的一员，人的认识，从物质、意识到精神都与客观的自然界相应相通，即"天人合一"。这里的"天"是反映物质的、客观的自然界，"人"指人事，人类社会。承认天道与人事、自然界与人类社会存在密切的联系，是相类相通的，要注意调节人类社会与自然界的关系[①]。"人水和谐"则集中强调了人类社会与自然水环境的和谐共处的良好关系。以追求这一关系为目标的文化正是黄河流域水生态文化。

就重要性来讲，黄河流域水生态文化在黄河文化中不仅是基础，更是

---

① 葛剑雄，胡云生著：《黄河与河流文明的历史观察》，黄河水利出版社，2007年，第24页。

核心内容。

一方面，思想理念是文化中最易于传承且最根本的内容。由于"天人合一""人水和谐"的思想理念是黄河文化中的核心内容，以这一理念为精神诉求的黄河流域水生态文化必然在整个黄河文化中居于中心地位。

另一方面，在文化的产生与发展过程中，外在的环境会对文化产生深远且巨大的影响。例如，长江其实在孕育中华古代早期文明过程中其实也发挥着重要作用。考古发现表明，长江文化中的一部分，存在的时间比中国境内的其他文化还要早，发展程度更高，但正是由于生态环境的演变，长江文化大多出现了中断和迁移，有的成为黄河文化的组成部分，才使得原本黄河文化、长江文化多元争艳的局面变成了黄河文化长期独立发展的格局。在这种背景下，人们更注重于对生态环境的保护。黄河流域水生态文化的文化价值与自然价值在于其潜移默化地影响着人们以生态文化的方式生存。由于人的自然本性是在自然价值的基础上创造文化价值，人类社会的发展是利用自然价值，创造和实现文化价值。在如此演进过程下，必然影响着黄河文化的发展走向。因此，将黄河流域水生态文化看作黄河文化的基础或根基并不为过。

## 第二节　黄河流域水生态文化在黄河流域 国家战略中的价值

黄河流域水生态文化是黄河流域生态保护和高质量发展重大国家战略的重要组成部分，也是推进这一国家战略的文化支撑。黄河流域作为我国重要的生态屏障、重要的经济地带，以黄河流域水生态文化为抓手，做好黄河流域的生态和文化两篇大文章，用实际行动实现文化、生态、经济、社会共赢的生动局面，是黄河流域大保护大发展的根本诉求。为了充分发挥黄河流域水生态文化，更要高度重视黄河流域水生态文化在黄河流域生态保护和高质量发展重大国家战略中的价值。

### 一、黄河流域面临的挑战

习近平总书记在《在黄河流域生态保护和高质量发展座谈会上的讲

话》中强调指出，当前黄河流域存在的突出困难和问题，即"洪水风险依然是流域的最大威胁""流域生态环境脆弱""水资源保障形势严峻"和"发展质量有待提高"①。综合表现如下。

黄河流域最大的威胁是洪水。流域内水沙关系不协调，下游泥沙淤积、河道摆动、"地上悬河"等老问题尚未彻底解决，下游滩区仍有近百万人受洪水威胁。尤其是受全球气候变化复杂深刻影响，极端天气多发重发，黄河发生大洪水的风险正在累积增加。经对 2021 年郑州"7·20"暴雨分析演算，若暴雨中心向西偏移 100～200 千米，主雨区将全部进入黄河流域，天然情况下花园口将出现 31 800～37 300 米³/秒的洪水，即便经过上中游水库联合拦蓄，花园口洪峰流量仍将超过 20 000 米³/秒，接近下游千年一遇设防标准。虽然近些年黄河沙量大幅下降，但无论从现在来看还是从长周期视角研判，黄河水沙关系不协调的特点并未改变，同时水沙调控工程体系尚不完善，小浪底水库调水调沙后续动力不足，下游河道仍有淤积抬升的风险；下游 299 千米游荡性河段河势尚未有效控制，"二级悬河"和"动床"形势严峻，极易出现"小水大灾"的情况。黄河水害隐患还像一把利剑悬在头上。从历史上看，洪水威胁亦是对流域生态安全的极大威胁。

黄河流域最大的矛盾是水资源短缺。黄河水资源禀赋不足，降水量低于 400 毫米的干旱半干旱区占流域面积的 40%，流域人均水资源量仅为全国平均水平的 27%；且天然径流量呈减少趋势，1919—1975 年系列多年平均天然径流量 580 亿米³，1956—2000 年系列减少为 535 亿米³；城市建设、经济布局与水资源承载能力匹配度依然偏低，黄河水资源开发利用率高达 80%，远超一般流域 40% 的生态警戒线；许多地区缺水问题长期存在，根据研究，2035 年黄河流域经济社会缺水量将达 133 亿米³。如遇类似 1922—1932 年的连续枯水年，流域水安全保障将面临巨大挑战。尖锐的水资源供需矛盾，制约流域经济社会高质量发展，也使生态用水保障难度极大。

---

① 习近平：《在黄河流域生态保护和高质量发展座谈会上的讲话》，《奋斗》，2019 年第 20 期，第 7 页。

黄河流域最大的问题是生态环境脆弱。与 20 世纪 80 年代相比，河源区永久性冰川雪地面积减少 52%，湿地面积萎缩 20%；2020 年黄土高原水土流失面积仍有 23.42 万千米$^2$，尤其是对下游淤积影响最大的多沙粗沙区、粗泥沙集中来源区自然条件十分恶劣；汾河、沁河等支流断流问题突出；汾渭平原等地区地下水超采，流域浅层地下水年均超采约 10 亿米$^3$；汾河、延河、泾河等支流污染严重；与河争水、与河争地的现象时有发生，影响河流生命健康。

黄河流域最大的短板是高质量发展不充分。沿黄地区产业倚能倚重，以能源化工、原材料等为主导的特征明显，缺乏竞争力强的新兴产业集群。支撑高质量发展的人才资金外流严重，要素资源比较缺乏。2019 年流域高效节水灌溉率不足 32%，城镇管网漏损率平均达 12.9%，非常规水利用率仅为 20%，一些地方、一些产业用水较为粗放，节水的力度和深度仍有差距；流域水利高质量发展不充分，基础设施欠账较多。比如近几年尽管黄河来水偏丰，但由于缺少盛水的"盆"和连通的水网，无法实现更高效率的时空调节。较为粗放的发展模式对流域水安全保障和生态持续改善形成突出制约。

黄河流域最大的弱项是民生发展不足。沿黄各省区公共服务、基础设施等历史欠账较多。医疗卫生设施不足，重要商品和物资储备规模、品种、布局亟须完善，保障市场供应和调控市场价格能力偏弱，城乡居民收入水平低于全国平均水平。

## 二、黄河流域水生态文化是黄河流域生态保护上的文化基础

从所列举的黄河流域的挑战可以看出，其主要问题是流域内生态环境的问题。黄河流域水生态文化推进黄河流域生态保护方面有着重要价值。

### （一）黄河流域水生态文化的诉求与黄河良好生态的目标相契合

黄河流域生态保护和高质量发展重大国家战略把黄河文化保护传承弘扬纳入其中，这标志着国家对经济社会发展有了更为深入的认识，"文化＋生态"复合发展理念显现，这是对传统的单纯依靠文化或生态的认知模式的重大突破，文化和生态耦合的模式迥异于以往发展模式。从深层次看，黄河流域水生态文化的生态诉求与《黄河流域生态保护和高质量发展

规划纲要》中所提到的"到 2030 年，黄河流域人水关系进一步改善"的短期目标相一致。

黄河流域人水关系进一步改善的实质便是要实现人水和谐相处。追求人与黄河的和谐是人们活动的共同价值选择和最终归宿。社会公众拥有公平分享黄河流域环境资源的权利，也同样都负有保护流域生物资源的责任。在治水中尊重自然规律。在防洪减灾方面，要科学安排洪水出路，合理利用雨洪资源；在应对水资源短缺方面，要协调好生活、生产、生态用水，全面建设节水型社会；在水土保持、生态建设方面，要加强预防、监督和治理，充分发挥大自然的自我修复能力；在水资源保护方面，要加强水功能区管理，尤其要严格管好饮用水水源。

同时，实现人水和谐相处也需要坚持尊重黄河、善待黄河的原则。即"热爱自然和自然美，尊重其他生命形式的价值和延续性，维护大自然的稳定性、完整性和多样性"原则。在人与黄河的关系上，过去有些人认为人是黄河的主人和所有者，人可以任意征服黄河、统治黄河、支配黄河，从而造成对黄河大肆地无节制地索取掠夺，引发了一系列生态环境问题，受到了大自然的严厉惩罚。因此，一定要尊重黄河、善待黄河、保护黄河，增强环境意识和环境道德，将仅仅面向我们自身的价值观扩大到黄河，承认包括黄河在内的整个河流系统具有自身的价值，承认黄河有平等的价值和平等的生存权利。从黄河文明的发展过程看，尊重生命是黄河文明永恒的主旋律。生命是值得尊重的。人类是生命共同体中的一员。因此，人类必须学会尊重黄河、热爱黄河、维护黄河的完整和多样，不再把黄河作为剥削、统治的对象，应该视为人们生存的基础和伙伴。

历史上，黄河既造就了伟大的中华文明，又泛滥迁徙频繁，给中华民族带来过深重灾难。因此，"黄河宁、天下平"成为沿黄人民梦寐以求的愿望。黄河流域水生态文化也在不断谋求人与黄河的良性互动的诉求中不断发展。因此，将发展黄河流域水生态文化与黄河流域生态保护紧密结合起来，是时代发展的客观要求。

### （二）黄河流域水生态文化是黄河流域生态文明建设的重要内容

生态兴则文明兴，生态衰则文明衰。在人类社会发展进程中，文化是根脉，经济是根本，而生态是根基，三者相互交融、缺一不可。因此，生态、经济和文化建设好比是一盘棋，应具有全局观念。否则，社会发展就会缺乏韧性与持久性，曾经的世界四大文明，有三大文明被迫中断，其中的一个重要原因就是生态与经济遭到破坏，因此要"像保护眼睛一样保护生态环境"。社会全面发展需要生态文明建设的支撑，而生态文明建设如果没有生态文化的参与，就失去了主流文化的有力支撑。

黄河流域水生态文化是习近平生态文明思想重要的理论与实践源泉。黄河流域水生态文化中无处不体现着人与自然和谐共处的智慧。尤其是在历代治河问题上，面对黄河"善淤、善决、善徙""三年两决口、百年一改道"的特点，从大禹治水开始，历朝历代在不懈地探索与顽强的斗争中逐渐形成了顺应自然规律、取之有时、用之有度的人水和谐理念，这与习近平总书记所强调的"坚持绿水青山就是金山银山""坚持生态优先、绿色发展"的理念是基本相符的。深入挖掘和传播黄河流域水生态文化中"天人合一""人水和谐"的生态理念，有助于正确处理人与自然、人与水生态之间的生态关系，实现可持续发展。因此，黄河流域生态文明建设同样需要有黄河流域水生态文化的参与，通过独特的文化方式来激活生态文明，切实提升民众对黄河生态的关注度。

相反，黄河流域生态文明建设也决定着黄河流域水生态文化乃至整个黄河文化的复兴与繁荣，没有充足的水源、没有足够的水量、没有清洁的水质，黄河文化就如同无本之木。文化大厦也如同空中楼阁一般。因此，走生态文明之路也是黄河文化复兴之路的必然选择。

## （三）黄河流域水生态文化是黄河流域生态保护的助推剂

黄河流域水生态文化不仅与黄河良好生态的目标相契合，是黄河流域生态文明建设的重要内容，同时还为黄河流域生态保护提供了重要支持。

一是为黄河流域生态保护提供思想理论依据。要想实现人与自然和谐发展，首先要将所掌握的对自然规律的认识融入知识理论体系当中，作为自身行为的指导思想。黄河流域水生态文化自诞生以来便不断创新，并深化了人们对于自然规律的认识程度，为黄河生态文明发展的推进提供了重要的思想和理论基础。黄河流域水生态文化决定着流域内人们对于自然规律的认知程度。因此，其发展程度越高意味着人们对于自然规律的认知程度也就越高，生态文明发展水平也就越先进。

二是发挥在黄河流域生态保护中的引导作用。引导就是引导社会经济发展方向、指导人的生产生活行为，使其向着某一特定方向发展。当前，由于社会经济发展的多元化，人们思想活动的选择性、差异性也明显增强，个性发展空间越来越广阔，所能选择的行为方式多样，这就需要充分发挥黄河流域水生态文化的引导作用，引导人们树立生态环保的理念，形成绿色低碳的行为习惯。

三是为黄河流域生态保护提供制度规范。黄河流域生态保护要有制度作为保障。黄河流域水生态文化中不断创新发展的生态制度，能为人们提供关于流域生态保护的制度规范。但只有当人们从黄河流域水生态文化中萃取生态环保的态度、信念和价值观，并将其作为指导，才能形成黄河流域生态保护的制度标准。

四是为黄河流域生态保护提升发展活力。首先，以黄河流域水生态文化为主题衍生出的生态产品、生态产业，能够有效解决经济社会发展与生态环境危机间的固有矛盾，实现人类社会的永续发展。其次，黄河流域水生态文化中蕴含的生态制度对人的行为具有约束力，这种约束力长期作用于人，会形成遵循自然规律的自觉行为习惯。最后，黄河流域水生态文化所具有的强大教育作用会让人们逐渐产生与自然和谐共生的价值诉求，并自愿参与到黄河流域生态保护实践中。

## 三、黄河流域水生态文化是黄河流域高质量发展的原动力

黄河流域水生态文化不仅关乎黄河流域生态保护，更为黄河流域高质量发展提供了新契机和发展动力。通过建设黄河流域水生态文化为黄河流域高质量发展开辟了新思路，增进了民生福祉，为塑造新时代黄河精神提供了强大动力。

### (一) 黄河流域水生态文化为黄河流域高质量发展提供理论支撑

黄河流域水生态文化不只属于文化范畴，更是一种生产力。因此，黄河流域水生态文化能为黄河流域高质量发展提供诸多发展思路。

第一，就黄河流域水生态文化的产生与发展而言，其产生是生产力发展的结果，是黄河流域区域发展的标志。使用工具上，从磨制石器，到青铜器，再到铁器；从治黄技术上，从单纯的堵，到疏堵相结合，再到全流

域统筹规划协同治理，可以明显看出黄河流域水生态文化的壮大是与生产力的提升相一致的。透过黄河流域水生态文化，把握其历史发展脉络及规律，有助于为黄河流域高质量发展找准思路。

第二，就当代使命而言，黄河流域水生态文化的传承弘扬也必须从生产力视角发力。黄河流域水生态文化从保护，到传承，到弘扬，每个步骤、每个环节都不是一句空话，需要付诸实际行动，这就要与新时代的生产力相吻合，充分利用现代技术手段和思维方式，来推动黄河流域水生态文化的发扬光大。在此过程中，有助于推动黄河流域企事业单位协同合作，共谋思路。

第三，就具体实施过程而言，黄河流域高质量发展不是单凭人的主观愿望就能实现的，而是需要具体的手段、路径和方法。一方面黄河流域水生态文化中大部分传统的技术和手段可以为技术创新提供借鉴；另一方面，由黄河流域水生态文化为素材的生态产品和生态技术的创新，将为黄河流域高质量发展提供有效的手段和方法。

第四，从生态角度看，社会发展的各个方面、各个领域、各个产业，都存在生态创新的新领域。从黄河流域水生态文化中衍生出的生态产品、生态技术、生态产业，将为黄河流域高质量发展持续提供新的生长域。这是一种良性发展机制，它既不破坏生态环境，又能为社会提供更多的就业和创业机会，通过提供新的发展空间来满足人自身的发展需求。

## （二）对增进民生福祉的价值

黄河流域水生态文化是增进民生福祉的重要动力和依托。其历来注重以民为本，尊重人的尊严和价值。早在千百年前，黄河流域先民就提出"民惟邦本，本固邦宁""天地之间，莫贵于人"，强调要利民、裕民、养民、惠民。黄河流域的历代治水活动的目的无不是为了让百姓能脱离洪水滔天的困境，过上安居乐业的生活。这种为人民谋福祉的传统一直传承至今。今天，党和政府坚持以人为本，就是要坚持发展为了人民、发展依靠人民、发展成果由人民共享，关注人的价值、权益和自由，关注人的生活质量、发展潜能和幸福指数，最终是为了实现人的全面发展。这一切，与黄河文明的历史传统不无关系。

新时代的黄河流域水生态文化将更加泽被人民福祉。作为一种生产力，黄河流域水生态文化在强化黄河流域生态文明建设、促进黄河岁岁安澜等方面具有重要意义。良好的生态是宝藏、是资源、是民生，坚持"良好生态环境是最普惠的民生福祉"理念，建设山水林田湖草沙生命共同体，以良好的生态环境增进人民福祉。

城市是民众的集中聚居地。黄河流域分布着郑州、西安、济南等中心城市以及兰西城市群、宁夏沿黄城市群、呼包鄂榆城市群、关中平原城市群、晋中城市群、中原城市群、山东半岛城市群等七大城市群。把黄河流域水生态文化作为城市发展的文脉，做到以文兴城、以文兴业、以文化城、以文化人，充分彰显文化特色，通过加大公共文化服务体系建设，打造沿黄生态观光长廊，不断扩大城市的吸引半径和辐射半径，把黄河流域水生态文化融入市民的日常生活中，在促进旅游经济增长的同时，提升市民的获得感、幸福感、安全感[1]。

黄河流域是我国实现乡村振兴的重要战场。乡村振兴战略是党的十九大提出的具有时代意义的新战略，它以实现乡村富强、美丽、法治、文明为指归，需要制度、生态、党建、人才、文化等多种因素的综合参与。没有文化的乡村是没有灵魂的，没有文化元素参与的乡村振兴是不完整的。"人无精神则不立，国无精神则不强"[2]。黄河流域水生态文化作为黄河流域的核心文化，其中蕴含的伟大时代精神，正是黄河流域乡村振兴所需要的精神力量。同时，黄河流域水生态文化也为乡村经济发展提供了文化资源基础，实行以黄河流域水生态文化为主题的文旅融合发展模式，吸引更多的资金、人才、政策关注这一地域，为增加乡村居民的福祉提供了重要文化依托和文化动力。

### （三）对新时代黄河精神塑造的价值

黄河流域水生态文化所包含的"坚韧不拔、自强不息"精神，是维系民族生存能力、竞争能力的优秀品格，对于塑造新时代黄河精神，乃至提高整个中华民族的核心竞争力，提高民族的自主创新能力均具有重要启示。黄河流域水生态文化历来注重自强不息，不断革故鼎新。黄河流域的

① 王承哲：《黄河文化的生产力视野及其范式建构》，《河南日报》，2020 年 9 月 24 日。
② 习近平：《在纪念红军长征胜利 80 周年大会上的讲话》，《人民日报》，2016 年 10 月 22 日。

先民在长期与自然灾害的斗争中，在长期坚持不懈的劳作中养成了韧性品格。老子思想概括为"柔弱"，"柔弱"就是"柔韧"，"柔弱胜刚强"。黄河流域水生态文化体现的正是"九曲不折"的民族韧性。从《易传》中"天行健，君子以自强不息"到"愚公移山"，都体现出这一文化意向。

中华民族所以能在5 000多年的历史进程中生生不息、发展壮大，历经挫折而不屈，屡遭坎坷而不馁，靠的就是这样一种在历代治黄实践中所表现出的自强不息、发愤图强、坚韧不拔、与时俱进的精神。中国人在建设国家中焕发出来的创造热情，在克服前进道路上的各种困难中表现出来的顽强毅力，正是这种自强不息精神的生动写照。当代"红旗渠精神"实际上就是黄河流域水生态文化中"坚韧不拔、自强不息"精神在新时代的延续。在文明全球化的过程中，这种精神仍然是中华文化发展、复兴的伟大动力。

黄河流域水生态文化中也包含了"团结、奉献、顾全大局"的集体主义精神。尧帝在位时洪水滔天，治水成为当时人们的头等大事，因此大禹治水的活动得到了各部落的一致拥护，从而使治水活动得以成功。大禹所彰显的"公而忘私、民族至上"的治水精神也成为普遍推崇的社会精神，成为感召一代又一代仁人志士为水利事业不懈奋斗的强大动力。党领导人民治理黄河以来，党政军民众志成城，顽强拼搏，严密防守，取得了一次又一次抗洪抢险的胜利，先后战胜 10 000 米$^3$/秒以上洪水 12 次，赢得了六十多年的安澜，充分体现了"献身、负责、求实"的水利行业精神和"团结、务实、开拓、拼搏、奉献"的黄河精神。因此，传承黄河流域水生态文化，大力弘扬黄河精神，不仅有利于发挥其特有的凝聚力、向心力，更有助于新时代黄河精神的塑造。

## 第三节　黄河流域水生态文化发展现状及问题

黄河流域所拥有的人文资源、历史遗迹、文化精华，是长江流域或者其他流域无法比拟的，在文化传承中所起的作用是其他文明所不能替代的。包括黄河流域水生态文化在内的黄河文化也在近年得到重视与发展，但其中存在的问题依然是不容忽视的。

## 一、黄河流域水生态文化发展现状

改革开放以来，尤其是党的十八大以来，以河南、山东、陕西、山西等省为代表的沿黄省区扎实推进文化体制改革，持续加大文化事业投资，文化市场体系和文化产业体系不断完善，公共文化服务能力不断增强，文化产业迅速成长。黄河流域水生态文化发展的步伐也因此不断加大，传播力和影响力不断增强。

### （一）影响力与日俱增

沿黄多个省区坚持"走出去"与"请进来"相结合，通过组织开展各种文化宣传形式，如举办黄帝故里拜祖大典、洛阳牡丹花会、国际孔子文化节等重大文化活动，有力提升了黄河文化的影响力。

例如，河南省积极推动黄河文化、中原文化"走出去"，每年组织实施对外文化交流项目达百余项，成功实施"央地合作"计划和"欢乐春节"品牌项目，与亚洲周边国家及欧洲、美洲、非洲文化交流活动日益频繁，"中原文化海外行""中原文化澳洲行"等成为全国对外文化交流平台。河南省还紧紧围绕"中华源·黄河魂"的文化旅游品牌定位进行整体形象设计，积极探索黄河文化旅游品牌在网络和新媒体环境下的传播手段创新。在通过微信、快手、抖音等平台拓展传播渠道的同时，通过制作黄河文化旅游短视频、开设黄河文化旅游知识专栏等形式多样的宣传方式，逐步形成了具有一定影响力的黄河文化旅游品牌形象标识，大大提升了黄河文化的传播力度。2017—2020年山东省连续举办四届"文化和旅游惠民消费季"，将该项目打造成为全国开展范围最大、参与企业最多、平台模式最新的文旅消费促进行动。2020年9月举办的山东省旅游发展大会暨首届中国国际文化旅游博览会，集宣传推介、博览交易、工作会议、文艺演出、考察观摩于一体，对山东省黄河文化进行了大力宣传。

### （二）文化产业发展进入快速轨道

近年，沿黄省区尤其是中东部省份的文化产业发展态势迅猛。例如，河南省的文化产业正向全省支柱产业迈进。目前，全省文化市场经营机构数量达到15 000余家，从业人员数量达到10万人。2018年河南省规模以

上文化及相关产业营收达 3 617.2 亿元，连续 13 年实现增速高于同期
GDP 增速。2019 年文化产业增加值占地区生产总值比重达 4.19%，比
2015 年提高 1.19%，成为河南省经济发展的重要力量和新的增长点。
2019 年，河南省共有 3 家企业、3 个项目入选 2019—2020 年度国家文化
出口重点企业和重点项目名录。大数据、云计算、5G、AI 等信息技术推
动文化产品创作、传播方式发生变革，助推新型文化产业形态不断涌现，
《禅宗少林·音乐大典》《大宋·东京梦华》《水秀》等精品节目久演不衰，
《印象太极》《黄帝千古情》《只有河南》等旅游演艺落户河南。郑州（中
牟）国际文化创意产业园等 14 个文化旅游项目、9 大主题公园全部
开工①。

截至 2020 年，山东省构建了黄河文化创意产业带、大运河文化创意
产业带、海洋文化创意产业带三条文化产业发展聚集带，打造 300 个重点
文化创意产业园区基地，100 条特色文化街区，300 个精品文化旅游景区，
1 000 个特色文化产业村镇②。全省的文化企业总资产在 2019 年就已达到
6 872.8 亿元，实现营业收入 4 454.7 亿元，营业利润 165.1 亿元③。文化
产业载体不断壮大，截至 2020 年底，山东建成 17 个国家级文化产业示范
基地和 178 个省级文化产业示范基地，文化产业要素集聚能力不断增强，
产业园区示范辐射效应不断扩大。

陕西省的文化产业也是正处于快速扩张期。在 2019 年，全省规模以
上文化及相关企业数达到 1 205 个，规模以上文化及相关产业实现营业收
入 843.8 亿元，从业人员规模突破 9 万人，文化产业增加值高速增长，占
全省生产总值比重不断提高④。文化产业也因此逐渐成为陕西省的支柱
产业。

---

① 谷建全主编：《河南蓝皮书：河南文化发展报告（2020）》，社会科学文献出版社，2021 年，
第 6 页。
② 张伟主编：《山东蓝皮书：山东文化发展报告（2021）》，社会科学文献出版社，2021 年，第
3 页。
③ 山东发布：《山东"十三五"文化旅游融合发展迈出新步伐，文化事业、文化产业和旅游业呈
现繁荣向好态势》，https://baijiahao.baidu.com/s? id=1685496720800020883&wfr=spider&for=pc。
④ 张廉，段庆林，王林伶主编：《黄河流域生态保护和高质量发展报告（2020）》，社会科学文
献出版社，2020 年，第 178 页。

## （三）对文化内涵的挖掘

随着中央和地方对文化的重视程度加深，通过文艺作品以及文旅项目等形式都对黄河流域水生态文化等黄河文化资源进行了深度挖掘。

### 1. 打造黄河文化表演艺术精品丰富黄河文化旅游内涵

近年，随着表演艺术型文旅项目的火热，沿黄各省区也在探索发展中。例如，山东省在构建以"好客山东"为总品牌的基础上，推出大型民族歌剧《沂蒙山》，以及《金声玉振》《神游传奇》等一批旅游演艺节目品牌，并产生较大影响。陕西省则在特色文化品牌影响力不断提升的基础上，推出了大型山水交响实景演出《黄河大合唱》等演艺品牌。山西省则推出了歌舞剧《北魏长歌》《天下大同》《太行山上》等。

河南省在此方面所做工作投入更大。此前河南省所推出的《禅宗少林·音乐大典》《大宋·东京梦华》由于充分利用了声光电等新的艺术表现手段，使演出呈现出更加强烈的视觉效果，既增加了艺术的表达效果，也满足了现代社会人们易被感官刺激的需求。因而自上映以来已在全国产生了一定影响，它们以对特色文化的精彩表现赢得了市场的良好口碑。更值得一提的是，2021年至今，河南卫视借助"文化IP产业"多次火爆出圈。从《2021年河南春晚》中的《唐宫夜宴》节目一炮走红，经历《元宵奇妙夜》《清明奇妙游》《端午奇妙游》《七夕奇妙游》《中秋奇妙游》《重阳奇妙游》等，节目组将传统习俗和非物质文化遗产保护传承对接，艺术创作更具深邃丰厚的人文情怀，并融入多种潮流元素，创新了电视综艺呈现方式，让珍贵文物和传统文化穿越历史长河，走进千家万户，走入观众心中。由建业集团联袂王潮歌导演共同打造的全景式全沉浸戏剧主题公园"只有河南·戏剧幻城"，以黄河文化为创作根基，以独特的建筑形态为载体，以沉浸式戏剧艺术为手法，通过讲述关于"土地、粮食、传承"的故事，通过一种可触、可感的全新艺术形式，再现悠久的华夏文明和厚重的黄河文化。依托上述文旅品牌为代表的项目集群，河南省以中原文化、黄河文化为主题的文化旅游优质内容生产已初步形成规模，高品质、多元化的文化旅游业态谱系基本建立，文化旅游消费成为引领消费升级的重要阵地，"行走河南·读懂中国"文化旅游品牌形象深入人心。

**2. 科技创新带动文旅产业发展**

通过科技创新对黄河文旅产业的贡献主要表现在黄河文化资源的数字化以及活化两方面。尤其是在 2020 年 11 月，文化和旅游部、国家发展和改革委员会等 10 个部门联合印发的《关于深化"互联网＋旅游"推动旅游业高质量发展的意见》中明确提出，支持旅游景区运用数字技术充分展示特色文化内涵，积极打造数字博物馆、数字展览馆等，提升旅游体验，以数字赋能推进文化旅游业高质量发展。这为今后黄河文旅的创新发展指明了方向。沿黄省份已做了大量工作。

例如，在河南省，早在 2018 年，洛阳龙门石窟世界文化遗产园区管委会就开始着力推进"互联网＋"智慧旅游建设。通过发展智文化旅游，将书本上的历史文化知识融入互联网思维，让游客听懂石像中发出的"声音"。洛邑古城通过大数据分析，不断创新大数据旅游管理模式，不仅使古老的历史文化"活"起来，而且使景区逐步实现从传统"观光游"到多种"体验游"转变。河南省与中国联通合作，陆续建成嵩山、云台山、黄河小浪底、红旗渠等多个智慧景区建设和智慧旅游平台，为河南省的文化旅游业插上了腾飞的翅膀。在 2021 年两会前夕，郑州市金水区推出的"是我非我"流媒体大数据平台，以文化创意立体融合创新发展思路，合力打造"文化黄河"数字视频媒体矩阵大数据平台，迈开了黄河文化创意应用的产业化步伐。

在 2020 年的新冠肺炎疫情防控期间，黄河流域博物馆联盟和腾讯公司联合开启直播平台"云"游博物馆，产生了意想不到的效果。各地博物馆纷纷推出网上展览、直播、短视频以及网络动漫、音乐等新业态。这种云观展、云直播、云娱乐的方式，不仅打破了文物保护的空间和地域限制，而且拉近了人们与文物之间的距离，打开了国宝进入人们视野的网络通道。各地也在积极探索发展模式，例如，山东省在全国较早建设"山东数字化博物馆"，完成 2 000 余件珍贵文物的数字化采集，运用互联网等网络新媒体手段，实现馆藏珍贵文物的网上共享和展示，打造出汇集全省精品文物资源的"没有围墙的博物馆"。山东博物馆还与新华网共建"5G

富媒体＋文博联合实验室"①，与国家文物局官网合作，优化"文物山东——山东博物馆网上展览服务平台"。陕西省打造的"陕西数字博物馆"项目运用先进网络技术和数字化展示手段，组织实施珍贵文物数字化保护、展示、开发与共享，依托各类数字博物馆网络虚拟馆平台、电子讲解服务平台，在实现文物数字资源共享的同时，让更多沉睡在库房中的文物"活"起来。河南博物院则与中央广播电视总台综艺频道《国家宝藏》栏目联合推出"黄河之水天上来"国宝音乐会，打造融媒体新平台。

### （四）理论研究不断推进

新中国成立以来，有关黄河的研究已取得了一定进展，如在黄河变迁、黄河治理和黄河文化等方面。自习近平总书记在黄河流域生态保护和高质量发展座谈会上讲话以来，有关黄河文化的研究被推上新的高度。学界围绕黄河文化的界定与内涵、黄河文化遗产的保护与利用、黄河故事的创作与传播、黄河文化的时代价值等内容进行探讨，取得了丰硕的理论成果。

以河南省为例，在黄河流域生态保护和高质量发展座谈会召开前，河南省内就较为关注黄河学、黄河文化研究。河南大学成立了黄河文明与可持续发展研究中心来专门研究黄河学问题。2019 年 9 月以来，河南省委、省政府围绕黄河国家战略进行了专门部署，成立了河南省黄河流域生态保护和高质量发展领导小组，由省委宣传部牵头成立了河南保护传承弘扬黄河文化领导班子。省委主要领导多次主持召开了河南省黄河流域生态保护和高质量发展座谈会，持续推动相关工作深入进行。2020 年 3 月，正式颁布了《2020 年河南省黄河流域生态保护和高质量发展工作要点》，提出构建黄河文化主地标体系，进一步实施黄河文化遗产系统保护等八大标志性项目。省政协、省委宣传部、省委办公厅、省委政研室、省社科院、省社科联等单位均安排了大规模的专题调研活动。省文化和旅游厅专门成立了"河南省保护传承弘扬黄河文化专家委员会"，组织力量对保护传承弘扬黄河文化进行研究，围绕黄河文化保护传承弘扬、黄河文化遗产保护利用、黄河文旅融合、黄河非物质文化遗产

---

① 苏锐：《山东：博物馆变"文化自信课堂"》，《中国文化报》，2021 年 1 月 20 日。

等方面进行专题规划论证。

省内学术界积极响应号召，黄河水利委员会围绕国家战略专门成立了黄河水科院黄河文化研究所，积极推动黄河文化生态保护与黄河文化研究。郑州大学成立了黄河生态保护与区域协调发展研究院，利用自身多学科设置的综合优势研究黄河流域生态保护和高质量发展的相关问题。华北水利水电大学充分发挥自身水研究优势，与水利部发展研究中心、河南省社会科学院等多家单位联合起来，成立了黄河流域生态保护和高质量发展研究院。河南师范大学在原有黄河湿地生态环境研究中心、黄河流域研究站点的基础上，与河南省科学院、新乡市人民政府共同成立了黄河流域生态治理与保护研究中心。由黄河水利科学研究院、郑州大学牵头建设，河南省、水利部共建共管的黄河实验室在郑州挂牌成立。河南大学黄河文明与可持续发展研究中心则积极联络全国高校所属教育部人文社科重点研究基地，形成研究联盟，推动黄河文化的深入研究。河南省相继举办了"扛稳保护传承弘扬黄河文化的历史责任　推动黄河文化在新时代发扬光大"理论研讨会、"黄河流域生态保护和高质量发展高层论坛（2020）暨第十二届黄河学高层论坛"等多场高层次学术论坛。河南博物院利用自身博物馆特色，联合沿黄九省区 45 家博物馆成立了"黄河流域博物馆联盟"，每年均围绕特定专题举办相关的论坛。河南省文化和旅游厅与洛阳市人民政府联合主办了"沿黄九省（区）城市文旅产业和旅游产业融合发展座谈会"谋划黄河文旅相关问题。这些活动对推动包括黄河流域水生态文化在内的黄河文化研究具有十分重要的意义①。

## （五）文化遗产保护工作取得突破

经过多年的努力，沿黄省区黄河文化遗产的保护取得了较好成绩，一批新的博物馆建成开放，老的博物馆得到提升改造，大遗址保护成绩斐然。与此同时，在文化遗产的保护和展示利用方面取得了新的突破，文化遗产逐渐"活起来"，走入寻常百姓家，取得了较好的社会效益和经济效益。

---

① 谷建全主编：《河南蓝皮书：河南文化发展报告（2020）》，社会科学文献出版社，2021 年，第 299－328 页。

**1. 博物馆建设成效明显**

作为征集、典藏、陈列和研究代表自然和人类文化遗产的实物的场所，博物馆不仅可以对那些有科学性、历史性或者艺术价值的物品进行分类，而且可以为公众提供知识、教育和欣赏素材。新中国成立后，特别是改革开放以来，黄河沿线城市的博物馆建设取得重大进展。尤其是非国有博物馆从无到有、从小到大，发展迅猛，已经基本形成了以国有博物馆为龙头、行业博物馆为骨干、非国有博物馆为基本力量的多种所有制并举、门类新颖多样、资源配置有序、地域特色鲜明的博物馆事业发展新格局。

例如，洛阳市全力打造"东方博物馆之都"。截至目前，洛阳市已拥有各类博物馆 70 家。其中，包括洛阳博物馆、河南古代壁画馆、洛阳古代艺术博物馆、洛阳民俗博物馆、洛阳周王城天子驾六博物馆等 17 家国有博物馆，河洛古代石刻艺术馆等 4 家行业博物馆，洛阳龙门博物馆、洛阳河洛石文化博物馆、洛阳金石文字博物馆等 49 家非国有博物馆。在郑州，拥有河南博物院、郑州市博物馆，还有黄河博物馆、黄河地质博物馆、郑州自然博物馆、大河村遗址博物馆等与黄河有关的专门性博物馆。

除河南省外，陕西省也在持续提升博物馆的陈列展览、设施环境及服务水平。目前，全省已拥有国家一级博物馆 9 座、二级 13 座、三级 17 座，在全国乃至全世界具有独特地位和重要影响。陕西省还大力建设了国内首家省级范围内的数字博物馆展示利用平台——陕西数字博物馆。

在山东省，"十三五"期间，全省注册的各级各类各所有制博物馆从352 家增长到 603 家，增长 71%。全省一、二、三级博物馆从 42 家增长到 127 家，山东的博物馆总量、一级博物馆数量、二级博物馆数量、三级博物馆数量、非国有博物馆数量、新晋级革命类博物馆数量 6 个指标均位居全国各省（区、市）第一①。

**2. 大遗址保护进展顺利**

改革开放以来，特别是党的十八大以来，在国家文物局的组织和支持下，黄河流域的大遗址保护取得重大进展。

----

① 赵秋丽等：《山东实现博物馆事业蓬勃发展》，《光明日报》，2021 年 1 月 18 日。

2010 年公布的第一批 12 个国家考古遗址公园中，河南省就有殷墟考古遗址公园和隋唐洛阳城考古遗址公园两处入选。汉魏洛阳故城考古遗址公园、郑州商城考古遗址公园、三杨庄考古遗址公园则列入国家考古遗址公园立项名单①。随后在 2013 年和 2017 年分别公布的第二批、第三批国家考古遗址公园中，河南省的汉魏洛阳故城考古遗址公园、郑韩故城国家考古遗址公园最终入选，而偃师商城考古遗址公园、城阳城址考古遗址公园、仰韶村考古遗址公园、二里头考古遗址公园、贾湖考古遗址公园、庙底沟考古遗址公园、大河村考古遗址公园则入选国家考古遗址公园立项名单②。这些成绩也说明了河南省在黄河流域的大遗址保护方面所做的工作是非常扎实的。

在山东省，截至 2020 年底，全省已圆满完成第一次全国可移动文物普查任务，登录文物 558 万余件，居全国第三位；35 处文保单位入选第八批全国重点文保单位，总数达 226 处，居全国第九位；省级文保单位 1 711 处，居全国第一位；不可移动文物 3.35 万处，居全国前列。曲阜优秀传统文化传承发展示范区、齐文化传承创新示范区、长城和大运河国家文化公园建设等也在稳步推进③。

陕西省则是在做好文物、遗址考古挖掘、科学保护的基础上，创新展示手段与方式，不断推动国家考古遗址公园建设，在遗址保护和展示方面具有全国性示范效应。截至 2019 年，陕西秦始皇帝陵、唐大明宫、汉阳陵、汉长安城未央宫遗址等 4 处入选国家考古遗址公园，乾陵、阿房宫遗址等 8 处新批准立项国家考古遗址公园。不断创新大遗址保护方式，如对汉长安城遗址保护采用全新的管理模式和运营机制，包括成立全国第一个大遗址保护特区、将大遗址保护和社会公共管理职能融合等。

---

① 国家文物局：《关于公布第一批国家考古遗址公园名单和立项名单的通知》，http：//www. gov. cn/gzdt/2010-10/12/content_1719846. htm? from＝singlemessage&isappinstalled＝0。

② 国家文物局：《关于公布第二批国家考古遗址公园名单和立项名单的通知》，http：//www. chcts. net/Contents_766_1. Html。

③ 山东发布：《山东"十三五"文化旅游融合发展迈出新步伐，文化事业、文化产业和旅游业呈现繁荣向好态势》，2020 年，https：//baijiahao. baidu. com/s? id＝16854967208000020883&wfr＝spider&for＝pc。

## 二、黄河流域水生态文化发展存在的问题

尽管在推进黄河流域水生态文化发展的过程中取得诸多成绩，但当前黄河流域水生态文化发展过程中仍存在一些问题。

一方面是人们对水的文化属性重视不够，对水生态文化承载力认识不足。这个问题说明黄河流域水生态文化的概念还没有在人们的意识中形成，黄河流域水生态文化的新理念还没有在人们的思想中扎根。正如上文所说，黄河流域自身的水问题依然十分复杂，水资源短缺矛盾、洪水威胁、水生态环境脆弱、水污染等问题依然十分突出，许多问题涉及制度、传统文化、人文价值等深层次原因。另一方面，黄河流域发展水生态文化产业的观念，同广东、浙江、江苏等沿海发达地区相比，有很大的差距。首先是传统文化观念严重，缺乏与现代经济的关联性。其次，对水生态文化建设的重要意义缺乏深刻的认识。面对日益复杂的水问题，还缺乏清醒的认识和理性的思考。

### （一）研究与教育不足

虽然沿黄省份有许多单位和个人从事水生态文化研究，但从事水生态文化研究的单位多是由领导的爱好来带动，许多研究人员多是凭借个人的业余爱好、思想敏锐和人文情怀自发地进行研究，在联合作战、深度研究方面尚有欠缺，集成研究、共同开发尚有差距。此外，整体性规划性不足。就黄河流域水生态文化研究本身而言，在研究方向、研究内容、研究方法等方面还缺少整体性规划，水生态文化研究较多停留在理论研究层面。目前，黄河流域水生态文化普及教育是零散的、单一的、内部的、形式的，缺乏系统性、专业性、整体性、社会性；水生态文化能够提供的文化产品和文化服务，不论是在数量上还是质量上，在品种上还是内容上，都不能满足广大城市管理、规划及水利、环保从业者的精神文化诉求，特别是高级精神需求。

### （二）建设发展滞后

从发展的角度看，虽然沿黄九省区在黄河文化、黄河流域水生态文化研究领域仍具有区位优势，但就水生态文化的建设与发展进程情况看，与发达地区相比至少有十多年的差距。浙江、广东等沿海省市经历了大发展

阶段，从而获得了国内的领先地位。从研究的深度、广度、系统性、前瞻性来看，沿黄省区对水生态文化研究和建设的认识还不够深，针对性也不够强，与先进水生态文化理念、思路等方面相比还有相当大的差距。从实践层面看，还有许多问题迫切需要深入探究和提出有效的应对策略。

## （三）资金投入严重匮乏

在黄河流域水生态文化建设中，搭建黄河生态文化建设传播平台需要经济支撑。为发掘传统文化资源中的生态内容，展现历史上黄河治理的成效，再现与黄河流域密切相关的人与事，无论是建设国家黄河博物馆、成立黄河文化研究单位、编纂出版黄河文化丛书，还是制作黄河流域水生态文化宣传视频、App、小程序和网站等，不仅需要专门的科研人员、技术团队、策划团队等，而且需要专项资金支持。此外，打造黄河流域水生态文化建设系统内容需要经济支撑。黄河流域水生态文化可以区分三个密切相关的层次：物质层面，有黄河流域生态的各类自然保护区、各类型沿黄公园、沿黄生态廊道、沿黄风景名胜区，有黄河流域水生态文化博物馆、体验馆、科普馆，黄河流域水生态文化宣教基础设施，有黄河流域历史水生态文化宣传书籍、视频和网站等，有黄河流域生态生产企业；制度层面，构建黄河流域生态保护制度、生态治理制度、生态教育制度等；精神层面，在黄河流域全方位树立生态理念，从基础教育开始培育生态价值观念，在社会上引导生态消费观、生态生存观，在管理上确立绿色发展观、生态政绩观等。这三个层面内容的构建与完善，都需要经济支撑。

缺乏相应的专项资金。从沿黄九省区总体情况看，黄河流域水生态文化场馆建设依然严重缺乏资金，开展黄河流域水生态文化活动、发展水生态文化产业更是捉襟见肘。同时，建设黄河流域水生态文化，迫切需要一批高素质的人才队伍和高水平的领军人物，也迫切需要反映目前由于投入不足而缺乏这样的基础和条件。相继成立的黄河文化研究机构虽然固定设置，表面看上去专家学者众多，但是专职人员寥寥无几，团队成员多为校内兼职或外聘专家，无法全身心投入研究工作中，使之在黄河流域水生态文化研究群力攻坚上大打折扣。

## （四）文化遗产保护工作有待提升

黄河流域水生态文化遗产保护取得较好成绩的同时，在许多方面仍存在短板，工作还需要更加深入扎实，一些理论问题还需要进一步深入研究，体制机制方面还需要进一步完善，以适应新的发展需要。

**1. 文化遗产的保护力度不足**

由于年代久远、保护意识不足、保护措施不力等方面的原因，一些黄河流域水生态文化遗存长期受洪水、风化等自然灾害因素的影响而遭到破坏。在基本建设中，一些文化遗产遭到人为破坏。一些地方在区域开发过程中片面追求经济效益，盲目开发，破坏了文化遗产的本体或其赖以生存的环境。更有甚者，一些地方在遗址内部兴建交通、商业、娱乐和营运设施，对文化遗产、周边环境造成毁灭性破坏。此外，文物盗掘和走私活动仍然猖獗。由于保护力度不够，很多文物遭到损毁，对文化遗产造成了不可逆的损坏。

**2. 管理体制和机制还有待进一步健全和完善**

虽然沿黄九省区各地市都在积极行动，根据地方特点制定自己的黄河文化遗产保护规划和方案，有许多都已经付诸实施。然而在全流域多省层面协调统一还有许多工作要做。各地市的工作成效是不同的，差异明显。一些地方政府把文物开发与保护，利用与管理对立起来。文化遗产涉及文物管理、宗教管理、旅游等部门，造成文化遗产保护和开发利用上形成了多重管理或无人管理两个极端。总的来说，依然存在黄河流域水生态文化遗产保护方法落后，展示方式单一的问题。包括博物馆和考古遗址公园在内，对黄河文化遗产的展示方式主要还是以遗址遗迹原貌展示和实物及图片展示为主，一些机构甚至以保护为名，将一些本该展示的文物锁在库房里[①]。违背了黄河流域水生态文化遗产"活化"的初衷，更是与传承弘扬黄河文化的目标背道而驰。

---

① 唐金培：《促进黄河文化遗产系统高质量保护 切实加强黄河文化遗产的系统性保护》，《中国文物报》，2020年1月20日。

# 第十二章　黄河流域水生态文化的
# 保护传承弘扬路径

　　《黄河流域生态保护和高质量发展规划纲要》中也提到了，要"着力保护沿黄文化遗产资源，延续历史文脉和民族根脉，深入挖掘黄河文化的时代价值，加强公共文化产品和服务供给，更好满足人民群众精神文化生活需要"。这为下一步推进黄河文化发展指明了方向。但黄河流域水生态文化的保护传承弘扬是一项系统工程，不仅需要沿黄九省区以及周边省份群策群力共同奏响"黄河大合唱"，合力打造极具影响力且大发展大繁荣的黄河流域水生态文化，更需要在遗产挖掘与保护、推进理论研究、多渠道共促创造性转化与创新性发展等方面做出具体部署和贯彻落实。只有这样才能够打造以黄河流域水生态文化为内在支撑的融合发展带，形成"大保护、大区域、大旅游、大合作、大市场、大发展"的新发展格局，使黄河生态环境绿起来、文化产业兴起来、人民生活美起来、国家民族强起来。

## 第一节　黄河流域水生态文化遗产的挖掘与保护

　　习近平总书记在中共中央政治局 2022 年 5 月 27 日就深化中华文明探源工程进行第三十九次集体学习时强调，"文物和文化遗产承载着中华民族的基因和血脉，是不可再生、不可替代的中华优秀文明资源。要让更多文物和文化遗产活起来，营造传承中华文明的浓厚社会氛围。要积极推进文物保护利用和文化遗产保护传承，挖掘文物和文化遗产的多重价值，传播更多承载中华文化、中国精神的价值符号和文化产品"。对于黄河流域水生态文化而言，黄河流域水生态文化遗产是其重要载体，是推动其大发展的基础。因此，要在构建适应全流域发展的黄河流域水生态文化遗产保护机制的基础上，全面推进对黄河流域水生态文化遗产的挖掘与保护工作。

## 一、盘点黄河流域水生态文化遗产的全部家底

黄河流域及周边区域的文化遗产极为丰富，种类多，品类全。对黄河流域水生态文化在内的黄河文化遗产进行全方位保护的前提就是要弄清楚到底有哪些类型的遗产以及每一种类型的遗产的数量和规模。

### （一）黄河流域水生态文化遗产的概念界定

黄河流域水生态文化遗产的时间范围，涵盖了黄河流域自有人类开始直到今天。早在旧石器时代，人类开始制造和使用工具，开始了虽然原始，但却迈出人类伟大第一步的物质文化的创造。一方面黄河文化分布的地域范围已远远超出了自然地理意义上的黄河流域；另一方面，按照本书第三章对黄河流域水生态文化的界定，黄河流域水生态文化遗产应当归纳为在黄河流域范围内，自古至今人类所创造的与黄河河流生态发展延续密切相关、与人类自身发展延续密切相关的所有物质文明和精神文明遗产的总和，前者依赖于诸多的物质形态而存在，如遗址、碑刻、建筑、馆藏文物等，这些遗产物质形态清晰可见，即所谓的物质文化遗产；后者则依赖于思想、记忆、技术、表演等形式而存在，其延续的形式依赖于人的传承，即所谓的非物质文化遗产。系统保护黄河流域水生态文化遗产，就是根据各自不同的特点，采用不同的方法分门别类地对这两类黄河文化遗产进行保护，为黄河流域生态保护和整体高质量发展提供文化支撑。习近平总书记所讲的"培根筑魂"是其他一切事业发展的基础，黄河流域作为中国北方地区发展的核心，文化的奠基作用不言而喻。所以要做好黄河文化遗产的基础性研究，为全流域各项工作的推动贡献自己的力量。

### （二）黄河流域水生态文化遗产的核心遗产

黄河作为体量巨大的线性文化遗产，水利遗产是黄河流域水生态文化

遗产的核心内容，也是支撑其他文化遗产的前提和基础。前文从遗产的角度，概括分析了黄河文化遗产的总体概念与分类，在这些文化遗产中，与黄河直接相关或密切相关的水文化遗产特别值得关注，可分为河道关津、河泛遗迹、治河纪念、水工建筑、祭祀场所以及相关的非物质文化遗产等类别。

### 1. 物质文化遗产

物质文化遗产方面可分为河道遗产、关津渡口遗存、河泛遗迹、治河纪念遗存、水工建筑、祭祀场所等。

河道遗产指黄河故道。黄河在历史上曾多次改道。唐代以前的黄河古道在河南的焦作武陟、新乡、安阳滑县、鹤壁浚县、濮阳，山东的聊城、德州，河北的邯郸等地有保存，明代黄河夺淮入海时期的古道在河南开封、兰考、商丘，江苏的徐州、淮安等地有保留。

关津渡口遗存，历史上著名的如河南洛阳孟津的盟津、郑州荥阳的汜水渡、新乡延津的延津，山西的蒲津渡、风陵渡等。与关津相伴，往往还有城、桥梁等设施。如汜水渡的关城成皋、蒲津渡的蒲州古城以及蒲津至今仍保存着的固定黄河浮桥锁链的铁牛等遗迹。

河泛遗迹，又可细分为河泛记录、河泛痕迹、洪灾遗址。很多碑刻、建筑上保留有黄河泛滥的记载。例如，在河南省三门峡市渑池县段村乡东柳窝村保存的清道光二十三年黄河涨水碣及泉神庙内记录当年水灾的碑刻。有些建筑上会留存河水泛滥时被水淹的痕迹，如河南省安阳新乡市原阳县原武镇的十三层密檐式砖塔玲珑塔，曾于清康熙六十年（1721 年）至雍正元年（1723 年）黄河三次在河南焦作武陟决口时，被河水浸泡长达一年八个月，其底层也因此至今仍被淤没于地下。洪灾遗址如河南省安阳市内黄县梁庄镇三杨庄村遗址，该村因黄河泛滥而废弃，发现有稻田、农舍、水井、道路等遗迹，完整保存了中原汉代村落的基本构成。此外，还有诸如河南省开封市的城下城，江苏省徐州市的城下城、睢宁县的下邳城、宿迁市的下相城、泗阳的泗州古城、淮滨县城，淮安市盱眙县的泗州城、淮阴区的大小清口城，安徽省宿州市灵璧县的霸王城等也均是黄河泛滥淹埋的见证。

治河纪念遗存，如在河南省濮阳市台前县的"敕修河道工完之碑"，记载了明景泰六年（1455 年）徐有贞修建广济渠的情况；河南省开封市兰考县"黄陵岗塞河功定之碑"，记载了明弘治十年（1497 年）当地堵塞黄河决口的情况。

水工建筑，主要是堤坝。如河南省新乡市原阳县黄河故道南岸保存有汉代黄河大堤。河南、山东、江苏等省境内仍保存有大量汉至明清的黄河大堤，很多沿黄村庄都发现有高大的避水台，至今留存，见证了黄河当时泛滥的危害与猛烈程度以及当时人们为防范水患所做出的种种努力。

古都水利遗产包括西安、咸阳、郑州、洛阳、安阳等地的汉代和隋唐时期的长安遗址、秦都咸阳遗址、郑州商城遗址、二里头夏都遗址、汉魏和隋唐洛阳城遗址、安阳殷墟遗址等的城址水利遗存。

祭祀场所，黄河作为古代"四渎之一"，唐以来也被封为公、王、神，历代国家奉祀不绝，河南省焦作市武陟县的嘉应观是雍正为了纪念在武陟修坝堵口、祭祀河神、封赏治河功臣而建造的淮黄诸河龙王庙。河南的滑县、温县、濮阳、偃师、兰考、睢县、延津，江苏的宿迁等地，都有河渎庙、河神庙、大王庙、禹王庙、龙王庙等祭祀黄河的场所，并且保留至今。显示了人们对于黄河安澜的美好愿望。

**2. 非物质文化遗产**

与黄河水文化密切相关的非物质文化遗产，可分为黄河崇拜、治河传说、祭祀仪式、黄河号子等。黄河崇拜，包括黄河作为"母亲河"的形成过程，还包括对于河神的崇拜，关于黄河及河神的神话传说、民间故事、民歌民谣等。治河传说，中国的史前时代，有许多关于治水的传说，共工治水以及鲧、禹父子治水，大禹治水传说中著名的有禹凿龙门等。祭祀仪式，礼仪规程又有官方、民间之分。汉代以后，作为国家礼制的一部分，河祀同其他岳镇海渎祭祀一起成为常制，共同拱卫社稷。宋代以后，随着黄河决口、改道频繁，地方上的河神祠逐渐增多，民间祭祀日隆。黄河号子，是劳动号子的一种，是千百年来先民们在进行黄河治理的劳动过程中形成的，又分为抢险号子、夯硪号子、船工号子、运土号子、捆枕号子等，种类众多、异彩纷呈。《黄河大合唱》第一乐章《黄河船夫曲》采用的就是黄河号子的形式。

## 二、梳理黄河流域水生态文化遗产系统保护的思路

黄河流域水生态文化遗产保护不仅要对其遗产的概念有全面系统的理解，同时也要对其特征进行深入分析，结合黄河流域水生态文化的分布特征与类别覆盖，遵循对其系统保护的基本原则，制定黄河流域水生态文化遗产系统保护的方法步骤。

### （一）黄河流域水生态文化遗产系统保护的基本原则

黄河流域水生态文化遗产既具有一般文化遗产的共性，也具有线性文化遗产的特性。因此，既要遵循文化遗产的通用保护原则，也要遵循线性文化遗产的特性保护原则。既要体现个性与共性的统一，也要体现因地制宜、实事求是的原则。所要遵循的原则就是统筹兼顾，做到个性与共性的统一。

#### 1. 保护优先原则

在对待黄河文化遗产的态度上，一定要旗帜鲜明地坚持把遗产保护放在首位的原则。要严格遵循"保护为主、抢救第一、合理利用、加强管理"的原则与方针，针对文化遗产的特性，全面落实国家和黄河流域各省区的各项保护措施，根据实际制定保护规划。努力做到应保尽保。把文化遗产安全放在首位，时刻确保文化遗产安全。强化分类保护、科学保护、精准保护的理念，转变保护方式，即是由传统的点状保护，逐渐向线状保护和面状保护转变，统筹推进文化遗产的综合性保护。最终实现文化遗产成为有源之水、有本之木，可持续发展，赓续文脉，真正让文化遗产成为培根筑魂、成风化人的良好载体。

#### 2. 整体保护原则

鉴于黄河流域水生态文化遗产是典型的线性文化遗产，其连接着流域内不同地域的文化根脉。各地市在黄河流域水生态文化遗产的分布上各有侧重。不同地域、不同类型的黄河流域水生态文化遗产之间却有着文化根脉上的内在联系。因此这里所讲的文化遗产保护整体性原则，主要包含以下几个方面的内容：一是文化遗产内容上的整体性，比如同一文化在不同时间段、不同地域之间发展交流所形成的前后接续和互相交流；二是文化与环境之间的整体联系，包括文化遗产与自然环境、社会环境的互动关系

与作用，这种相互作用体现的是一种文化与其生存土壤的整体联系与互动；三是历史文化的关联性，比如郑州提出的"三座城、三百里、三千年"理念强调的是郑、汴、洛三座城市之间的历史文化的关联性和整体性；四是文化内涵上的整体性，比如郑州市提出的"山""河""祖""国"的四位一体理念，体现的也是一种文脉上互相关联的黄河流域水生态文化遗产整体观。

**3. 科学保护原则**

文化遗产保护要保证其真实性和完整性，同时也要认识到黄河流域水生态文化遗产被合理利用的现状和需求，以此为基础，遵循科学的原则，规划各省区黄河流域水生态文化遗产的研究、保护、管理、展示工作。科学保护主要包含以下几个方面的内容：首先是黄河流域水生态文化遗产的系统保护。科学甄别具有技术价值、经济价值、社会价值和景观价值的遗产区段，系统保护由河道本体遗存、相关的水文化遗产、文化相关遗产及周边环境构成的文化遗产集群。其次是黄河流域水生态文化遗产的分级保护。在整体完全保护的基础上，详细划分省级和市（县）级遗产，并确定重点河段。针对不同对象，使用不同的保护策略，然后确认合理展示利用的对象和范围。规划不同的保护和展示利用的方案。分级保护方案不仅要适应当前黄河流域水生态文化遗产的保护工作，而且需要具有前瞻性，适应远期的保护工作。再次是黄河文化遗产保护过程中要因地制宜。在文化资源禀赋和文化特质存在差异的前提下，充分尊重和挖掘地域性的特色文化遗产，实行差异化保护利用措施，因地制宜、实事求是，避免"一刀切"、照搬照抄、生搬硬套。在实际开发利用过程中，挖掘文化遗产的个性，最大限度传承地域文脉，以特色立身、以特色取胜。因地制宜也提倡保护方式的创新，在创造性转化与创新性发展思想指导下的因地制宜才是有生命的、有活力的、有前途的，极力避免同质化。最后，黄河流域水生态文化遗产的科学保护要做到规划引领和规划衔接，实现省级与市县级文化遗产保护规划的有效衔接，实现与水利、国土、城建、文旅、环保等相关领域规划的对接，从而保障规划编制和实施的科学性。

**4. 依法保护原则**

明确黄河流域水生态文化遗产受法律保护的地位，划定黄河流域水生态文化遗产的保护范围和建设控制地带，作为黄河流域各省区遗产项目法定保护界线的基本依据。依法保护不仅要遵循现行的国家颁布的《中华人民共和国文物保护法》《中华人民共和国非物质文化遗产法》《中共中央办公厅　国务院办公厅关于加强文物保护利用改革的若干意见》等法律法规，也包括各级政府根据当地实际情况所制定的有关文化遗产保护的法律、法规、行政命令、通知公告、保护规划等具有约束力的文件。这些规范性文件将对黄河流域水生态文化遗产的系统保护具有很强的指导意义。

**5. 开放合作原则**

在黄河流域水生态文化遗产保护中，借助多方面、多层次的开放合作渠道，把开放合作作为文化遗产传承利用和保护展示的重要途径，借鉴有益的做法和经验，坚持"引进来"和"走出去"并重。一方面要增强文化遗产自身的吸引力，扩大辐射半径，提升世界影响力和感召力，打造世界级文化遗产发展示范区；另一方面也要敢于、善于吸收国际同行的一切有益成果，在"拿来"的同时实现超越，引领世界文化遗产传承利用潮流。在黄河流域水生态文化遗产保护展示利用的开放合作半径上要逐渐加大，同级别的行政区之间、不同级别的行政区之间、不同的文化遗产保护主体之间都要充分展开交流，寻求一切可能的合作渠道和合作模式。在做好本地区、本部门的工作之后，积极寻求开放合作的黄河流域水生态文化遗产保护新路径。

**（二）黄河流域水生态文化遗产系统保护的措施**

黄河流域水生态文化遗产是黄河流域水生态文化的全方位、立体性展现，也是保护传承弘扬黄河流域水生态文化的主要抓手。习近平总书记指出，要推进黄河文化遗产的系统保护，为黄河文化遗产的高质量发展指明了道路，同时也提供了根本遵循。黄河流域水生态文化遗产数量庞大、类型齐全，且主要铺陈于黄河两岸，具有廊道分布的特征，有利于进行系统保护与展示利用。

针对行政区划分割造成的自扫门前雪、各自为政等不良倾向。要打破行政区划掣肘，统筹全流域内的水生态文化遗产资源保护活化利用的统一规划和协调发展。

一要建立黄河流域水生态文化遗产的系统保护体系。将黄河流域水生态文化遗产保护与各省区乃至全流域经济社会高质量发展有机结合起来，统一谋划，共同发展。

二要将建设以基层社会广泛参与的保障体系。让黄河流域水生态文化遗产的保护及活化利用与全面实现乡村振兴战略有机结合起来，统一部署，一体推进。将黄河流域水生态文化遗产的保护及活化利用与黄帝文化、河洛文化、古都文化、姓氏文化、名人文化、红色文化等保护传承弘扬有机结合起来，统一运作，融合发展。

三要在宏观上统筹规划，建设以黄河流域水生态文化为主体的国家文化公园体系。一方面要推进黄河流域水生态文化遗产保护廊道和黄河文化生态保护试验区建设；另一方面要重点建设沿黄国家大遗址公园走廊，将黄河国家文化公园与境内的长城国家文化公园、大运河国家文化公园、长征国家文化公园有机结合起来，统一规划，协同推进。

四要运用现代信息和传媒技术手段，进一步推进黄河流域水生态文化遗产数字化保护。深入挖掘黄河流域水生态文化遗产的时代价值，在保护第一、合理利用的思路下，把与黄河流域水生态文化密切相关的自然景观、物质与非物质文化遗产资源有机结合，对其进行活化利用。

# 第二节　推进黄河流域水生态文化的科学研究与人才队伍建设

黄河流域水生态文化的发展除了需要有文化遗产作为物质基础之外，也离不开人才资源，以及借助人才资源对其深层次问题的理论挖掘。

## 一、黄河流域水生态文化的科学研究

黄河流域水生态文化的发展需要有深厚且扎实的理论基础。通过系统研究梳理黄河流域水生态文化的发展脉络，充分彰显其特征、价值以及功能。

### （一）要明确研究方向

结合现有研究缺憾，今后黄河流域水生态文化的研究方向应重点侧重于以下两个方面。

一是研究黄河治理开发与水生态文化的关系。黄河流域水生态文化是人类在与黄河相处过程中形成的物质和精神的综合反映，体现在黄河治理开发的方方面面，如何融入思路、过程和结果中，是黄河流域水生态文化发展规划及建设管理中必须考虑的要素。应通过科学研究中探讨在各项治黄工作中，特别是实施工程措施时，着力体现文化的元素，使黄河流域水生态文化成为人们与地方、社会携手的媒介和载体的具体途径。

二是研究黄河治理开发与黄河生态的关系。人水和谐的黄河生态诉求是黄河治理开发的最终目的，需要一个长期的过程。在实现这个目的的过程和措施中，一定要坚持以人为本，处理好不同时期的主次矛盾，处理好局部利益和全局利益的关系。当前，确保黄河防洪安全对我国来说是第一位的任务，不能以局部的生态来阻碍防洪措施的实施，同时在实施防洪措施时，也要兼顾生态的需要，尤其要在研究工作中审慎分析工程建设对生态环境的影响。

## （二）要整合研究力量

《黄河流域生态保护和高质量发展规划纲要》中强调要"整合黄河文化研究力量，夯实研究基础，建设跨学科、交叉型、多元化创新研究平台，形成一批高水平研究成果"。

随着黄河流域生态保护和高质量发展上升为重大国家战略，有关黄河文化的研究越来越引起社会各界尤其是学术界的关注。目前，在沿黄省区内各高校成立了若干个研究平台，各相关部门都在集中力量进行黄河文化研究。但总体来看，相关部门呼应的多，扎实有效地进行力量整合的较少；炒作应景的成果多，有学术分量与影响的标志性的成果较少；各自为战各行其是的多，齐心协力整合资源的较少；研究单位、实际部门、地方政府各干各的多，科学决策总体安排的少。要有效地发挥各相关平台相关专家的积极性，核心在于整合。整合研究力量，整合重大成果。也就是说，通过学术力量的整合，出大成果，出标志性成果。黄河文化研究虽然是个热门课题，但真正平时关注和从事黄河流域水生态文化研究的专家数量少之又少。要珍惜目前的良好局面，就应该强化相关力量与资源的整合。

一是要在省级层面成立黄河流域水生态文化专家咨询委员会。统筹协调与黄河流域水生态文化相关的重大课题的研究、重大成果的出版、重大项目的遴选。以有条件的高校或科研单位为依托，整合优化省内外研究力量，成立省级黄河文化研究院。充分发挥黄河文化研究会这样的专业学会的作用，真正使黄河流域水生态文化的研究形成合力。

二是要在科学决策上充分发挥专家智库的作用，尤其要把那些重大项目、重要研究、重大成果的攻关，集中在省级及以上层面上积极推进，对于具有全国意义的研究要给予更多的支持。

三是要设立黄河文化保护传承弘扬基金。通过基金的募集支持黄河流域水生态文化研究和保护传承弘扬相关工程的推进。要鼓励社会资本参与相关的项目建设，在政策上给予倾斜，扶持和推动相关项目的完成。

### （三）要抓好重大项目

黄河流域水生态文化的科学研究需要良好的机制做保障，应探索建立黄河流域水生态文化研究机制，设立专项资金、项目、平台，对科研工作给予多方支持。

对此，可以依托丰富的黄河文化资源，重点梳理早期文明资源、古都文明资源、农耕文明资源、水工文明资源，建设并完善黄河流域水生态文化保护传承弘扬项目库，明确项目级别，确定项目重点，抓好标志性重大项目的建设。尤其是围绕黄河流域水生态文化内涵探析，黄河文化重要考古遗产的保护，黄河国家考古公园的建设和展示，黄河文化地标体系建设，以黄河国家博物馆为龙头的国家骨干博物馆以及博物馆体系建设，推动黄河遗产申请世界文化遗产、世界自然遗产、全球重要农业文化遗产等基础性、冷门性领域设立重大科研项目，吸引更多学者参与到黄河流域水生态文化的科研工作中来。

## 二、人才队伍建设

黄河流域水生态文化的科学研究工作以及发展的贯彻落实，后面都需要有一支强有力的人才队伍作为支撑。

一是建设黄河流域水生态文化研究专家智库。凭借智库建设，吸引多领域的优秀人才参与到黄河流域水生态文化建设中，培养黄河生态文化的学术带头人、领军人物，吸引自然科学、哲学社会科学多个领域的优秀人才参与到黄河流域水生态文化建设之中，快速构建出黄河流域水生态文化建设的高端人才队伍。

二是将黄河流域水生态文化纳入社会培训与继续教育体系之中，以构建由讲解、展示、导游、研发等人才构成的黄河流域水生态文化推广与传播的复合型人才队伍。

三是将黄河流域水生态文化教育纳入学校教育体系，从长远角度着眼，培养黄河生态文化建设的后备人才队伍。

总之，黄河流域水生态文化建设需要出人才，需要凭借科研以及实践活动带出一批精通自然科学和人文科学的复合型人才。以人才，促发展，"进一步把黄河的事情办好，让古老的黄河焕发青春，更好地为中华民族造福"。

# 第三节　多渠道促进黄河流域水生态文化创造性转化与创新性发展

推进黄河流域水生态文化创造性转化与创新性发展是一个需要多方参与的协同过程。只有协调好各方关系，并在某些领域重点发力，才能真正让黄河流域水生态文化创造性转化与创新性发展的目标落地生根。

## 一、黄河流域水生态文化创造性转化与创新性发展的核心要义与着力点

要实现多渠道促进黄河流域水生态文化创造性转化与创新性发展，首先需要把脉黄河流域水生态文化创造性转化与创新性发展的核心要义与着力点。

### （一）黄河流域水生态文化创造性转化与创新性发展的核心要义

黄河流域水生态文化的创造性转化与创新性发展就是要传承其文化基因，从黄河流域水生态文化中汲取奋进力量，推进社会的全面进步。在《黄河流域生态保护和高质量发展规划纲要》中强调了要综合展示黄河流域在农田水利、治河技术等领域的文化成就，推动融入现实生活。这实际上也为黄河流域水生态文化的创造性转化与创新性发展指明了方向。但同

时也要注意黄河流域水生态文化创造性转化与创新性发展过程中也需要把握好以下三方面的核心要义。

一要进一步赓续黄河流域水生态文化中蕴含的人民至上思想。从《尚书·五子之歌》始，历代王朝都把"民惟邦本"作为施政原则并传播至各地，共工、大禹、王景、潘季驯、贾鲁等治河先辈就是最好的注脚，中国共产党成立百年来更是把人民利益放在第一位，始终不忘初心使命，牢记为民宗旨。

二要进一步发扬黄河流域水生态文化中蕴含的斗争精神。黄河在哺育中华文明和中华民族的同时，也带来了巨大灾难，在长期的治黄中培养出了中国人民百折不挠、刚健勇毅的斗争精神，焦裕禄治理"三害"、"人工天河"红旗渠等就是这种精神的当代传承，建成富强民主文明和谐美丽的社会主义现代化强国更需要这种精神。

三要进一步继承黄河流域水生态文化中蕴含的人与自然和谐共生的观念。从西周颁布《伐崇令》到设立虞衡制度，黄河流域在千年间始终在探寻人与自然共存共生之道，虽然也因过度垦殖而使黄土高原水土流失严重，但实现天人合一的实践从未停止。现如今，在生态文明加速建设的进程中，黄河流域水生态文化中的生态观念更要提供历史镜鉴[①]。

## （二）推进黄河流域水生态文化的创造性转化与创新性发展的基本着力点

深入推进黄河流域水生态文化的创造性转化与创新性发展首先需要找准着力点。

一是加强顶层设计。随着 2021 年《黄河流域生态保护和高质量发展规划纲要》的正式印发，黄河流域生态保护和高质量发展的"四梁八柱"已经搭建起来，为黄河流域的生态文化建设提供了指导和依据。相关部门应抓住这一战略机遇，参照《黄河流域生态保护和高质量发展规划纲要》，谋划黄河流域水生态文化经济融合发展带总体布局，将黄河流域水生态文化建设的内容纳入到发展规划之中。依据文化发展规律、黄河治理保护的

---

[①] 王国生：《大力弘扬黄河文化 为新时代中原更加出彩凝聚精神力量》，《河南日报》，2020 年 1 月 15 日。

生态规律、社会经济发展规律，科学制定黄河流域水生态文化建设规划，实现对其保护传承弘扬的一体化，以促使黄河流域水生态文化得到全面持续发展，充分发挥黄河流域水生态文化在黄河流域生态保护和高质量发展中的应有价值。

二是构建黄河流域水生态文化的创新发展工作机制。体制机制的建立需要政府主导、社会支持、群众参与。一方面，政府要将文化部门作为主责部门，鼓励其勇于担责，履行文化服务职能，积极作为。将文化事业、文化产业发展、文化体制改革纳入年度目标责任考核序列。充分发挥政府的主导作用，以经济和法律手段为主，辅之以行政手段，加强文化市场监管，促进文化产业健康发展。另一方面，社会、群众等非政府力量参与保护和传承黄河流域水生态文化，责无旁贷。文化企业要自主与社会资本对接，多渠道、多方式发展文化公益性事业。同时，企业要自主转型，逐步实现传统产业向新型支柱产业的培育优化，因地制宜形成二、三产业发展的产业格局。公众应提高黄河流域水生态文化建设中的贡献意识和主人翁精神，积极参与，通过信息平台，及时提出意见和建议。

三是创新黄河流域水生态文化的表现方式，在信息化迅猛发展的时代，抖音、快手、西瓜视频等新平台已经成为传播文化的新路径。制作以黄河流域水生态文化为主题的小视频，在各平台上注册专门账号，发布相关视频，以新颖的形式使黄河流域水生态文化与民众亲密接触，实现文化"活"起来。同时，利用现代技术，通过古籍整理和经典出版传承黄河流域水生态文化，实施"互联网＋黄河流域水生态文化"工程。

四是实施黄河流域水生态文化惠民工程。建设黄河生态廊道，大力开发视听娱乐、演艺观赏、竞技游艺等可感知、可互动、可体验的文化产品，同时制作以黄河文化为主要内容的作品，努力打造出一批反映黄河流域水生态文化的精品力作，利用沿黄地区数量众多的博物馆、文化馆、展览馆等有效资源，拉近人们与黄河流域水生态文化之间的距离，在直观中感受黄河流域水生态文化的魅力。

五是推进黄河流域水生态文化与旅游业的融合发展，以"中华源·黄河魂"为核心，整合串联沿线的峡谷奇观、黄河湿地、地上悬河、黄河堤防工程等自然资源以及考古遗址公园、文保单位等文化资源，并将这些黄河沿岸自然景观、人文景观与人文精神有机结合起来，打造独具黄河特色的文旅品牌，实现中华文明溯源之旅、大河风光体验之旅、治黄水利水工研学之旅相统一，形成以黄河为轴线的黄金旅游带。

总之，促进黄河流域水生态文化创造性转化与创新性发展需要多方发力，尤其是在推动黄河流域水生态文化与旅游产业融合，打造知名文化品牌讲好黄河流域水生态文化故事两方面要做足功课。

## 二、推动黄河流域水生态文化与旅游产业融合发展

打造具有国际影响力的黄河流域水生态文化旅游品牌。作为典型的绿色产业、生态型经济，黄河流域水生态文化旅游以黄河流域水生态文化为文化根基，吸引更多的人群感悟黄河流域的水生态文化，不仅是讲好"黄河故事"、传播生态理念的重要途径，也是驱动区域经济高质量发展的必然选择。在建设充分融合黄河流域水生态文化要素的生态景观基础上，积极打造生态文明溯源之旅、大河生态景观观光之旅等文化旅游精品。把黄河流域水生态文化中"最深沉的精神追求""最根本的文化基因"充分挖掘出来、展示出来，推进黄河流域水生态文化在新时代实现创造性转化和创新性发展，为黄河流域生态保护和高质量发展培育新的增长点。

### （一）推进黄河流域水生态文化与旅游产业融合发展的重要价值

《黄河流域生态保护和高质量发展规划纲要》中提到要"推动文化和旅游融合发展，把文化旅游产业打造成为支柱产业"。这显示了中央对于发展黄河流域文化旅游的重视程度。

文旅融合发展是黄河流域实现经济社会高质量发展的必然选择。从社会发展规律来看，当经济水平达到一定规模后，旅游就会成为人们的更高需求，以文化为核心的文化旅游则是人们的首选。黄河流域在这方面具有得天独厚的优势：从高山峡谷到一望无际的平原，从游牧到农耕，从远古传说到历代王朝，从新中国到新时代，黄河流域自然与人文景观交相辉映，为文化旅游奠定了坚实的根基。文化旅游具有极强的可持续性，且具有产业链长的特性，衍生出的产品不断增加，与相关行业的关联度高，在生态、经济、社会、文化等方面均具有重要价值。

从生态效益角度讲，文化旅游业是具有长期可持续发展特性的"非消

耗型"产业，其发展对于区域生态环境的破坏程度最小。推动黄河流域水生态文化与旅游产业融合发展有助于改善沿黄九省区生态环境，促进生态功能保护与修复，解决生态与经济矛盾。其发展与构建"人与自然生命共同体"、生态文明、美丽乡村等理念高度契合。

从经济效益角度讲，文化旅游业既是具有文化性质的经济产业，也是具有经济性质的文化产业。随着文化软实力对经济的贡献值提升，文化旅游业已成为国民经济中举足轻重的产业①。推动黄河流域水生态文化与旅游产业融合发展有助于沿黄九省区以黄河文化为底蕴，促进黄河文化资源的资本化与产业化，实现黄河文化资源的经济价值；有助于整合城乡资源带动区域产业链的同向发展；通过优化农村产业结构和转变经济发展模式，达到盘活经济和提升经济落后地区综合实力的目的。

从社会效益角度讲，推动黄河流域水生态文化与旅游产业融合发展有助于构建人与自然和谐共处、游憩养生的良好环境。依托乡村自然生态环境与黄河流域水生态文化优质资源，融合发展康养产业和生态产品体系，便于健康养生项目的打造，让民众能够获得可感受、可触摸的休闲体验，满足游客和旅游地居民对于健身、养老、旅游、环保等综合需求，提升获得感、幸福感，树立保护黄河生态环境的责任意识。随着文化旅游可持续发展带动起来的产业升级转型，将实现城乡间生活要素的双向流动，助推城乡融合发展；将提供更多的本地就业机会，为缓解就业压力、提升居民收入水平和实现社会稳定做出重大贡献。

从文化效益角度讲，推动黄河流域水生态文化与旅游产业融合发展有助于传承和弘扬黄河流域水生态文化，彰显黄河流域水生态文化的价值。文化旅游业是弘扬文化的最好载体，黄河流域水生态文化与旅游产业融合必将成为实现教化功能的新媒介，是挖掘、优化、保护黄河流域水生态文化以及实现黄河流域水生态文化价值的重要途径。从消费层面看，黄河流域水生态文化产品和服务的核心正是由其文化符号地提供。游客通过消费旅游地所提供的自然环境、餐饮住宿、文创产品等外显资源，来获取内隐

---

① 陈柳钦：《文化与旅游融合：产业提升的新模式》，《学习论坛》，2011 年第 9 期，第 62 - 66 页。

的文化所指，从参与和体验异于日常居住地环境的区域文化中获得社会空间、身份的重新确认与文化认同。随着产业拓展，黄河流域水生态文化也会获得更多传播与创新的机会。

总之，推动黄河流域水生态文化与旅游产业融合发展是黄河流域生态保护和高质量发展重大国家战略实施的先行实践、重要载体和关键切点，其与国家重大战略和沿黄九省区社会经济发展相契合。

### （二）黄河流域水生态文化旅游资源概况

就黄河流域水生态文化而言，其旅游资源的优势十分突出。

从自然角度来说，黄河是我国两大主要水系之一，水系、山势、地理地貌景观十分丰富，自然景观完整性当属世界唯一，包括了三大气候带（横跨东、中、西三大气候带）、三大高原（青藏高原、内蒙古高原、黄土高原）、三大平原（宁夏平原、河套平原、华北平原）、三大景观（游牧景观、农耕景观、海洋景观）、四渎（江、河、淮、济）、四岳（北岳恒山、西岳华山、中岳嵩山、东岳泰山）等自然资源的丰富造就了黄河文旅的先决优势。

从文化角度看，在《中华人民共和国国民经济和社会发展第十四个五年规划和 2035 年远景目标纲要》中提到了两个旅游带建设，即长江国际黄金旅游带、黄河文化旅游带。同为旅游带建设但具体表述不同，在黄河流域着重强调了文化旅游，这也体现了国家政策的导向与因地制宜。二者之前描述的差别在于：黄河着重提到文化，以及文化与旅游的融合。

黄河流域中蕴藏着丰富的水生态文化旅游资源，并具有三大特点。

一是大古都。黄河是中华民族的母亲河，她哺育了中华文明，也哺育了沿岸城市。中国古都学会认定的中国八大古都中有五个分布在黄河流域，即西安、洛阳、郑州、开封、安阳。此外，还包含了河南的商丘、南阳、浚县、濮阳，山西的平遥县、大同、新绛县、代县、祁县、太原，陕西的咸阳、延安、韩城、榆林、汉中，山东的济南、曲阜、青岛、聊城、邹城、临淄区、泰安、蓬莱、烟台、青州，以及内蒙古的呼和浩特、宁夏的银川、青海的同仁县等众多国家级历史文化名城。城市是文化的载体，黄河古都及文化名城更是黄河流域水生态文化的重要载体，是开发文化旅游的重要资源。这些文化旅游资源禀赋极高，具有唯一性、垄断性、多种类、高品位、高密度等特质，完全具备打造为旅游精品、绝品和极品的潜质，深度开发的市场前景非常广阔。

二是大遗址。在我国截至目前所公布的三批国家考古遗址公园名单及立项名单中，河南省包括殷墟、隋唐洛阳城、汉魏洛阳故城、郑州商城、三杨庄遗址、郑韩故城、偃师商城、城阳城址、仰韶村遗址、二里头遗址、大河村遗址等考古遗址公园；陕西省包括大明宫、汉长安城、秦咸阳城、周原等考古遗址公园，山东省包括南旺枢纽、曲阜鲁国故城、大汶口遗址、临淄齐国故城、城子崖遗址等考古遗址公园；山西省包括晋阳古城、蒲津渡与蒲州故城、陶寺遗址等考古遗址公园；河北省包括中山古城、邺城等考古遗址公园。此外，还有内蒙古自治区的辽上京考古遗址公园、青海省的喇家考古遗址公园等。虽然这里所列主要是部分涉及水生态文化方面的，并非黄河流域的全部国家级考古遗址公园，可以看出，黄河流域所拥有的国家考古遗址公园数量之庞大。

三是大遗产。这里所说的大遗产主要是指非物质文化遗产和世界自然及文化遗产等。其中，非物质文化遗产作为黄河流域水生态文化的核心组成部分，因其精神内涵、实践活力和时代价值，应该为黄河流域的发展承担重要的当代使命。截至目前，在 1 557 项国家级非物质文化遗产代表性项目中，黄河流域 9 省区包括 1 035 项，约占全国的 66.5%，涵盖我国非遗的十大门类。这些国家级非遗项目和流域内大量的省、市、县级非遗项目，共同构成了黄河非遗的宝库，其中部分项目也是黄河流域水生态文化传承发展丰富而鲜活的本体。此外，沿黄九省区还共计拥有世界文化遗产 11 处，世界文化与自然双遗产 1 处，世界灌溉工程遗产 3 处，全球重要农业文化遗产 3 处。这些也是开发文化旅游资源的重要宝库。

总之，黄河流域拥有极其丰厚的文化旅游资源，其中也包含大量的水生态文化旅游资源（表 12-1），在保护基础上合理整合优化这些资源，能够有效提升黄河流域的旅游文化内涵，为游客提供更多的旅游观光和文化寻源的选择。同时也为开发高品质旅游文化产品提供了得天独厚的条件，引导文化创意产业发展实践，加快黄河流域文化创意产业的转型发展的步伐。

**表 12-1　黄河流域水生态文化旅游资源一览**

| 省区 | 黄河沿岸区域范围 | 区域主要文化旅游资源 |
|---|---|---|
| 青海 | 黄河干流从源头到寺沟峡，流程1 959千米，包括玉树藏族自治州、果洛藏族自治州、海南藏族自治州、黄南藏族自治州和海东市4州1地的18个县137个乡（镇） | 三江源自然保护区、坎布拉、贵德高原生态旅游区（中华福运轮、国家地质公园、千姿湖、奇石苑）、循化撒拉族绿色家园、喇家国家遗址公园、扎陵湖、鄂陵湖、李家峡水库、坎布拉国家森林公园、青海湖、贵德黄河清湿地公园、龙羊峡、循化孟达、循化撒拉族之乡、塔尔寺、贵德古城、阿尼玛卿雪山、扎仓温泉、骆驼泉、唐蕃古道、昆仑山、高原牧场、互助土族故土园旅游区、西海郡古城、万丈盐桥、马场垣遗址、卡约文化遗址、朱家寨马厂类型遗址等 |
| 四川 | 黄河流经四川省的西北角松潘高原一带，是黄河的一个拐角，拐弯后黄河又流回青海，在四川流经阿坝州的阿坝县求吉玛镇、若尔盖县唐克镇、辖曼镇、麦溪镇，黄河四川段共165千米 | 黄河九曲第一湾、阿坝藏族羌族自治州若尔盖草原、白河、黑河等 |
| 甘肃 | 黄河两次流经甘肃，第一次流经甘南藏族自治州玛曲县，流程约433千米，此后北上入青海，由官亭二次进入甘肃境内，横贯临夏、兰州、白银，兰州是黄河唯一穿城而过的城市，流程约480千米，干流全长913千米 | 黄河首曲、太极岛湿地、永靖黄河三峡风景区、炳灵寺石窟、四十里黄河风景线、尕海、青城古镇、白银黄河大峡奇观旅游风景区、达久滩草原、兰州百里黄河风情线、兰州夜游黄河大景区、景泰黄河石林、渭河源风景区、嘉峪关阳关玉门关等古长城遗址、敦煌、张掖、武威、酒泉古城、鸣沙山、月牙泉、雅丹、渭河源、大地湾遗址、崆峒山、麦积山、白塔山遗址、马家窑遗址、雷台汉墓、伏羲庙等 |
| 宁夏 | 黄河流经宁夏397千米，穿越中卫、中宁、青铜峡、吴忠、灵武、永宁、银川、贺兰、平罗、惠农10个县市 | 腾格里沙漠湿地金沙岛、沙湖风景区、黄河横城旅游度假区、鸣翠湖国家湿地公园、黄河坛、黄河宫旅游景区、黄河大峡谷旅游区、黄河楼、盐池哈巴湖、黄河外滩国家湿地公园、阅海国家湿地公园、凤凰花溪谷生态旅游观光园、灵武长流水生态旅游区、西夏王陵、天然长城博物馆、贺兰山古岩画、中卫沙坡头、灵武白芨滩、罗山、六盘山、火石寨、青铜峡黄河大峡谷、青铜峡一百零八塔、银川海宝塔、须弥山石窟、西吉将台堡、水洞沟、镇北堡西部影视城等 |

（续）

| 省区 | 黄河沿岸区域范围 | 区域主要文化旅游资源 |
| --- | --- | --- |
| 内蒙古 | 黄河内蒙古段全长 843 千米，流经阿拉善、乌海、巴彦淖尔、鄂尔多斯、包头、呼和浩特等 7 个盟市、20 个旗县市区，形成一个大的"几"字形 | 达拉特旗响沙湾、库布齐沙漠、包头黄河国家湿地公园、黄河河套文化旅游区湿地公园、毛乌素沙漠、黄河滩岛、鄂托克旗段丹霞地貌、鄂尔多斯响沙湾旅游区、准格尔旗段的黄土沟壑、七星湖、十二连城、宥州、霍洛柴登古城遗址、西鄂尔多斯岩画群、长城遗址、阿尔寨石窟、包头五当召、鄂尔多斯、乌素图、乌拉山、二龙什台、大窑遗址、金津古渡等 |
| 陕西 | 黄河入陕顺着沿黄河公路西岸，途径榆林、延安、渭南、韩城 4 市 13 县 50 多景点，全长 828.5 千米 | 秦岭山脉、华山、壶口瀑布、洽川湿地、黄河龙门、马头关黄河大峡谷、黄河乾坤湾、合阳洽川风景名胜区、凤凰山、龙洲丹霞地貌景区、清涧高家洼塬、"最美乡村"赤牛坬、潼关十里画廊、郑国渠、岳渎公园、黄河湿地公园、杨家沟、秦岭兵马俑、黄帝陵、汉唐皇陵、汉唐文化遗址、佳县白云山、司马迁墓—国家文史公园—韩城夜、党家村、大荔丰图义仓（同洲湖）、潼关古城、陈家瑶村、香炉寺、吴堡石城、神木天台山、沿黄观光路等 |
| 山西 | 黄河覆盖山西省忻州、吕梁、临汾、运城 4 市 19 个县，流程 1 008 千米，是黄河流经跨度最大的省份 | 黄河三角洲生态文化旅游岛、永济鹳雀楼、壶口瀑布、娘娘滩、碛口瀑布、普救寺、历山（含小浪底库区游览区）、芦芽山、玄中寺、尧庙、尧陵、洪洞大槐树、解州关帝庙、黄河铁牛、永济五老峰、五台山、乔家大院、平遥古城、王家大院、皇城相府、绵山、运城死海、云丘山、红军东征纪念馆、小西天、晋西革命纪念馆、石马沟自然风景区、观音阁、二郎山、人祖山、黄河蛇曲国家地质公园、五鹿山、芝麻滩遗址、下村根祖文化、北武当山等 |
| 河南 | 黄河流经河南省三门峡、洛阳、济源、郑州、焦作、新乡、开封、濮阳 8 个省辖市，流域保护和受益地区涉及 13 个省辖市 105 个县（市、区），河道总长 711 千米 | 黄河小三峡、龙潭大峡谷、桃花峪、仰韶文化遗址、黄河湿地、清明上河园、龙门石窟、白马寺、相国寺、中岳庙、巩义宋陵、杜甫故里、石窟寺、郑州黄河风景区、荥阳汉霸二王城、大河村遗址、三门峡大坝、小浪底大坝、天鹅湖国家湿地公园、黄河花园口水利风景区、裴李岗遗址、虎牢关、函谷关、少林寺、嘉应观、包公祠、豫西大峡谷、嵩山、黄帝故里、清明上河园等 |

（续）

| 省区 | 黄河沿岸区域范围 | 区域主要文化旅游资源 |
|---|---|---|
| 山东 | 黄河从山东东明县入境，呈北偏东流向，流经菏泽、济宁、泰安、聊城、德州、济南、淄博、滨州、东营9市的25个县（市、区），在垦利区注入渤海，河道长628千米 | 泰山、"三孔"、济南百里黄河风景区、齐长城和大运河、黄河口生态旅游区、黄河三角洲生态文化旅游岛、天鹅湖、天宁寺、东营红色刘集旅游景区、孙武祠、曹州牡丹园、水浒好汉城、孙膑旅游城、浮龙湖旅游度假区、黄河湿地公园、黄河故道湿地公园、微山湖、南阳古镇、太白湖、十里画廊等 |

资料来源：张廉，段庆林，王林伶主编：《黄河流域生态保护和高质量发展报告（2020）》，社会科学文献出版社，2020年，第377—378页。

### （三）黄河流域水生态文化与旅游产业融合发展路径

黄河流域水生态文化与旅游产业深度融合就是要通过各种形式的文化旅游精品，把黄河流域水生态文化中"最深沉的精神追求""最根本的精神基因""最独特的精神标识"充分挖掘出来、展示出来，推进黄河流域水生态文化在新时代实现创造性转化创新性发展，从而讲好"黄河故事"，延续历史文脉，赓续精神图谱。

在《黄河流域生态保护和高质量发展规划纲要》中对于黄河流域文化旅游发展问题，提到了要"强化区域间资源整合和协作，推进全域旅游发展，建设一批展现黄河文化的标志性旅游目的地。发挥上游自然景观多样、生态风光原始、民族文化多彩、地域特色鲜明优势，加强配套基础设施建设，增加高品质旅游服务供给，支持青海、四川、甘肃毗邻地区共建国家生态旅游示范区。中游依托古都、古城、古迹等丰富人文资源，突出地域文化特点和农耕文化特色，打造世界级历史文化旅游目的地。下游发挥好泰山、孔庙等世界著名文化遗产作用，推动弘扬中华优秀传统文化"。这为未来黄河流域文化旅游发展指明了方向。但具体采取哪些措施促进黄河流域水生态文化与旅游产业深度融合还需要从实际需求入手来系统探讨。

#### 1. 做好顶层设计与规划

习近平总书记指出，要打造具有国际影响力的黄河文化旅游带。打造具有国际影响力的以水生态文化为核心的黄河文化旅游带，无论是国家层面、相关省（区）层面，还是市县级层面，都需要做好科学规划和合理布局。

一是要依托跨区域重大项目的龙头作用，促进流域整体联动发展。建设全域旅游示范区、落实黄河国家文化公园建设规划、打造黄河国家遗产廊道、建设大河绿道景观带和沿黄文化旅游生态走廊，用跨区域重大旅游项目带动沿线省份在发展规划、资源开发、设施建设、服务供给方面的互联互通，发挥从东到西联动一体的效应。

二是依托多元旅游产品的支撑，扩大市场影响力。现有的中国大黄河旅游精品线路中涉及水生态文化的包括文明之旅、古都之旅、寻根之旅、名胜之旅、风光之旅、峡谷之旅、湿地之旅、度假之旅等主题编排设计，但深究产品内容还是以观光旅游产品和文化旅游产品为主，不能满足当前旅游市场的新需求。应在此基础上通过顶层设计下足功夫，在名胜之旅、风光之旅、峡谷之旅、湿地之旅四个系列中着力利用自然资源开展徒步、露营、登山、攀岩等旅游项目，开发探险旅游产品。在文明之旅、古都之旅、寻根之旅三个系列中发展节事旅游产品、研学旅游产品，深挖文化旅游的更多潜在融合产品。在度假之旅系列中发展康养旅游产品。

三是在整体规划的同时要做好专项规划，加快编制生态保护专项规划、自然资源保护与利用开发专项规划、文物资源保护和利用规划、文化和旅游发展专项规划，做好文化和旅游发展规划，并纳入经济社会发展规划和城乡建设、土地利用规划。对文化旅游带内的资源进行有针对性的保护和开发，激活内生动力。

## 2. 创新发展理念

实现黄河流域水生态文化与旅游产业深度融合也需要依托广阔的内需市场，全方位驱动内生需求，创新发展理念对扩大消费拉动内循环具有重要意义。坚持以"双+"思想和"三个转化"为引领，讲好黄河故事。落实"旅游+"理念，充分发挥旅游业的拉动、融合、催化和集成作用。大力发展"旅游+文化、农业、健康"等融合类旅游产品，通过丰富业态和扩大产品供给拉动消费需求。落实"+旅游"理念，积极推动一、二、三产业与旅游融合发展，为相关产业和领域发展提供旅游平台，通过延长旅游产业链，培育衍生旅游产品拓展潜在消费市场。充分发挥黄河流域的文化资源禀赋优势，做好"三个转化"——将文物资源转化为旅游资源，将旅游资源转化为旅游产品，将旅游产品转化为旅游品牌。努力讲好黄河风光故事、文化故事，遗产故事，依托以黄河流域水生态文化为核心的黄河文化旅游带建设，打造品牌效应，开发全新内需增量市场，驱动消费内循环。

**3. 实施精品文旅工程**

实施精品带动战略，对于保护传承弘扬黄河流域水生态文化，讲好"黄河故事"，具有特别重要的意义。

黄河流域既有壮美秀丽的自然景观，又有悠久淳朴的人文风情，上、中、下游旅游资源特色优势迥异，奠定了黄河打造个性化、多元化、整体化文旅品牌的基础。打造黄河文旅品牌，应做好上、中、下游的发展定位，实施品牌协同战略。

一是要精准定位上、中、下游的发展特色，突出黄河文化旅游的个性化和多元化。发挥黄河上游自然风光壮丽、生态保护区众多的资源特点，在注重生态保护与生态涵养的基础上，开发自然风光游和生态旅游。发挥黄河中、下游文物古迹丰富、遗产民俗众多的资源特点，在增强人文景观观赏性和体验性的基础上，依托便利的交通与市场发展市生态文化旅游。

二是要做好品牌开发、市场营销、公共服务的协同，突出黄河文化旅游的整体化。鼓励黄河流域不同省份开发特色旅游项目，依托政府机构、旅游企业、黄河旅游联盟等沿黄旅游发展机构的力量，推进项目互联、节会互动、市场共享、资源共用，将特色旅游项目串联起来，形成聚合效应，打造"黄河文化旅游带"品牌形象。建立联合营销模式，鼓励文化、旅游、宣传、外事等部门在招商引资、对外宣传的过程中，共同推介黄河旅游品牌。鼓励建设线上旅游协同发展平台，落实旅游官网、驿站信息共享。

**4. 推进技术创新与融合**

应用多种科学技术助推旅游产业发展，智慧旅游建设中运用大数据，特别是旅游公共服务平台运用大数据、云计算等技术实现流域内公共服务无障碍共享；运用 AR、VR、虚拟现实技术、物联网、元宇宙等技术提高旅游产业智能化，借助网络营销、电子支付、区块链等手段提供旅游发展的持续动力，实现实体经济和虚拟经济的深度融合，为全域旅游建设提供智能支持。

尤其是在借助新科技的文化展示层面，将互联网、虚拟现实、人工智能等技术融入文化遗产保护与活化开发中。做好黄河沿线水生态文化主地标以及水景观的打造，以"中华源""民族根""黄河魂"为理念，选择最具文化影响力的核心地带，融合灯光布景、水幕艺术、全息投影等现代科技打造"黄河之门""黄河之中""黄河之源"等标志性景观和景观群，突出文化象征意义和时代特征，使黄河流域水生态文化主地标成为黄河文化旅游带上最核心的文旅产品。

**5. 推进基础设施建设**

借助供给侧改革的动力、"一带一路"倡议和现有高速铁路网建设，加快黄河流域公共交通服务的提升。铁路方面，提高铁路运营能力和网络布局；公路方面，支持沿黄路网建设，提高路网密度和道路等级；航空运力方面，建设支线机场，增加干线基础运力，提升沿黄流域旅游城市和重点景区的可进入性。

完善基础设施建设，发挥黄河流域公共服务的溢出效应。完善旅游交通和公共服务，建设旅游集散中心；完善旅游公共交通和租车系统，开设旅游专线和直通车服务；切实推进旅游厕所革命，完善旅游标识牌系统；推进旅游安全保障措施，制定旅游紧急救援措施和投诉处理制度；提高智慧旅游服务效率，实现信息网络全覆盖；改造和提升乡村基本旅游设施，增加旅游商品供给等，真正实现流域带内旅游要素的"无障碍"流动。

**6. 加强组织保障**

为加快推进黄河流域水生态文化与旅游深度融合发展，需要政府主导，多部门联动，多政策齐发，多力量汇聚，强化组织保障。

要建立完善协调运行机制。研究制定文化和旅游融合发展的相关政策，健全沿黄各省区文化旅游工作联席会议制度，完善投融资、营销推广、标准化、综合管理等工作机制，协调解决空间规划、土地供给、产业布局、基础设施建设等遇到的重大问题。

要建立完善宣传推广和营销机制，建立全媒体信息传播制度，整合利用各类宣传营销资源和渠道，建立推广联盟等合作平台，构建政府、行业、媒体与公众共同参与的宣传推广格局。同时，做好国际交流和营销层面的组织保障。黄河文化旅游带横跨九省区，承东启西、衔接内外，既要提升国内影响力，也要塑造国际影响力。对内应建立"9＋4"工作机制，联合文化和旅游部、财政部、商务部、中宣部在沿黄九省区建立发展协作机制，在对外宣传、品牌推广、招商引资等方面加强协同合作，扩大国内影响力。对外发挥"一带一路"沿线重要节点城市的对外展示作用，兰州、西宁等城市主要面向中亚、西亚国家展示民族文化与风情，郑州、西安、济南、青岛等主要面向蒙古、俄罗斯、日本、韩国等国家探索国际旅游交流合作新路径。

要建立完善绩效评估和激励机制，强化对在线旅游企业及其经营服务行为的监管，加大对文化旅游市场主体的安全督导和联合检查力度。建立旅游市场秩序综合评价指数制度和旅游行业诚信"红黑名单"制度，完善旅游企业和从业人员诚信记录。及时总结文化和旅游融合发展的阶段性经验和成果，制定相关标准或评估体系，出台各省区文化与旅游融合发展工作的奖惩条例，对各地各部门在文化旅游融合发展绩效进行年度考评。

**7. 促进黄河全流域一体化建设**

除了沿黄各个省区要加强自身组织保障外，加强沿黄河流域跨省区的文化旅游合作，助推黄河文化旅游品牌建设也是必然的选择。一是围绕"中华源·黄河魂"主题，统筹推进沿黄文化遗产地连片整体性传承、利用和保护，打造黄河文化旅游带，引领黄河文化旅游高质量发展。二是完善区域旅游合作机制，加强各省份相关政府主管部门之间、文旅企业之间、行业协会之间的合作，积极推动沿黄九省份之间资源共享、信息互送、人员培训、市场开拓等合作，开发黄河文化旅游精品路线，打造"黄河之旅"世界级旅游目的地，提升黄河文化旅游竞争力。三是建立黄河流域文化旅游公共服务平台，开展区域性旅游公共服务的分工合作，在旅游基础设施、扶持政策、市场营销、质量监管等方面实现一体化，最终在全流域内实现无差异化的旅游公共服务。

## 三、做好黄河流域水生态文化传播工作

当今社会，人们对于水的认识的深刻程度仍远远不够，存在取之不

尽、用之不竭的观点，对于水生态环境的保护意识仍较为淡薄，所以深入传播黄河流域水生态文化，讲好新时代黄河故事就显得尤为必要。需要通过打造高效的传播机制，助力黄河流域水生态文化的创造性转化与创新性发展。

## （一）黄河流域水生态文化传播的价值

有学者指出，"黄河文化是中华传统文化的主流文化和核心文化"。黄河生态文化则是中华传统生态文化的核心文化，在我国传统生态文化中占有无可替代的地位。

党的十九大报告强调，"中国特色社会主义文化，源自于中华民族五千多年文明历史所孕育的中华优秀传统文化"。作为中华优秀传统文化的核心成分，实施黄河生态文化传播工作具有十分重要的价值。

首先，黄河生态文化在中国特色社会主义文化建设中无可替代。通过传播黄河流域水生态文化，使公众树立文化认同感。同时，黄河流域水生态文化的传播模式与路径选择是实现其创造性转化和创新性发展的关键。黄河流域水生态文化不仅要保护好、利用好、传承好、发展好，更要传播好，使之成为新时代展示中华文明、彰显文化自信的名片。

其次，从生态文明建设角度讲，传播好黄河生态文化有助于为社会主义生态文明建设提供文化支撑、历史借鉴和坚强的精神支柱。在黄河流域生态保护和高质量发展座谈会上，习近平总书记强调，当前黄河流域存在的生态和发展问题"表象在黄河，根子在流域"。

通过传播黄河流域水生态文化，一是可以利用好其以文化人的功效，通过文化传播的形式将黄河流域居民千百年来形成的生态行为习惯传递给受众群体，树立爱护黄河、珍惜黄河的生态意识，让绿色环保生态的生产生活方式成为人们自觉的行为和全社会的共同行动，并达成共识，自发投身于黄河流域生态环境保护事业中。此外，实现黄河流域的高质量发展需要考虑不同流域段、不同省情区情的最适发展道路。黄河流域生态文化是几千年来黄河沿线居民在不断的实践活动中总结而来的，每一处的生态文化都是依据当地自然环境以及人文环境所形成和发展，符合各地的具体情况。通过借鉴、传播黄河流域水生态文化有助于推动构建适合不同流域段、不同省情区情的发展道路。

再次，习近平总书记在国际上曾多次提出"共筑人类命运共同体"，要建设一个"清净美丽的世界"，充分表达了中国在生态环保问题上的担当。但长期以来，西方社会常常对中国文化存在误解，形成对中国的错误印象。通过黄河流域水生态文化的对外传播，有利于消除这种误解，在国外受众中树立黄河的形象，以便于让国外受众更好地接纳中国文化，充分认同中国政府在生态环境事务上所做出的巨大贡献。

最后，进入新时代，围绕黄河生态环境保护与治理实践活动所沉淀和凝聚起来的宝贵精神财富和文化产品，仍需要通过传播来承载和延续，公众围绕黄河生态保护的知情权、话语权、监督权也需要通过文化传播来实现。

### （二）黄河流域水生态文化传播路径

从传播学角度看，传播系统包含传播内容、传播者、传播媒介、受众、效果与反馈六要素。任何一个要素的缺失都会让传播丧失功能。因此，在黄河流域水生态文化传播工作中，需要兼顾这六要素，以及它们之间的协同发展。当然，在具体实施中，仍是有轻重之分，尤其需要坚持以人为本，以受众为本的基本原则，让受众充分意识到普及传播黄河生态文化关乎切身利益。

此外，依据传播学理论，价值导向在传播中具有决定性作用，甚至高于观点或事物本身，是引导受众行为的最终决定力量。因此，黄河流域水生态文化传播必须以马列主义、毛泽东思想、中国特色社会主义理论体系为指导，以社会主义生态文明为价值导向。

### 1. 建立政府支持主导多方参与的传播机制

黄河流域水生态文化传播工作需要大量的资金支持。应当采取多渠道筹资的方式，可采用众包众筹方式，进行资金的商业化运作。但由于黄河流域水生态文化传播工作带有鲜明的公益性特征，决定了承担其传播的组织机构多带有公益性质。这要求这项工作不能仅仅依靠市场化运作，更需要政府的大力扶持。一方面，政府应出台相应政策有针对性地扶持从事黄河流域水生态文化传播的媒体以及教育机构；另一方面需要从财政上给予专项拨款，对一些重要传播活动给予相应的财政补贴。

中小学、大中专院校作为传播教育黄河流域水生态文化的主阵地，应主动吸纳其融入培养计划、学科和专业设置、课程讲解、教材编写、社会实践等环节中，推动黄河流域水生态文化教育工作的深层次发展。

海外的孔子学院、对外文化交流中心通过广泛参与，以黄河流域水生态文化所包含的农耕文化、建筑文化、民俗文化等为基本内容，以生态学、传播学、历史学、文化学为基础，吸引更多的国际学者及文化爱好者投身研究、传播黄河流域水生态文化的事业之中，同时为构建人类命运共同体贡献中国方案。

**2. 推进形式和内容的创新**

传播内容和形式的创新依赖于科技支持。对此，可利用大数据等信息技术，准确定位黄河流域水生态文化作品的特色和目标受众群体，评估传播效果。启动全媒体多元传播模式，通过技术手段的创新，借助融媒体传播渠道，把黄河流域水生态文化主题作品传播出去，不断提高其传播力、引导力和影响力。

充分利用报纸、杂志、广播、电视等传统媒体平台以及微博、微信、B站等新兴媒体平台，以黄河流域水生态文化为素材，制作情趣高远、易于大众接受的手机 App、创意宣传小标识或公益广告，全面、系统地传播黄河流域水生态文化的内涵和知识，让受众在休闲娱乐中就接受了黄河流域水生态文化教育；或是将自媒体、短视频与黄河流域水生态文化结合起来，利用其短小精炼的视觉冲击性，追求精彩动人的叙事技巧，融入传统黄河治水理念、水利工程、工具变迁、咏水颂水的诗歌故事，以此来达到受众的共鸣。

利用好黄河博物馆、黄河水利文化博物馆，以及沿黄各省区博物馆及文化馆、大中小学校外实践基地等平台优势，将黄河流域水生态文化融入讲解词中，融入展设当中，由此更好地传播黄河流域水生态文化理念。

有计划、有组织地在保护母亲河日、世界环境日、世界水日、中国水周等重要纪念日中，通过开展"同饮黄河水"等活动，让黄河流域水生态文化理念深深融入活动中，切实增强民众对黄河生态的关注。以黄河流域水生态文化为主题组织摄影、书法、美术、诗歌创作或征文大赛；也可以高校为平台，举办"黄河流域水生态文化"知识大赛进行传播教育。以纪录片、电视节目、新闻报道及评论、动画片、普及读物等形式从生态价值、美学价值、文化价值几个方面予以生动展示。

**3. 注重传播的针对性**

黄河流域水生态文化的传播针对不同受众群体，应有不同的侧重点。在面向中小学生时，要不断更新教材内容，从古今名家作品中筛选与黄河生态文化相关的精品，将其通俗化解析后列入语文、地理、自然、生物等教材当中；要加强户外教育教学基地建设，通过亲身体验，让生态文明知识真正内化到学生心中。

针对高校在校大学生，一方面通过开设"黄河流域水生态文化"等课程，在课堂教学环节引入黄河流域水生态文化知识；另一方面在社会实践环节中加入以黄河流域水生态文化为主题的调查活动，让学生通过调查实践活动，深刻体悟黄河流域水生态文化的生态理念。

针对成年人，要分行业和地区。通过培训，加强对相关单位领导干部、企业经营者和广大居民的生态文化培养。以黄河流域水生态文化为内容，通过设置宣传栏，举办展览、讲座等多种形式，培养受众的生态观念。

针对黄河流域水生态文化的国际传播，应选取具有跨文化传播、跨意识形态传播条件的文化产品。寻求国际共同的价值观、共同的语言，真正实现"中国内容，国际表达"的目标，以生态环境为基本话语最终形成共识。

# 结　　语

　　水是黄河流域生态保护的重要基石，是黄河流域高质量发展的生命线。纵观黄河文明的发展史，在很大程度上就是一部与水打交道的历史，正是在悠久的水事活动中，黄河流域的先民创造了光辉灿烂的水生态文化，这些也成为中华优秀文化的重要组成部分。

　　进入 21 世纪后，人类对水的问题更加关注。水不但能净化环境，还因其独特的社会内涵，人文内涵而让人产生精神寄托、心灵慰藉。亲水、近水是人的天性，但常常因为水景观、水工程中的水体过于丰富，反倒无法让人感受得到自身的这种亲水情缘。同样，如果仅仅追求水本身而忽略其文化内涵，那就很容易失去当地特有的文化气息，没有了场所感。因此，须强化水生态文化在自然水体和人工水体上的文化赋能，通过以文化人、以文育人的方式引导公众能够切实感受到自身与生俱来的亲水之情、爱水之情、护水之情，从而形成对于所在地水生态环境保护的自觉意识。

　　就黄河流域的现实情况看，在黄河流域生态保护和高质量发展重大国家战略的确立和深入推进的条件下，随着保护传承弘扬工作的有序开展，为黄河流域水生态文化发展带来了前所未有的机遇。但就目前状况看，由于黄河流域水生态文化现有问题较为突出，这给保护传承弘扬工作带来了严峻的挑战。面对挑战，社会各界应有责任担当，迎难而上。一方面应通过保护挖掘黄河流域水生态文化遗产，推进黄河流域水生态文化理论研究，构建起完整的黄河流域水生态文化的理论体系；另一方面应通过多种渠道促进黄河流域水生态文化自身的创造性转化与创新性发展进程，将黄河流域水生态文化与黄河流域生态保护和高质量发展重大国家战略充分融合，在巩固现有发展成果的基础上，扩大黄河流域水生态文化的影响力。

本书力图通过对黄河流域水生态文化的系统研究，为进一步改善黄河流域人水关系，进一步提升黄河流域水资源保障能力提供理论支持；并为实现黄河流域物质文明、政治文明、精神文明、社会文明、生态文明水平大幅提升的最终目标贡献一份力量。

# 参考文献
## REFERENCES

《黄河水利史述要》编写组，2003. 黄河水利史述要新排本 ［M］. 郑州：黄河水利出版社.

《黄河文化百科全书》编纂委员会，2000. 黄河文化百科全书 ［M］. 成都：四川辞书出版社.

《民国黄河史》写作组，2009. 民国黄河史 ［M］. 郑州：黄河水利出版社.

《中国水利史稿》编写组，1979. 中国水利史稿（上册）［M］. 北京：中国水利电力出版社.

《中国水利史稿》编写组，1989. 中国水利史稿（下册）［M］. 北京：中国水利电力出版社.

安作璋，王克奇，1992. 黄河文化与中华文明 ［J］. 文史哲（4）：3-13.

毕雪燕，2021. 黄河流域水文化资源开发与利用研究 ［M］. 北京：中国农业出版社.

岑仲勉，1957. 黄河变迁史 ［M］. 北京：人民出版社.

陈启文，2016. 大河上下：黄河的命运 ［M］. 合肥：安徽文艺出版社.

陈维达，彭绪鼎，2001. 黄河：过去、现在和未来 ［M］. 郑州：黄河水利出版社.

程遂营，宋军令，2020. 沿黄黄金旅游带构建与可持续发展 ［M］. 北京：科学出版社.

程有为，2007. 黄河中下游地区水利史 ［M］. 郑州：河南人民出版社.

董洁芳，邓椿，王丽芳，2021.1992—2020 年中国黄河文化研究文献计量可视化分析 ［J］. 运城学院学报（6）：55-62.

樊莉娜，2021. 线性遗产视角下黄河文化遗产的特征及保护策略 ［J］. 三门峡职业技术学院学报（1）：38-42.

葛剑雄，1995. 滔滔黄河 ［M］. 广州：广东教育出版社.

葛剑雄，2006. 黄河 ［M］. 南京：江苏教育出版社.

葛剑雄，2020. 黄河与中华文明 ［M］. 北京：中华书局.

葛剑雄，胡云生，2007. 黄河与河流文明的历史观察 ［M］. 郑州：黄河水利出版社.

葛剑雄，胡云生，2007. 黄河与河流文明的历史考察 ［M］. 郑州：黄河水利出版社.

郭国顺，2006. 黄河：1946—2006 纪念人民治理黄河 60 年专稿 ［M］. 郑州：黄河水利出版社.

郭林涛，2021. 传承弘扬黄河文化打造全国重要的文化高地 ［J］. 决策探索（上）（4）：22-23.

郭林涛，2021. 传承弘扬黄河文化打造全国重要的文化高地 [J]. 决策探索（中）（3）：
　　5-8.

郭豫庆，1989. 黄河流域地理变迁的历史考察 [J]. 中国社会科学（1）：195-210.

郝宪印，袁红英，2021. 黄河流域生态保护和高质量发展报告（2021）[M]. 北京：社会
　　科学文献出版社.

河南省社会科学院课题组，2019. 做好黄河文化保护传承弘扬这篇大文章 [N]. 河南日
　　报，2019-10-28.

侯仁之，1994. 黄河文化 [M]. 北京：华艺出版社.

胡明思，骆承政，1989. 中国历史大洪水（上）[M]. 北京：中国书店.

胡明思，骆承政，1992. 中国历史大洪水（下）[M]. 北京：中国书店.

黄河水利委员会黄河志总编辑室，1988. 历代治黄文选上 [M]. 郑州：河南人民出版社.

黄河水利委员会黄河志总编辑室，1989. 历代治黄文选下 [M]. 郑州：河南人民出版社.

黄河水利委员会黄河志总编辑室，2017. 黄河志卷 11 黄河人文志 [M]. 郑州：河南人民
　　出版社.

黄河水利委员会黄河志总编辑室，2017. 黄河志卷 1 黄河大事记 [M]. 郑州：河南人民出
　　版社.

黄河水利委员会黄河志总编辑室，2017. 黄河志卷 2 黄河流域综述 [M]. 郑州：河南人民
　　出版社.

黄河水利委员会勘测规划设计院，1993. 黄河志卷 4 黄河勘测志 [M]. 郑州：河南人民出
　　版社.

黄河志编纂委员会，1991. 河南省志第 4 卷 [M]. 郑州：河南人民出版社.

黄河志编纂委员会，2017. 黄河志卷 7 黄河防洪志 [M]. 郑州：河南人民出版社.

黄正林，2012. 社会变迁与区域经济史研究以近代黄河流域为中心 [M]. 天津：天津古籍
　　出版社.

吉冈义信，2013. 宋代黄河史研究 [M]. 薛华，译. 郑州：黄河水利出版社.

贾玉英，2020. 黄河流域旅游文化及其历史变迁 [M]. 北京：科学出版社.

贾泽人，2019. 河南推出黄河文化特色主题游线路 [N]. 中国旅游报，2019-12-27.

李庚香，2020. 准确把握黄河文化与中原文化的关系 [N]. 光明日报，2020-08-21.

李景文，王佳琦，2021. 近年来黄河文化研究述评 [J]. 河南图书馆学刊（4）：132-137.

李绍连，1992. 华夏文明之源 [M]. 郑州：河南人民出版社.

李学勤，徐吉军，2003. 黄河文化史上中下 [M]. 南昌：江西教育出版社.

李仪祉，黄河水利委员会，1988. 李仪祉水利论著选集 [M]. 北京：水利电力出版社.

李玉洁，2010. 黄河流域的农耕文明 [M]. 北京：科学出版社.

廖亮，2020. 抓住黄河流域生态保护和高质量发展机遇推动文化旅游高质量发展加快建设

文化旅游强市 [N]. 新乡日报，2020-11-25.

刘有富，刘道兴，2013. 河南生态文化史纲 [M]. 郑州：黄河水利出版社.

卢冰，2020. 保护黄河文化遗产延续华夏历史文脉 [N]. 中国社会科学报，2020-09-21.

鲁枢元，陈先德，2001. 黄河文化丛书·黄河史 [M]. 郑州：河南人民出版社.

吕改凤，2022. 2000—2020年黄河文化研究的文献计量分析 [J]. 濮阳职业技术学院学报
　　（1）：108-112.

马斑，2021. 黄河文化的保护与传承 [N]. 团结报，2021-03-06.

牛家儒，2021. 论黄河流域文化的保护传承和合理利用 [J]. 中国市场（6）：1-4.

牛建强，2021. 黄河文化概说 [M]. 郑州：黄河水利出版社.

任继愈，1991. 中华民族的生命力：民族的融合力，文化的融合力 [J]. 学术研究（1）：
　　10-11.

山西省社会科学院课题组，2020. 山西省黄河文化保护传承与文旅融合路径研究 [J]. 经
　　济问题（7）：106-115.

史辅成，易元俊，慕平，2002. 黄河历史洪水调查、考证和研究 [M]. 郑州：黄河水利出
　　版社.

水利部黄河水利委员会，2006. 人民治理黄河六十年 [M]. 郑州：黄河水利出版社.

唐金培，2020. 促进黄河文化遗产系统高质量保护切实加强黄河文化遗产的系统性保护
　　[N]. 中国文物报，2020-01-10.

唐金培，2020. 根植黄河文化推动文化旅游融合发展 [N]. 河南日报，2020-12-16.

唐金培，2020. 着力推进黄河文化旅游带建设 [N]. 河南日报，2020-08-19.

田丹，2020. 多措并施保护传承黄河文化 [N]. 中国社会科学报，2020-09-21.

田明，2021. 开展黄河文化传承创新工程 [N]. 河南日报，2021-01-20.

王承哲，2020. 黄河文化的生产力视野及其范式建构 [N]. 河南日报，2020-09-24.

王国生，2020. 大力弘扬黄河文化为新时代中原更加出彩凝聚精神力量 [N]. 河南日报，
　　2020-01-15.

王建平，2008. 黄河概说 [M]. 郑州：黄河水利出版社.

王进，1997. 长江文化与黄河文化之比较 [J]. 社会科学动态（11）：22-26.

王明德，2008. 从黄河时代到运河时代中国古都变迁研究 [M]. 成都：巴蜀书社.

王尚义，2019. 历史流域学的理论与实践 [M]. 北京：商务印书馆.

王星光，2019. 气候变化与秦汉至宋元时期黄河中下游地区农业技术发展 [M]. 北京：人
　　民出版社.

王星光，李秋芳，2008. 郑州与黄河文明 [M]. 郑州：河南人民出版社.

王星光，张强，尚群昌，2016. 生态环境变迁与社会嬗变互动以夏代至北宋时期黄河中下
　　游地区为中心 [M]. 北京：人民出版社.

王星光，张新斌，2000. 黄河与科技文明 [M]. 郑州：黄河水利出版社.

王玉德，张全明，1999. 中华五千年生态文化 [M]. 武汉：华中师范大学出版社

王震中，2020. 黄河文化的丰富内涵与历史意义 [N]. 光明日报，2020-08-21.

王震中，2021. 黄河文化内涵与中国历史根脉 [N]. 中国社会科学报，2021-01-29.

吴丽云，2020. 以创新为引领建设黄河文化旅游带 [N]. 中国旅游报，2020-01-20.

辛德勇，2000. 黄河史话 [M]. 北京：中国大百科全书出版社.

徐光春，2016. 黄帝文化与黄河文化 [J]. 中华文化论坛 (7)：5-14，191.

徐吉军，1999. 论黄河文化的概念与黄河文化区的划分 [J]. 浙江学刊 (6)：134-139.

薛麦喜，2001. 黄河文化丛书·民俗卷 [M]. 郑州：河南人民出版社.

杨艳萍，2020. 黄河文化在文化建设中的价值实现路径探析 [J]. 甘肃科技 (21)：4-
　　5，32.

姚汉源，2003. 黄河水利史研究 [M]. 郑州：黄河水利出版社.

张纯成，2010. 生态环境与黄河文明 [M]. 北京：人民出版社.

张纯成，2014. 现代黄河文明及其生态补偿 [M]. 北京：人民出版社.

张含英，1982. 历代治河方略探讨 [M]. 北京：中国水利水电出版社.

张廉，段庆林，王林伶，2020. 黄河流域生态保护和高质量发展报告（2020）[M]. 北京：
　　社会科学文献出版社.

张小云，史良，2018. 黄河三角洲生态保护与文化发展研究 [M]. 北京：世界图书出版公司.

张新斌，2007. 济水与河济文明 [M]. 郑州：河南人民出版社.

张新斌，2008. 论河南段黄河为中华文化圣河 [J]. 学习论坛 (2)：61-65.

张新斌，2017. 黄河生态保护的文化思考 [N]. 黄河报，2017-08-01.

张新斌，2020. 黄河文化的河南禀赋、范围及定位 [N]. 河南日报，2020-09-16.

张新斌，2020. 黄河文化符号重构与中华文化认同 [N]. 河南日报，2020-03-27.

张新斌，2020. 推进黄河文化遗产系统保护和整体利用 [N]. 河南日报，2020-11-17.

张新斌，2021. 保护传承弘扬黄河文化的河南使命 [M]. 北京：社会科学文献出版社.

张新斌，2022. 黄河文化与黄河学研究的基本态势 [J]. 黄河科技学院学报 (4)：1-8.

赵虎，杨松，郑敏，2021. 基于水利特性的黄河文化遗产构成刍议 [J]. 城市发展研究
　　(2)：83-89.

赵炜，曹金刚，曹为民，2007. 长河惊鸿：黄河历史与文化 [M]. 郑州：河南科学技术出
　　版社.

赵晓翠，2019. 创造性转化与创新性发展何以可能 [J]. 红旗文稿 (14)：31-32.

中国黄河文化研究中心课题组，2020. 学习贯彻习近平总书记"9·18"重要讲话精神让黄
　　河成为造福人民的幸福河 [N]. 河南日报，2020-09-18.

中国农业遗产研究室，1984. 中国农学史 [M]. 北京：科学出版社.

周魁一，1990. 二十五史河渠志注释 [M]. 北京：中国书店.

周魁一，2017. 中国科学技术史水利卷 [M]. 北京：科学出版社

朱艳艳，周亚伟，2020. 我市将实施黄河文化保护传承弘扬行动打造三条黄河文化精品旅游线路 [N]. 洛阳日报，2020-03-25.

竺可桢，1972. 中国近五千年来气候变迁的初步研究 [J]. 考古学报（1）：15-38.

左登华，李新，韩贻强，2008. 黄河三角洲旅游文化 [M]. 济南：齐鲁书社.